工业和信息化精品系列教材

网络技术

Network Technology

微课版

deepin
操作系统
（项目式）

徐占鹏 张运嵩 吕良 ◎主编
苏王辉 孙长秋 钟小平 ◎副主编

人民邮电出版社

北京

图书在版编目（CIP）数据

deepin 操作系统. 项目式：微课版 / 徐占鹏，张运
嵩，吕良主编. -- 北京 : 人民邮电出版社，2025.
（工业和信息化精品系列教材）. -- ISBN 978-7-115
-64773-3

Ⅰ. TP316

中国国家版本馆 CIP 数据核字第 2024ZR4385 号

内 容 提 要

本书主要以 deepin 为例讲解国产操作系统的使用操作、配置管理、软件开发平台和服务器部署。
本书共 10 个项目，内容包括了解并安装 deepin 操作系统、熟悉桌面环境的基本操作、熟悉桌面应用、
熟悉命令行操作、用户管理与文件系统管理、软件包管理、系统高级管理、系统监控与故障排除、
部署开发工作站、部署和管理统信服务器。

本书内容丰富，以任务的形式进行知识讲解，注重实践性和可操作性，对每个知识点都有相应
的操作示范，便于读者快速上手。

本书可作为高等院校、职业院校计算机相关专业的教材，也可作为 deepin 操作系统使用者的参
考书。

◆ 主　　编　徐占鹏　张运嵩　吕　良
　　副 主 编　苏王辉　孙长秋　钟小平
　　责任编辑　初美呈
　　责任印制　王　郁　焦志炜

◆ 人民邮电出版社出版发行　　北京市丰台区成寿寺路 11 号
　　邮编　100164　　电子邮件　315@ptpress.com.cn
　　网址　https://www.ptpress.com.cn
　　三河市君旺印务有限公司印刷

◆ 开本：787×1092　1/16
　　印张：17.75　　　　　　　　　　2025 年 1 月第 1 版
　　字数：446 千字　　　　　　　　2025 年 1 月河北第 1 次印刷

定价：69.80 元

读者服务热线：(010)81055256　印装质量热线：(010)81055316
反盗版热线：(010)81055315
广告经营许可证：京东市监广登字 20170147 号

前　言

习近平总书记指出，要紧紧牵住核心技术自主创新这个"牛鼻子"，抓紧突破网络发展的前沿技术和具有国际竞争力的关键核心技术，加快推进国产自主可控替代计划，构建安全可控的信息技术体系。党的二十大报告中提出，加快实施一批具有战略性全局性前瞻性的国家重大科技项目，增强自主创新能力。在这样的时代背景下，全面实现信创产业的国产化替代刻不容缓，国产操作系统研发和普及推广是信创产业国产化的重要环节。

国产操作系统覆盖服务器、桌面应用、移动应用和嵌入式应用等领域，已在教育、金融、交通等行业被广泛使用，具备比较完善的应用生态。国内很多高等院校、职业院校也陆续开展国产操作系统的教学。本书全面贯彻党的二十大精神，落实"推进职普融通、产教融合、科教融汇，优化职业教育类型定位"要求，旨在培养熟练掌握国产操作系统的使用方法和管理运维的应用型人才。

统信 UOS 桌面版是真正可用和容易上手的国产操作系统，也是目前市场占有率较高的国产操作系统，其社区版 deepin 为用户提供了良好的 Linux 开源体验环境，具有优秀的交互体验、多款自研应用和全面的生态体系。本书以 deepin 20.9 为例进行讲解和示范，同时介绍统信 UOS 操作系统的部分知识，以满足国产操作系统的教学需求。

本书注重理论实践相结合，采用项目任务式结构，适合模块化教学、项目教学、案例教学、情景教学等教学模式。全书共设置 10 个项目。项目 1 至项目 3 带领读者快速入门，在实施 deepin 操作系统的安装操作之后，让读者熟悉其桌面环境，并掌握常用的桌面应用。项目 4 讲解命令行的基本操作。项目 5 至项目 7 讲解系统配置管理任务，涉及用户与组、文件与目录、软件包，以及进程、系统和服务、计划任务等高级管理。项目 8 讲解的是系统监控和故障排除等运维任务。项目 9 介绍部署开发工作站的相关操作。项目 10 是为了让读者增加对国产服务器操作系统的了解，讲解并示范统信服务器操作系统的安装和基本的管理运维操作。本书内容注重国产软件应用，让读者充分感受国产操作系统的"可用、好用"。

为适应"互联网＋职业教育"的发展需求，本书通过电子活页的形式补充知识点，并提供 PPT 课件、微课视频、补充习题、教学大纲和教案等立体化、多元化的数字化教学资源。

由于编者水平有限，书中难免存在不足之处，敬请广大读者批评指正。

编　者
2024 年 4 月

目　录

目 录

项目 3　熟悉桌面应用 / 50

项目 4　熟悉命令行操作 / 78

目 录

目　录

IV

deepin 操作系统（项目式）（微课版）

目录

项目 8　系统监控与故障排除 / 186

目 录

deepin操作系统（项目式）（微课版）

目 录

目
录

VII

项目1
了解并安装deepin 操作系统

01

开发并使用国产操作系统有利于把信息产业的安全牢牢掌握在自己手里。经过多年发展，国产操作系统已经具有较高的实用性、稳定性和安全可控性，目前在教育、金融、交通等行业被广泛使用。统信软件技术有限公司（简称统信软件）推出的 UOS 桌面版是目前市场占有率较高的国产操作系统。其社区版 deepin（全名 Linux Deepin，中文名为深度操作系统）是一款美观易用、安全可靠的国产操作系统，可以为用户提供良好的 Linux 开源体验环境。有些官方文档中也使用 Deepin 的写法，为便于统一术语，本书使用 deepin 的写法。本项目将通过两个典型任务，带领读者了解国产操作系统，掌握 deepin 操作系统的安装方法。

【课堂学习目标】

☞ 知识目标

➢ 了解 Linux 操作系统，熟悉其特点和版本。
➢ 了解国产操作系统的发展状况。
➢ 了解 deepin 操作系统。

☞ 技能目标

➢ 掌握 deepin 操作系统的安装方法。
➢ 学会 deepin 操作系统的初始化设置和登录操作。

☞ 素养目标

➢ 养成调查研究的意识。
➢ 增强关键技术国产化替代、自主可控的使命感。

任务 1.1　了解国产操作系统

起源于经典操作系统 UNIX 的 Linux 现已发展成为一种主流的操作系统，我国也大力支持国产操作系统的研发和应用。国产操作系统大都是基于 Linux 操作系统研发的。经过多年的发展，国产操作系统技术趋于成熟，已覆盖服务器平台、桌面应用、移动和嵌入式应用等领域。本任务的基本要求如下。

（1）了解 Linux 操作系统。

（2）了解国产操作系统的发展。

（3）了解国产 CPU 架构。

（4）了解统信操作系统与 deepin。

相关知识

1.1.1　Linux 操作系统简介

Linux 操作系统继承了 UNIX 操作系统卓越的稳定性表现，不仅功能强大，而且可以自由、免费使用。Linux 在桌面应用、服务器平台、嵌入式应用等领域得到了良好发展，并形成了自己的产业生态，包括芯片制造商、硬件厂商、软件提供商等。

1. GNU 项目与 GPL 协议条款

早期计算机程序的源码（Source Code，又称源代码）都是公开的，到了 20 世纪 70 年代，源码开始对用户封闭，既给使用源码的用户带来了不便，又限制了软件的发展。为此，UNIX 爱好者理查德·马修·斯托尔曼（Richard Matthew Stallman）提出开放源码（Open Source，简称开源）的概念，提倡大家共享自己的程序，让很多人参与程序校验，在不同的平台进行测试，以编写出更好的程序。

理查德在 1984 年创立了 GNU 与 FSF（Free Software Foundation，自由软件基金会），目标是创建一套完全自由的操作系统。GNU 是 "GNU's Not UNIX" 的递归缩写，其含义是开发出一套与 UNIX 相似而不是 UNIX 的操作系统。所谓的"自由"，并不是指价格免费，而是指使用软件对所有的用户来说是自由的，即用户在取得软件之后，可以进行修改，并在不同的计算机平台上复制和发布。

为保证 GNU 软件可以被自由地使用、复制、修改和发布，所有 GNU 软件都有一份在禁止其他人添加任何限制的情况下，将所有权利授予任何人的协议条款。针对不同场合，GNU 提供以下 3 个协议条款。

（1）GPL（GNU General Public License，GNU 通用公共许可证）。

（2）LGPL（GNU Lesser General Public License，GNU 宽通用公共许可证）。

（3）GFDL（GNU Free Documentation License，GNU 自由文档许可证）。

其中 GPL 协议条款使用最为广泛。GPL 的精神是开放、自由。任何软件在经过 GPL 授权之后，即成为自由软件，任何人均可获得该软件及其源码并被允许根据需要进行修改。除此之外，经过修改的源码也应回报给网络社会，供其他用户参考。

2. Linux 的诞生与发展

GPL 的出现为 Linux 的诞生奠定了基础。1991 年，莱纳斯·托瓦尔兹（Linus Torvalds）按照 GPL 协议条款发布了 Linux，很快就吸引了专业人士加入 Linux 的开发团队，进一步促进了 Linux 的快速发展。1994 年，Linux 第一个正式版本发布，随后通过互联网迅速传播。Linux 能够在 PC（Personal Computer，个人计算机）上实现 UNIX 的全部特性，具有多任务、多用户的能力。由于 Linux 包含很多 GNU 计划的系统组件，因此也被称为 GNU/Linux。

Linux 具有完善的网络功能和较高的安全性，继承了 UNIX 操作系统卓越的稳定性表现，在全球各地的服务器平台上市场份额不断增加。在高性能计算集群（HPCC）中，Linux 是无可争议的"霸主"，在全球排名前 500 的高性能计算机系统中，Linux 占 90% 以上的份额。在桌面领域，随着 Ubuntu 等注重桌面体验的发行版本（能够满足日常办公和软件开发的需要）的不断进步，Linux 在桌面操作系统领域的市场份额逐步提升。在物联网、车联网、嵌入式系统、移动终端等领域，Linux 也占据较大的市场份额。

3. Linux 内核

从技术角度看，Linux 是一个内核。内核指的是一个提供硬件抽象层、磁盘及文件系统控制、多任务等功能的系统软件。Linux 内核的每一个版本号都是由 4 个部分组成的，其形式如下。

```
[ 主版本号 ] . [ 次版本号 ] . [ 修订版本号 ]-[ 附加版本号 ]
```

主版本号和次版本号共同构成当前内核版本号。次版本号还表示内核类型，次版本号是偶数说明该版本是稳定的产品版本，次版本号是奇数说明该版本是开发中的实验版本。实验版本还将不断地增加新的功能，不断地修正 bug 从而发展到产品版本，而产品版本不再增加新的功能，只是修正 bug；在产品版本的基础上再衍生出一个新的实验版本，继续增加功能和修正 bug，由此不断循环。在生产环境中应当使用稳定的产品版本。修订版本号表示是第几次修正的内核。附加版本号是由 Linux 产品厂商所定义的版本编号，它是可以省略的。例如，Linux 内核版本号为 5.11.0-44-generic，表明其主版本号为 5；次版本号为 11，表示这是实验版本；修订版本号为 0；附加版本为 44；generic 表示通用版。

4. Linux 发行版本

单独的内核并不是一套完整的操作系统，Linux 内核是难以被普通用户直接使用的。为方便普通用户使用，很多厂商在 Linux 内核上开发了自己的完整操作系统，这些操作系统被称为 Linux 的发行版本。

Linux 的发行版本通常包含一些常用的工具性的实用程序（例如 Utility），供普通用户日常操作和管理员维护操作使用。此外，Linux 操作系统还有成百上千的第三方应用程序可供选用，如数据库管理系统、文字处理系统、Web 服务器程序等。

发行版本由发行商确定，知名的发行版本有 Red Hat、CentOS、Debian、SUSE、Ubuntu 等。发行版本的版本号随着发行者的不同而不同。Red Hat 和 Debian 是目前 Linux 发行版本较常用的两大版本。

Red Hat 是商业上运作较为成功的一个 Linux 发行版本，普及程度很高，由 Red Hat 公司发行。目前 Red Hat 分为两个系列：一个是 Red Hat Enterprise Linux（简称 RHEL），它提供收费技术支持和更新，适合服务器用户；另一个是 Fedora，它面向桌面用户。Fedora 是 Red Hat 公司新技术的实验场，许多新的技术都会在 Fedora 中检验，如果稳定则会考虑加入 RHEL 中。

Debian 是迄今为止完全遵循 GNU 规范的 Linux 操作系统。Ubuntu 是 Debian 的一个改版，也是现在最流行的 Linux 桌面操作系统之一。

1.1.2　国产操作系统的发展

信创作为国家战略布局，一方面可以助力国内软硬件供应链不断加强安全保障，另一方面有助于国内核心软硬件企业快速成长。国产操作系统是信创产业的重要组成部分。

1. 信创产业与国产化替代

中国电子工业标准化技术协会信息技术应用创新工作委员会成立于 2016 年 3 月，是由从事软硬件关键技术研究、应用和服务的单位发起的非营利性社会组织，简称"信创工委会"，这是"信创"这一术语的由来。信创是信息技术应用创新的简称。受国际形势的影响，在国家政策的大力支持下，信创开始在全国范围内快速落地。

信创产业发展的目标就是实现信息技术领域的自主可控，掌握我国发展和安全的主动权，具体是要实现 IT 基础设施 [CPU（Central Processing Unit，中央处理器）、服务器、交换机、路由器、各种云和相关服务内容]、基础软件（数据库、操作系统、中间件）、应用软件 [OA（Office Automation，办公自动化）系统、ERP（Enterprise Resource Planning，企业资源计划）软件、办公软件、政务应用]、信息安全产品（边界安全产品、终端安全产品）等四大板块的国产化替代。

> **提示**　目前我国按照"2+8+N"信创体系依序逐步实现自主可控。"2"是指党、政；"8"是指关乎国计民生的八大行业，即金融、电力、电信、石油、交通、教育、医疗、航空航天；"N"是指全行业范围，涉及汽车、物流、烟草、电子等若干行业和消费市场。

2. 国产操作系统的发展阶段

迄今为止，国产操作系统经历了以下 4 个发展阶段。

（1）起步阶段（1989—1995 年）：研究探索的初级阶段，在该阶段确定了基于 UNIX 操作系统的开发模式，并将其正式列入"八五"科技攻关计划，主要成果是 COSIX 操作系统。

（2）发展阶段（1996—2009 年）：从探索阶段过渡到实用化阶段，在该阶段建立起以 Linux 为核心的技术路线，主要产品有中软 Linux、红旗 Linux、蓝点 Linux。

（3）壮大阶段（2010—2017 年）：在该阶段操作系统日趋成熟，逐步产品化，代表性产品是中标麒麟操作系统。

（4）攻坚阶段（2018 年至今）：以自主可控为目标的国产化替代阶段，注重软件生态，提升用户体验，代表性产品有麒麟操作系统和统信操作系统。

3. 主要的国产操作系统

近年来国产操作系统不断发展，已从面向特定的行业用户逐步走向普通消费者。较为成熟的国产操作系统包括麒麟、统信、普华、中科红旗、中科方德、中兴新支点、华为鸿蒙等。

在目前的国产操作系统中，麒麟与统信的竞争实力较强，行业呈现双头部格局，中科方德和普华等操作系统不断追赶。麒麟操作系统包括银河麒麟、中标麒麟、星光麒麟 3 个系列，能全面支持飞腾、鲲鹏、龙芯等 6 款主流国产 CPU，在安全性、稳定性、易用性和系统整体性能等方面具有显著优势。统信操作系统分为统信桌面操作系统、统信操作系统服务器版和统信操作系统专用设备版，其桌面操作系统支持主流国产芯片平台的笔记本计算机、台式计算机、一体机和工作站，具备极好的软硬件及外设兼容性。

值得一提的是，华为的欧拉（openEuler）操作系统累计装机量不断攀升，截至 2022 年 12 月底，已超 300 万套。华为的鸿蒙操作系统在 5G 时代的 IoT（物联网）领域具有巨大先发优势。我国越来越重视国产化替代，因此国产操作系统具有广阔的发展前景。

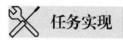

任务 1.1.1　调研国产 CPU 架构

操作系统必须基于特定的 CPU 架构编译，不同的操作系统对 CPU 的需求不同。CPU 架构就是 CPU 的硬件架构。CPU 发展至今存在多种架构，比如 x86 架构、ARM 架构、MIPS 架构、PowerPC 架构等。

CPU 架构通常按指令集区分。指令集是对 CPU 架构硬件的抽象。指令集可以分为两类，即 CISC（Complex Instruction Set Computer，复杂指令集计算机）和 RISC（Reduced Instruction Set Computer，精简指令集计算机）。CISC 架构芯片（以 x86 架构为代表）运行速度快、性能优越，但功耗大、价格较贵。RISC 架构芯片（以 ARM 架构为代表）体积小、功耗低、性价比高。同一种架构的 CPU 可能有几套指令集，比如 ARM 架构有 32 位的 ARM 指令集和 16 位的 Thumb 指令集。

目前全球 CPU 行业主要由两大体系主导，一是基于 x86 指令系统和 Windows 操作系统的 Wintel 体系，二是基于 ARM 指令系统和 Android 操作系统的 AA 体系。

自 2001 年开始国内启动 CPU 设计项目，目前 CPU 产品技术研发已进入多技术路线同步推进的高速发展阶段，在国产化替代中发挥着重要作用，为构建安全、自主可控的国产化信息系统奠定了基础。目前我国从 PC、服务器、超级计算机三大主流领域对 Intel 和 AMD 公司的 x86 芯片进行全面替代，主要的国产 CPU 有龙芯、兆芯、鲲鹏、海光、飞腾、申威等。这些产品可以分为以下 3 种类型。

• 基于 ARM 架构的 CPU。这类产品的主流厂商是华为和飞腾。华为的鲲鹏主要用于服务器；飞腾除了可以提供高性能服务器 CPU，还能提供高效能桌面 CPU、高端嵌入式 CPU 和飞腾套片。华为鲲鹏和飞腾采用的是 ARM 指令集架构授权，自主化程度较高，可以自行研发设计 CPU 内核、芯片并扩充指令集，能够兼容市场上绝大多数生态应用，适配度高。随着华为鲲鹏和飞腾不断成熟，基于 ARM 架构的 CPU 的生态和性能优势也在逐步体现。

• 基于 x86 架构的 CPU。这类产品的主流厂商是海光和兆芯。海光主攻服务器芯片，而兆芯则针对 PC 和服务器提供 CPU。海光和兆芯是采用当前市场主流 x86 架构的 IP 内核授权模式，基于公版 CPU 内核进行设计研发的。由于指令集仍掌握在海外厂商手中，国内厂商在 CPU 研发方面完全创新的难度较大。

• 完全自主可控的 CPU。这类产品主要有龙芯和申威。早期的龙芯采用 MIPS 架构，后来自主研发指令集 LoongArch，主要用于服务器和 PC。申威则先采用 Alpha 架构，再自主研发指令集 SW-64，主要用于超级计算机。这类产品自主性较高，但用户较少，应用生态缺乏建设。

提示　对指令集的掌控程度决定了 CPU 国产化的程度。自主研发国产 CPU 可以采用授权方式，也可以完全自研。授权模式主要分为两种，分别是指令集架构授权和 IP 内核授权。获得指令集架构授权的厂商可以自主研发 CPU 内核，拥有较高的自主性。获得 IP 内核授权的厂商只能基于指令集进行 SoC（System on Chip，系统级芯片）集成设计，CPU 内核仍受制于人，自主性相对较低。就自主性来说，龙芯和申威最高，华为鲲鹏和飞腾次之，海光和兆芯较低。

任务 1.1.2　了解统信操作系统与 deepin

目前统信软件技术有限公司（简称统信软件）和麒麟软件有限公司（简称麒麟软件）是国产操作系统的头部厂商。统信软件专注于操作系统的研发与服务，发展和建设以中国技术为核心的创新生态，致力于为不同行业提供安全稳定、智能易用的产品与解决方案。统信软件拥有桌面操作系统、服务器操作系统、智能终端操作系统等产品，同时创建了中国首个桌面操作系统根社区，可为政企用户、行业用户信息化和数字化建设提供坚实可信的基础支撑，牢筑信息安全基座。统信操作系统通常简称统信 UOS。统信桌面操作系统社区版 deepin 已经为诸多行业用户提供了操作系统国产化解决方案，成为我国开源操作系统领域的翘楚。

1. 统信操作系统

国内的桌面操作系统市场中，Windows 长期占据主导地位；服务器操作系统市场中，CentOS 市场占有率非常高，涉及各个行业。Windows 7 和 CentOS 停止维护对国内影响较大，使用没有安全更新、维护的操作系统会面临很大的风险。国内依然有大量用户在使用 Windows 7，包括一些政务部门和企业用户，许多行业用户的服务器都使用 CentOS。在此背景下，统信软件适时推出了国产自主操作系统的迁移替换解决方案。

统信软件非常注重桌面操作系统，并对 Windows 软件、安卓软件进行了一些适配性的改造。统信桌面操作系统与 Windows 的差距正在不断缩小，目前具有较高的国产 PC 端操作系统占有率，是有望替代 Windows 的国产操作系统，其优势主要体现在芯片性能、软件生态方面。

统信桌面操作系统以桌面应用场景为主，支持主流国产芯片平台的笔记本计算机、台式计算机、一体机和工作站，系统包含原创专属的桌面环境、多款自研应用，以及众多来自开源社区的原生应用软件。桌面操作系统细分为专业版、教育版、家庭版和社区版。专业版根据国人审美和习惯设计，其美观易用、自主自研、安全可靠，拥有高稳定性和丰富的硬件，外设和软件兼容性好，具有广泛的应用生态支持，兼容国产主流处理器架构（兼容 x86、ARM、MIPS、SW 架构，支持七大国产 CPU 品牌：龙芯、申威、鲲鹏、麒麟、飞腾、海光、兆芯），可为各行业领域提供成熟的信息化解决方案。专业版致力于为用户提供更安全、可靠的使用环境，用户群体主要为政府机构、事业单位、国企等。教育版是结合教育部门、各级学校的特殊使用需求，进行深度定制而推出的操作系统。家庭版是为个人用户提供的美观易用的国产操作系统。社区版就是"大名鼎鼎"的 deepin。

统信服务器操作系统是针对企业级关键业务及数据负载而构建的，适应典型服务器场景、云和容器、大数据、人工智能、"工业互联网时代"对主机系统可靠性、安全性、可扩展性和实时性等的需求。统信服务器操作系统，着重满足客户在信息化基础建设过程中，服务端基础设施的安装部署、运行维护、应用支撑等需求。

截至 2023 年 6 月，统信软件在全球范围内携手近 10000 家生态伙伴打造一系列创新及领先的行业解决方案，服务 70% 党政、45% 大型央国企、65% 部委、85% 金融、90% 教育客户及数百万个人用户，形成了国内最大的自主操作系统生态圈。

2. deepin 操作系统

统信 UOS 是以发展多年的操作系统 deepin 为基础开发的，可以说 deepin 是统信 UOS 的基石。deepin 是由武汉深之度科技有限公司（简称深度科技）基于 Linux 内核开发的，以桌面应用为主的开源 Linux 操作系统。

deepin 与统信 UOS 之间的关系类似 Fedora 和 RHEL 之间的上下游关系。deepin 仍然保持原来的社区运营模式，作为统信 UOS 社区版的发行，致力于服务全球 deepin 用户。统信 UOS 是基于社区版 deepin 构建的商业发行版，主要的开发工作由 deepin 团队完成。统信 UOS 为 deepin 挖掘更多的商业机会和更大的商业价值，进而反哺社区版 deepin 的开发和运营，从而形成良性循环。

deepin 操作系统具有以下优点。

• 自主自研。deepin 基于 Linux 内核自主研发功能强大的桌面环境和数十款功能强大的桌面应用，是真正意义上的桌面操作系统产品。

• 美观易用。deepin 独创符合国人审美的界面风格，提供丰富的个性化设置和主题模式，带来极致视觉体验的同时保证了高效的办公体验。

• 快速更新。作为开源版本，deepin 操作系统具备快速迭代的特性，用户可以在 deepin 操作系统上体验到最新的产品功能和特性。

• 开源。所有组件的开发均遵守 GPL 开源协议。用户可以通过官方渠道获取产品开发代码进行学习和技术交流。

• 广泛的社区影响力。deepin 社区作为国内最大的开源社区，拥有超过 10 万注册用户，与深度科技自主研发的桌面环境 DDE、GNOME、KDE、Unity 一起，成为全球范围内主流的操作系统桌面环境，并被开发者广泛移植到 Fedora、Ubuntu 等主流 Linux 发行版本中。

提示　统信软件作为中国领先的操作系统企业，具有很强的主导操作系统和社区发展的能力，在开源工作方面有着丰富的经验积累。自 2015 年开始，deepin 就放弃基于 Ubuntu 作为上游，而选择了 Ubuntu 的非商业上游社区 Debian 作为研发的基础。统信软件主导的 deepin 操作系统和统信 UOS 分属于 Debian 社区衍生的子社区和二级子社区。统信软件在 2022 年 5 月宣布，未来将以 deepin 社区为基础，建设立足中国、面向全球的桌面操作系统根社区。统信软件的根社区建设得到了主管单位、产业界和生态伙伴的大力支持和认可。现在 deepin 不再依赖上游发行版本社区，而是基于 Linux 内核和其他开源组件构建，打造自己的操作系统生态。

任务 1.2　安装 deepin 操作系统

国产桌面操作系统的推广和普及是国产化替代的重要工作。统信软件致力于构建安全可信的开源操作系统和中国主导的根社区，为我国信息化的自主安全可控贡献力量。统信 UOS 与 deepin 操作系统是并行开发的，大部分功能及资源库都是相同的。deepin 操作系统作为开源版本，具有快速迭代的特点，便于用户体验到最新的产品功能和特性。而统信 UOS 功能更新要晚一些，能够让用户得到全面的商业支持。因此，本书主要以 deepin 操作系统为例讲解国产桌面操作系统的操作使用和管理运维。首先要安装 deepin 操作系统，本任务的基本要求如下。

（1）了解操作系统安装的基础知识。

（2）掌握 deepin 操作系统的安装方法。

（3）学会 deepin 操作系统的登录、注销、锁屏与关机操作。

相关知识

1.2.1　操作系统安装的基础知识

在安装 deepin 操作系统之前，需要了解相关基础知识。

1. 操作系统引导模式

电子活页1-1.
国产操作系统
为什么基于
Linux研发

操作系统引导模式分为两种，分别是 Legacy 引导模式和 UEFI（Unified Extensible Firmware Interface，统一可扩展固件接口）引导模式。

Legacy 是传统的 BIOS（Basic Input/Outpwt System，基本输入 / 输出系统）启动引导，对应的磁盘分区格式是 MBR（Master Boot Record，主引导记录）。传统的 PC 架构采用"主板 BIOS 加磁盘 MBR 分区"的组合模式。作为一组固化到计算机主板上 ROM（Read-Only Memory，只读存储器）芯片上的程序，BIOS 主要为计算机提供最底层的、最直接的硬件设置和控制。MBR 是磁盘第一个扇区中的信息，具有公共引导的特性，用于确定引导分区的位置并调用启动加载器启动操作系统。老旧的计算机一般都采用这种引导模式。

UEFI 是新式的 BIOS 启动引导，对应的磁盘分区格式是 GPT（GUID Partion Table，全局唯一标识符分区表），它可以跳过 BIOS 自检，启动速度更快，现在的新机型都采用 UEFI 引导模式。UEFI 全称为 Unified Extensible Firmware Interface（统一可扩展固件接口）。不像 BIOS 那样既是固件又是接口，UEFI 只是一个接口，位于操作系统与平台固件之间。UEFI 规范还包含 GPT 分区格式的定义。

如果操作系统引导模式和磁盘分区格式不一致，则安装操作系统时会报错。一定要确保 UEFI 引导模式对应 GPT 磁盘，Legacy 引导模式对应 MBR 磁盘。MBR 磁盘不能支持容量超过 2 TB 的大硬盘，最多只能有一个扩展分区，扩展分区可以划分逻辑分区，主分区加扩展分区最多只能有 4 个。GPT 磁盘支持大容量硬盘，分区机制更灵活。选择 UEFI 引导模式，安装 deepin（或统信 UOS）时需要添加一个特定的 EFI 文件系统分区作为启动时的引导分区。

2. Linux 磁盘分区

deepin 操作系统属于 Linux 操作系统，安装和使用 deepin 操作系统之前，读者应当了解 Linux 磁盘分区知识。在系统中使用磁盘时都必须先对磁盘进行分区。Windows 操作系统使用盘符（驱动器标识符）来标明分区，如 C、D、E 等（A 和 B 表示软盘驱动），用户可以通过相应的驱动器字母访问分区。而 Linux 操作系统使用单一的目录树结构，整个系统只有一个根目录，各个分区以挂载到某个目录的形式成为根目录的一部分。Linux 使用设备名称加分区编号来标明分区。SCSI（Small Computer System Interface，小型计算机系统接口）磁盘、SATA（Serial Advanced Technology Attachment，串行高级技术附件）磁盘（串口硬盘）均可表示为"sd"，并且在"sd"之后使用小写字母表示磁盘编号，磁盘编号之后是分区编号，使用阿拉伯数字表示（主分区，扩展分区的分区编号为 1 ～ 4，逻辑分区的分区编号从 5 开始）。例如，第一块 SCSI 或 SATA 磁盘被命名为 sda，第二块为 sdb；第一块磁盘的第一个主分区表示为 sda1，第二个主分区表示为 sda2。

电子活页1-2.
Linux根社区

每个操作系统都需要一个主分区来引导，该分区中存放有整个系统所需的引导程序文件。操作系统引导程序必须安装在用于引导的主分区中，而其主体部分可以安装在其他主分区或扩展分区中。要保证有足够的未分区磁盘空间来安装操作系统。在 deepin 操作系统安装过程中，我们可以使用可视化工具对磁盘进行分区。

1.2.2 deepin 硬件配置要求

安装 deepin 的硬件配置要求如下。

- CPU：至少 2 GHz 的双核处理器（64 位），推荐多核或主频更高的处理器。
- 物理内存：至少 4 GB，推荐 8 GB 以上。
- 硬盘：64 GB 以上可用硬盘空间，推荐安装于固态硬盘中。
- 显示器：屏幕分辨率至少 1024 px × 768 px，推荐 1920 px × 1080 px 或更高。
- DVD（Digital Versatile Disc，数字通用光盘）光驱或 USB（Universal Serial Bus，通用串行总线）接口，用于装载安装程序介质。

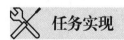

任务 1.2.1 安装 deepin

安装 deepin 可以采用多种方式，如在虚拟机中安装、在物理机中安装，或者在 Windows 系统中安装 [这种情况下是 deepin 和 Windows 双系统并存的状态，考虑到双系统 GRUB（GRand Unified Bootloader，多操作系统启动程序）引导破坏的问题和创建磁盘分区的操作，建议先安装 Windows，再安装 deepin]。无论哪种安装方式都要先获取 deepin 系统的 ISO 镜像文件。需要注意的是，安装统信 UOS 需要针对不同的 CPU 架构下载相应版本的镜像文件，如果 CPU 不符合操作系统的要求，那么操作系统可能会无法安装或无法正常运行。如果在物理机中安装，则还需要制作系统安装 U 盘或光盘，目前大多数制作系统安装 U 盘。

这里以在 VMware Workstation 虚拟机上安装 deepin 为例示范安装过程。本书的教学实验选用的是稳定版 deepin 20.9，所下载的 ISO 镜像文件为 deepin-desktop-community-20.9-amd64.iso，

微课1-1.
安装deepin

适用于 x86 架构的 CPU。

1. 安装过程

（1）在 VMware Workstation 软件中启动"新建虚拟机向导"，"客户机操作系统"选择"Linux"，"版本"选择"Debian 10.x 64 位"，如图 1-1 所示。

（2）根据向导提示完成虚拟机的创建，并配置虚拟机的虚拟光驱，使其连接 deepin 安装包的 ISO 镜像文件，基本配置如图 1-2 所示。

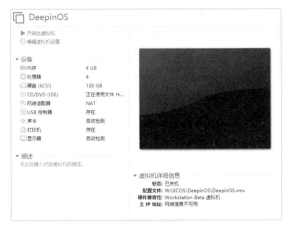

图 1-1　选择客户机操作系统　　　　　　图 1-2　VMware Workstation 虚拟机基本配置

如果直接在物理机上安装，先将计算机设置为从 U 盘（或光盘）启动，再插入系统安装 U 盘（或放入系统安装光盘），重新启动计算机。

（3）启动虚拟机，安装镜像启动运行，将出现图 1-3 所示的启动菜单，提供多个安装菜单选项供用户选择不同的内核版本，这里选择默认的第 1 项，即安装内核版本 5.15 的 deepin 20.9 桌面版。

启动菜单中两个内核版本都提供 Safe graphics 模式，目的是为一些无法正常安装的计算机提供一条能够快速安装的途径，主要解决因为显卡的不兼容导致无法正常安装系统的问题。正常情况下不要选择带有（Safe graphics）的选项。

（4）运行安装向导，选择安装语言，本例选择"简体中文"，如图 1-4 所示。

图 1-3　启动菜单　　　　　　　　　　　图 1-4　选择语言

（5）单击"下一步"按钮，本例是在虚拟机上安装，会给出在真实环境中安装 deepin 的友情提示，如图 1-5 所示。

（6）单击"下一步"按钮，设置硬盘分区选项，如图 1-6 所示，为简化实验操作，本例选择"全盘安装"，选中要安装的硬盘，由系统使用默认的分区方案自动对该硬盘进行分区，其他选项保持默认设置。

全盘安装需要 64 GB 以上的硬盘空间，建议初学者选择这种方式。全盘加密功能可保护硬盘数据，提高数据安全性。如果勾选"全盘加密"复选框，则要求输入加密密码。另外，还可以根据需要调整根分区大小。

如果选择"手动安装"，则需要自行创建启动分区、根分区等。

图 1-5　友情提示

图 1-6　设置硬盘分区选项

（7）单击"下一步"按钮，进入"准备安装"界面，如图 1-7 所示，显示分区信息。

本例选择"全盘安装"，默认勾选"创建初始化备份，以便恢复出厂设置，但会增加安装时间"复选框，以支持初始化备份功能。这里保持默认设置。

（8）确认安装信息，单击"继续安装"按钮，进入"正在安装"界面，如图 1-8 所示。该界面会显示安装进度，同时提供系统的新功能和特色简介。

图 1-7　"准备安装"界面

图 1-8　"正在安装"界面

（9）安装完成后，出现图 1-9 所示的界面，单击"立即重启"按钮。如果系统存在安装介质（本例中为虚拟光驱中的 ISO 镜像文件），则会提示移除该介质。

图 1-9　安装成功完成

2. 初始化设置

deepin 操作系统安装完成之后，还需要进行初始化设置。

（1）系统重启后，出现图 1-10 所示的界面，在该界面可以根据需要重新选择系统语言。这里采用默认的"简体中文"。

（2）单击"下一步"按钮，设置键盘布局。

图 1-10　选择语言

（3）单击"下一步"按钮，出现图 1-11 所示的界面，在该界面选择时区，可以通过地图来选择，也可以通过列表来选择，还可以手动设置时间。这里保持系统自动获取的时区设置。

（4）单击"下一步"按钮，出现图 1-12 所示的界面，在该界面创建账户。这里创建一个用户名为 test 的账户，为该账户选择用户头像，设置密码，同时为计算机设置一个名称。

（5）单击"下一步"按钮，出现图 1-13 所示的界面，系统将自动进行优化配置。

图 1-11　选择时区

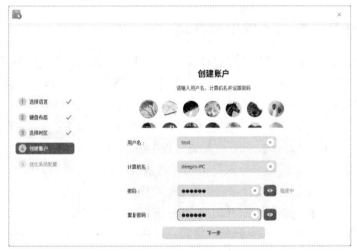

图 1-12　创建账户

图 1-13　优化系统配置

（6）系统自动优化完成之后，进入登录界面，如图 1-14 所示。

图 1-14　登录界面

任务 1.2.2　登录、注销、锁屏与关机

微课1-2.登录、注销、锁屏与关机

所有用户必须在经过认证之后才能登录 deepin 系统，然后才可以使用系统中的各种资源。登录的目的就是使系统能够识别出当前的用户身份，当用户访问资源时，系统就可以判断该用户是否具备相应的访问权限。登录是使用 deepin 系统的第一步。用户应该首先拥有该系统的一个账户，作为登录凭证。

有些 Linux 发行版在安装过程中可以为 root（超级管理员）账户设置密码，用户可以直接用 root 账户登录，对系统拥有最高权限，即 root 特权。而 deepin 系统初始化设置过程中创建的第一个用户只是一个管理员账户。该用户不具有最高权限。遇到需要 root 特权的操作时，在命令行中，该用户可以通过 sudo 命令临时获得 root 特权；而在图形用户界面中，根据提示输入该用户密码进行认证也可以获得 root 特权，这类似 Windows 系统中的用户账户控制。

在 deepin 登录界面（见图 1-14）输入正确的用户密码之后即可正常登录桌面环境。首次登录时，系统会给出友情提示，选择"普通模式"还是"特效模式"进入桌面，如图 1-15 所示。"特效模式"提供美观的桌面及效果，但比较耗费系统资源。"普通模式"旨在保证性能流畅，兼顾硬件配置不高的用户体验。本例环境中使用虚拟机，因此选择"普通模式"进入桌面。

首次登录，进入桌面后还会启动桌面配置向导，如图 1-16 所示。

单击"下一步"按钮，选择桌面样式以决定不同的任务栏显示风格，如图 1-17 所示。该界面中有两种选择，"时尚模式"的任务栏显示风格类似 macOS 的，"高效模式"的任务栏显示风格类似 Windows 7 的。这里保持默认设置，选择"高效模式"。

单击"下一步"按钮，选择运行模式，如图 1-18 所示，前面的友情提示已涉及此设置，这里保持默认设置。

单击"下一步"按钮，选择图标主题，如图 1-19 所示，每个主题都有一套不同的图标，这里保持默认设置。

单击"完成"按钮，正式进入 deepin 桌面，deepin 桌面环境如图 1-20 所示。可以发现

deepin 的桌面环境与 Windows 的比较相似，其主界面是桌面，底部是任务栏。

图 1-15 选择进入桌面的模式

图 1-16 首次进入桌面

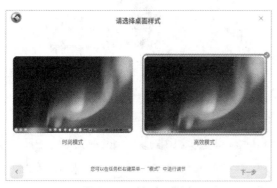

图 1-17 选择桌面样式

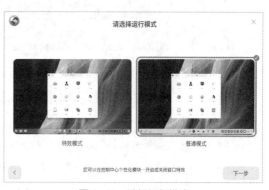

图 1-18 选择运行模式

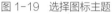

图 1-19　选择图标主题　　　　　　　　　图 1-20　deepin 桌面环境

注销是登录操作的反向操作。注销会结束当前用户的所有进程，但是不会关闭系统，也不影响系统上其他用户的工作。注销当前登录的用户，目的是以其他用户身份登录系统。单击任务栏上的电源图标⏻（或者像在 Windows 系统中一样按 <Ctrl>+<Alt>+<Delete> 快捷键）打开任务管理器，如图 1-21 所示，可以执行注销操作。

在任务管理器中还可以执行重启或关机操作。单击"锁定"按钮可以锁定屏幕（简称锁屏）。锁屏是为了防止他人非法操作，以保护用户数据。锁屏之后需要使用用户密码进行登录来解锁屏幕。

右键单击任务栏上的电源图标⏻，从弹出的快捷菜单中也可以选择电源操作命令，如图 1-22 所示。

图 1-21　任务管理器

图 1-22　电源操作快捷菜单

提示

只有在 VMware Workstation 虚拟机中安装 VMware Tools，才能实现主机与虚拟机之间的文件共享，支持自由拖曳的功能，在主机与虚拟机之间自由移动鼠标指针，全屏化虚拟机屏幕。在新版本的 VMware Workstation 虚拟机中安装 deepin 的过程中已经自动安装了 VMware Tools，无须单独安装。

项目小结

操作系统是计算机软件的核心，也是计算机系统的大脑。操作系统相关国产化替代路线是国产 Linux 操作系统加上国产 CPU，用于替代 Windows 操作系统加 Intel 架构的 Wintel 体系。统信软件专注于操作系统的研发与服务，发展和建设以中国技术为核心的创新生态，推出的统信 UOS，支持国产主流 CPU，是可用且好用的国产操作系统。其社区版 deepin 是广受欢迎的国产桌面操作系统，具有极高的易用性、优秀的交互体验、多款自研应用和全面的生态体系。本项目介绍了 deepin 操作系统的安装，接下来的项目主要基于 deepin 操作系统讲解国产操作系统的使用和管理运维。

课后练习

1. 什么是 GPL？它对 Linux 有何影响？
2. 简述 Linux 内核版本与发行版本。
3. 简述统信 UOS 与 deepin 的关系。
4. 操作系统引导模式有哪两种？
5. 完成 deepin 的安装之后初始化设置涉及哪些任务？
6. deepin 默认支持 root 用户登录吗？

补充练习
项目1

17

项目实训

实训 1　安装 deepin 操作系统

实训目的
掌握 deepin 操作系统的安装方法。

实训内容
（1）了解 deepin 硬件配置要求。
（2）准备实验用计算机（建议用虚拟机）和 deepin 的 ISO 镜像文件。
（3）运行 deepin 安装向导。
（4）根据向导提示完成安装，再移除安装介质并重启计算机。
（5）进行系统初始化设置。
（6）登录 deepin，根据向导提示完成桌面配置。
（7）打开任务管理器执行关机操作。

实训 2　安装并试用统信桌面操作系统

实训目的
安装并体验统信桌面操作系统。

实训内容
（1）准备实验用计算机（建议用虚拟机）和统信桌面操作系统专业版的 ISO 镜像文件。
（2）运行系统安装向导。
（3）安装完成后完成初始化设置。
（4）登录统信桌面操作系统，进行简单的试用，体验它与 deepin 的不同之处。

项目2
熟悉桌面环境的基本操作

02

普及和推广国产桌面操作系统对于打造自主可控的信息系统具有重要的意义，也有助于进一步发展国产操作系统生态。deepin 操作系统致力于为用户提供美观易用、安全可靠的 Linux 发行版。为便于读者快速入门，本项目将通过 4 个典型任务，带领读者熟悉 deepin 桌面环境的基本操作。

【课堂学习目标】

☞ 知识目标

➤ 了解 deepin 桌面环境及其组成。

➤ 了解 deepin 桌面环境的基本操作。

☞ 技能目标

➤ 掌握 deepin 桌面环境的基本操作方法。

➤ 学会配置 deepin 系统运行环境。

➤ 学会通过应用商店管理应用。

➤ 掌握文件管理器的使用方法。

☞ 素养目标

➤ 提高重视操作技能的意识。

➤ 培养家国情怀，增强文化自信。

任务 2.1　熟悉 deepin 的桌面环境

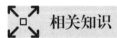

任务要求

deepin 是一款基于 Linux 内核、以桌面系统为主的开源操作系统。它拥有简洁、现代化的界面，初学者需要尽快熟悉其桌面环境及其组成。本任务的基本要求如下。

（1）了解 deepin 桌面环境的组成。

（2）熟悉任务栏操作。

（3）使用启动器运行应用。

（4）熟悉窗口管理操作。

（5）掌握桌面个性化设置方法。

相关知识

2.1.1　桌面环境的组成

登录 deepin 操作系统之后，我们即可体验其桌面环境。桌面环境提供图形用户界面，deepin 默认的桌面环境非常简洁，由桌面、任务栏、启动器、控制中心、多任务视图（窗口管理器）等组成，如图 2-1 所示。启动器、控制中心等图标位于任务栏中。

图 2-1　deepin 桌面环境

桌面是指用户登录系统之后所看到的主屏幕区域。桌面中可以包括多种图标，图标的类型有系统图标、快捷方式、文件或文件夹图标。

系统图标是安装 deepin 时由系统自动产生的、具有特定用途的一些图标。deepin 默认的桌面很空旷，只有一个"社区论坛"系统图标。

快捷方式是系统提供的一种用于快速启动应用（应用程序）、打开文件或文件夹的图标。安装某些应用时会自动产生快捷方式，用户也可根据需要自行创建快捷方式。

在桌面中创建文件或文件夹，就会生成相应的文件或文件夹图标。

用户可以在桌面中通过快捷菜单，如图 2-2 所示，执行新建文件夹或文档、设置图标排序方式、调整图标大小、设置显示分辨率、设置壁纸或屏保等操作。

还可以在启动器或者文件管理器中通过发送到桌面的功能，往桌面中添加应用或文件及文件夹的快捷方式。

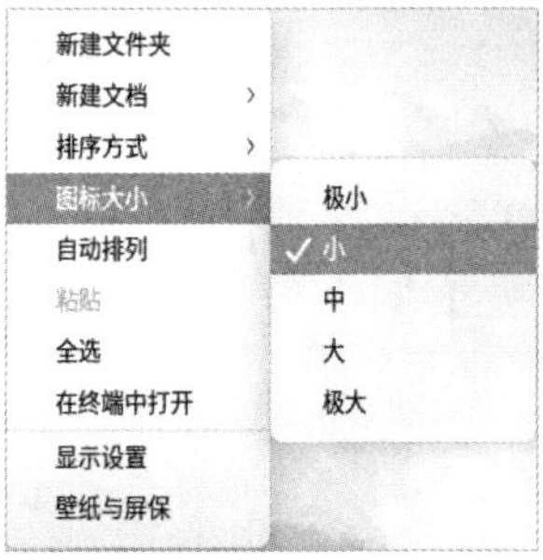

图 2-2 桌面快捷菜单

2.1.2 桌面环境的实现机制

UI（User Interface，用户界面）是计算机操作系统最直观的部分，可分为两种类型：CLI（Command Line Interface，命令行界面）和 GUI（Graphical User Interface，图形用户界面）。命令行界面是完全基于文本的环境，为用户提供一个可视的提示界面，用户通过键盘输入命令，计算机将数据输出到屏幕上。图形用户界面允许用户使用可视化对象，如窗口、下拉菜单、鼠标指针和图标来操作软件，另外，还允许用户通过鼠标或其他单击设备输入命令。现在大部分的桌面操作系统都支持图形用户界面。Windows 是基于图形用户界面的操作系统，图形环境与内核紧密结合。Linux 本身并没有集成图形用户界面，而是由显示服务器单独提供图形用户界面，这样就使得 Linux 的图形用户界面更灵活，可以根据需要选用不同的桌面环境。deepin 就是典型的 Linux 桌面操作系统。Linux 的桌面环境将除显示服务器以外的各种显示部件整合起来，用于呈现整个图形用户界面，不过图形输出处理是由后台的显示服务器实现的。

1. 显示服务器

显示服务器作为图形用户界面的一个关键组件，为操作系统提供图形用户界面的运行框架，让用户可以使用鼠标和键盘与应用程序进行交互。基于显示服务器，Linux 用户才能以图形化的方式使用图形用户界面。如果没有显示服务器，则只能局限于命令行界面。

显示服务器是桌面环境的底层实现。显示服务器程序通过显示服务器协议与客户端进行通信。Linux 目前支持 3 种显示服务器协议，分别是 X11、Wayland 和 Mir，多数 Linux 使用 X11。Wayland 是一种新型的、轻便的、安全的显示服务器协议，比传统的 X11 显示服务器协议提供了更优秀、更流畅的用户体验。deepin 一直使用的是 X11，从 V23 Beta 版本开始支持 Wayland，让用户可以在 Wayland 显示服务器协议下启动桌面环境。

2. 显示管理器

DM（Display Manager，显示管理器）是为 Linux 发行版提供图形登录功能的程序。它控制用户会话并管理用户认证。显示管理器会在用户输入用户名和密码后，立即启动显示服务器并加载桌面环境。

显示管理器的一项主要功能是提供登录界面，即可见的登录屏幕，也就是欢迎页，因此显示管理器又被称为登录管理器。

显示管理器的另一项主要功能是提供桌面环境选择入口。显示管理器并非桌面环境的一部分，而是一个独立的程序。如果同一个系统中安装有多个桌面环境，则显示管理器允许用户切换桌面环境。

常用的显示管理器有 GDM（GNOME 显示管理器）、KDM（Kool Desktop Environment Display Manager，KDE 显示管理器）、SDDM（Simple Desktop Display Manager，简单桌面显示管理器）、LightDM（轻量显示管理器）等。这些都是图形用户界面的显示管理器，实际上还有控制台命令行显示管理器，如 CDM 就是用 Bash 编写的显示管理器。

不同的桌面环境会推荐不同的显示管理器，如 GNOME 首选 GDM，但是仍然可以搭配其他显示管理器。如果安装了多个显示管理器，则只有一个显示管理器可以管理给定的显示服务器。

deepin 采用的显示管理器是 LightDM。用户可以打开终端窗口，执行以下命令进行验证。

```
test@deepin-PC:~$ cat /etc/X11/default-display-manager
/usr/sbin/lightdm
```

LightDM 是全新的、轻量的跨桌面显示管理器。

3. 窗口管理器

用户登录成功进入桌面之后，使用应用软件就要和窗口管理器（Window Manager，WM）、桌面管理器打交道了。窗口管理器是负责创建和放置窗口应用的程序。窗口管理器用来控制窗口的位置和外观，并提供与用户交互的方法。

根据管理窗口的方式不同，窗口管理器可分为合成式、堆叠式（悬浮）、瓷砖式（平铺）和动态等类型。动态窗口管理器可以使窗口在堆叠式和瓷砖式窗口布局之间动态切换。

窗口管理器可以是桌面环境的一部分，也就是作为更全面的桌面环境的一部分而开发的，通常允许提供的其他应用程序更好地交互，从而给用户带来更一致的体验，通过桌面图标、工具栏、壁纸或桌面小部件等完善用户体验。

窗口管理器也可以设计成独立使用，让用户完全自由地选择要使用的其他应用程序。这使得用户可以根据自己的具体需求，创建一个更加轻量级和个性化的环境。一些独立的窗口管理器也可以用来替换桌面环境的默认窗口管理器，就像一些面向桌面环境的窗口管理器也可以独立使用一样。

4. 桌面环境

对于使用操作系统图形环境的用户来说，仅有窗口管理器提供的功能是不够的。为此，开发人员在窗口管理器的基础上，增加了各种功能和应用程序，组建了较完整的图形用户界面，这就是 DE（Desktop Environment，桌面环境）。将窗口管理器、桌面管理器（Desktop Manager）、文件管理器，以及一些常用的组件和程序集合起来，就构成了桌面环境。有的桌面环境还集成有显示管理器。

桌面环境将各种组件捆绑在一起，以提供常见的图形用户界面元素，如图标、工具栏、壁纸和桌面小部件。此外，大多数桌面环境包括一套集成的应用程序和实用程序。最重要的是，桌面环境提供了自己的窗口管理器，然而通常可以用另一个兼容的窗口管理器来代替。

目前主流的 Linux 桌面环境包括 GNOME（GNU 网络对象模型环境）、KDE（K 桌面环境）、Xfce 和 LXDE（轻量级 X11 桌面环境）。GNOME 具有很好的稳定性，是多数 Linux 发行版本的默认桌面环境，它由桌面（包括其图标）、应用窗口、面板（包括顶部或底部面板）组成。KDE 与 Windows 界面比较接近，更加友好。

deepin 使用的是深度科技自主开发的 DDE（Deepin Desktop Enviroment，深度桌面环境）。DDE 是美观易用、极简操作的桌面环境，提供华丽的桌面效果和良好的用户体验，很多地方的交互设计细节都比其他桌面环境更加精致和简洁。用户登录 DDE 之后就可以流畅地使用桌面、任务栏、启动器，也可以进行文件操作和系统设置。DDE 主要面向开箱即用的非技术型用户，其视觉设计更符合中国人的习惯。

任务 2.1.1　认识和操作任务栏

任务栏是一个长条形面板，包括启动器、应用程序、托盘区、系统插件等部分，如图 2-3 所示。通常将显示计算机软硬件重要信息的区域称为托盘区，该区域主要包括显示音量、网络以及日期和时间等一些系统程序的图标。用户可以通过任务栏完成打开启动器、显示桌面、切换多任务视图等任务，可以对任务栏中显示图标的应用程序执行打开、关闭、强制退出等操作，还可以执行设置输入法、调节音量、连接网络、查看日期和时间、关机，以及使用回收站等操作。

图 2-3　deepin 任务栏

1. 设置任务栏

用户可以根据需要调整任务栏显示。右键单击任务栏空白处，弹出图 2-4 所示的快捷菜单，可以对任务栏本身进行设置。

任务栏提供两种显示模式——时尚模式和高效模式，用于显示不同的图标大小和应用窗口激活效果。任务栏显示模式可以通过任务栏快捷菜单中的"模式"子菜单进行切换。高效模式的任务栏如图 2-3 所示，任务栏显示风格类似 Windows 7 的，以长条形面板的形式显示在屏幕下方，单击任务栏最右边的图标可以显示桌面，此时桌面上打开的应用窗口将最小化，并以快捷方式驻留在任务栏中。时尚模式的任务栏如图 2-5 所示，任务栏显示风格类似 macOS，以浮动面板的形式停靠在屏幕下方，任务栏上会显示所有固定在任务栏的应用图标。在时尚模式下，托盘区可以展开或折叠。

图 2-4　任务栏快捷菜单 　　　　　　　　　图 2-5　时尚模式的任务栏

默认情况下，任务栏位于桌面下方。任务栏位置可以通过任务栏快捷菜单中的"位置"子菜单进行调整，任务栏可以位于桌面的上部、下部、左侧或右侧。另外，使用鼠标拖动任务栏边框可以调整任务栏尺寸。

默认情况下，任务栏会一直显示。任务栏显示状态可以通过任务栏快捷菜单中的"状态"子菜单进行调整。选择"一直隐藏"则任务栏会隐藏起来，只有鼠标指针移动到任务栏区域才会显示任务栏；选择"智能隐藏"则当应用窗口占用任务栏区域时，任务栏自动隐藏。

任务栏插件图标的显示或隐藏可以通过任务栏快捷菜单中的"任务栏设置"子菜单进行调整，以便通过任务栏启动常用的系统程序。如图 2-6 所示，默认在任务栏插件区域中显示"显示桌面""通知中心""电源""回收站"等插件的图标。

2. 通过任务栏操作应用

任务栏的应用程序区域可用来操作相应的应用。这分为两种情形。第一种情形是单击驻留在任务栏的快捷方式可快速启动相应的应用，单击右键打开快捷菜单可以将快捷方式从任务栏中移除，如图 2-7 所示。打开应用窗口之后，可以通过右键单击任务栏中相应应用图标来操作应用，如图 2-8 所示。将鼠标指针指向该区域的应用图标，弹出缩略（预览）窗口，可关闭应用窗口。对于打开多窗口的应用，还可以切换应用窗口，用鼠标拖动预览窗口可以改变应用窗口的排列顺序。

图 2-6 选择在任务栏插件区域中显示的图标

图 2-7 单击右键打开快捷菜单

图 2-8 右键单击任务栏中的应用图标

第二种情形是打开未在任务栏中驻留快捷方式的应用后，任务栏中也会显示对应的应用图标。与第一种情形不同的是，关闭应用窗口后，相应应用图标将消失，可以通过快捷菜单将该应用的快捷方式驻留到任务栏中。

3. 通过任务栏执行其他常规操作

用户可以通过任务栏执行其他常规操作。

将鼠标指针悬停在任务栏的时间图标上，可以查看当前日期、星期和时间。单击时间图标会打开日历。

单击电源图标进入关机界面，可以执行关机操作。

单击任务栏上的通知图标打开通知中心，可以查看所有通知。

单击回收站图标打开回收站，可以找到计算机中被临时删除的文件，可根据需要选择还原或删除这些文件，如果清空回收站，将删除回收站中的所有文件。

任务 2.1.2 使用启动器

在 deepin 中，启动器相当于 Windows 的开始菜单。我们通过启动器管理当前系统中已安装的应用，在启动器中使用分类导航或搜索功能可以快速找到所需的应用。

单击任务栏中的图标 可以打开启动器。启动器分为全屏和小窗口两种模式，分别如图2-9和图2-10所示，两种模式通过右上角的图标进行切换。这两种模式都支持应用搜索、快捷方式设置。小窗口模式还支持快速打开文件管理器、控制中心和进入关机界面等功能。

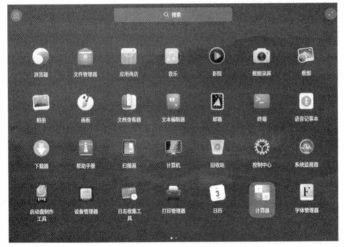

图2-9　启动器的全屏模式

图2-10　启动器的小窗口模式

deepin操作系统（项目式）（微课版）

提示　　在启动器中可以查看新安装的应用，新安装应用的旁边会出现一个小蓝点提示。可以使用<Super>键打开或关闭启动器。

使用启动器可以进行以下操作。

1. 排列应用

在全屏模式下启动器默认按照安装时间排列所有应用，可以像在手机上操作应用图标一样，通过拖曳图标的方式来调整图标的位置。单击启动器界面左上角分类图标 则按分类对应用进行排列。

在小窗口模式下启动器默认按照使用频率排列所有应用。单击"所有分类"则切换到分类排列应用界面。

2. 查找并运行应用

在启动器中用户可以通过滚动鼠标滚轮或切换分类导航查找应用。如果知道应用名称，直接在搜索框中输入关键字，即可快速定位到需要的应用。

查找到应用之后，单击它即可运行。

3. 管理应用

在启动器中可以管理应用。右键单击启动器中的图标，从弹出的快捷菜单中选择相应的管理操作命令可管理应用，如图2-11所示。选择"打开"命令将启动应用。

快捷方式提供一种快速启动应用的方法，deepin支持桌面快捷方式和任务栏快捷方式，单击右键，在打开的快捷菜单中选择"发送到桌面"

图2-11　应用的快捷菜单

或"发送到任务栏"命令即可创建相应的快捷方式。对于已经添加桌面快捷方式或任务栏快捷方式的应用，快捷菜单中则会提供"从桌面上移除"或"从任务栏上移除"命令。

选择"开机自动启动"命令即可将应用设置为开机自动启动。

选择"卸载"命令即可将应用卸载。

任务 2.1.3 窗口管理操作

在 deepin 窗口中，管理器负责管理所有打开的窗口，包括多任务视图中的窗口。

1. 基本的窗口操作

在 deepin 中运行图形用户界面应用时会打开相应的窗口，如图 2-12 所示。应用窗口的右上角通常提供窗口最小化、窗口最大化和窗口关闭等窗口操作按钮；一般窗口都有菜单，单击◎按钮弹出下拉菜单。将鼠标指针指向任务栏中已打开应用的图标，会弹出缩略（预览）窗口。

一般窗口也可以通过拖动边缘来改变大小；多个窗口之间可以使用 <Alt>+<Tab> 快捷键进行切换。

图 2-12 应用窗口

2. 使用窗口管理器实现多任务视图

在 deepin 中，多任务视图类似 Windows 10 的任务视图，可以列出所有打开的应用及其窗口，并让用户快速切换。这是由窗口管理器实现的，通过窗口管理器可以在不同的工作区内展示不同的窗口内容。工作区可以将桌面窗口进行分组管理，便于用户同时使用多个桌面，也就是多任务视图。注意，只有在"控制中心"→"个性化"→"通用"设置界面开启了窗口特效功能后，才能支持运行窗口管理器功能。

单击任务栏中的多任务视图图标🔳打开多任务视图（工作区界面），如图 2-13 所示，每个视图就是一个工作区（虚拟桌面）。图 2-13 中默认仅有两个工作区，可以通过工作区选择器（一组缩略图）来切换工作区，当前工作区会突出显示，同时会显示当前工作区中已打开的窗口（当前应用窗口突出显示），单击右上角的工作区添加按钮➕可以添加新的工作区，单击当前视图缩略图右上角的✖按钮可以删除该工作区。另外，在桌面中使用 <Super>+< → >/< ← > 快捷键，可切换到上一个或下一个工作区；使用 <Super>+ 数字键（1 ~ 4），可切换到指定顺序的工作区。

图2-13　多任务视图（工作区界面）

用户可以在多任务视图中便捷地管理已经打开的应用及其窗口，例如关闭打开的窗口，或者将窗口拖动到另一个工作区中。

单击任务栏中的显示图标▇将退出多任务视图，显示当前工作区的桌面，可以在其中打开多个窗口。

使用 <Super>+<S> 快捷键可以在桌面和多任务视图之间进行切换。

任务 2.1.4　桌面外观个性化设置

用户在开始使用 deepin 时，往往要根据自己的需求对桌面环境进行定制。

1. 显示设置

默认的显示设置往往不能满足实际需求。右键单击桌面，从弹出的快捷菜单中选择"显示设置"命令，打开图 2-14 所示的显示设置界面（这实际上打开的是控制中心的显示设置界面），根据需要设置显示器的亮度、分辨率、屏幕方向以及缩放倍数等，让屏幕显示达到最佳状态。

屏幕方向可以横竖翻转，特别适合 PC 的竖屏显示器或者一些平板计算机。

当屏幕分辨率高于 1024 px × 768 px 时，系统会自动调整屏幕缩放倍数，用户可以根据需要手动调整屏幕缩放倍数。

在 deepin 中还可以轻松地进行多屏幕设置。当计算机连接上另一台显示设备时，多屏显示模式设置模块才会出现，在此模块中可以查看所有显示器的屏幕名称，可以选择多屏模式，如复制、扩展或者仅在某个屏幕上显示内容。

2. 界面个性化设置

通过控制中心的个性化设置模块可以进行一些通用的个性化设置。个性化设置包括系统主题、活动用色、字体、窗口特效和透明度等，可改变桌面和窗口的外观；除此之外，还可设置图标主题、光标主题等。

单击任务栏中的▇图标打开控制中心，单击"个性化"，默认进入个性化设置界面，如图 2-15 所示。该界面中"主题"是指系统窗口主题，"活动用色"是指选中某一选项的突出显示颜色。值得一提的是，开启"窗口特效"可以让桌面和窗口更美观、精致。开启"窗口特效"后，可以设置"最小化时效果"，调节窗口圆角的大小。

图2-14 显示设置界面

图2-15 个性化设置界面

任务 2.2 配置系统运行环境

任务要求

deepin 提供了丰富的个性化设置选项，让用户可以完全配置自己的工作环境，体现自己的风格和偏好。前面简单讲解了桌面外观的个性化设置，本任务进一步介绍系统运行环境的配置，基本要求如下。

（1）掌握控制中心的使用方法。

（2）学会配置 deepin 的基本运行环境。

相关知识

在 deepin 中用户主要通过控制中心来管理系统的基本设置，包括账户管理、网络设置、时间日期设置、个性化设置、显示设置、系统升级等。当用户进入桌面环境后，单击任务栏中的 图标可打开控制中心窗口。如图 2-16 所示，控制中心首页主要展示各个设置模块，方便日常查看和快速设置。

图2-16 控制中心首页

参见图 2-14，打开控制中心的某一设置模块后，可以通过左侧导航栏快速切换到另一设置模块。

多数设置针对当前用户，不需要用户认证，只有有关系统的设置需要 root 特权。这种情形下会弹出相应的用户认证对话框，用户输入正确的密码后即可临时获取 root 特权。

⚒ 任务实现

任务 2.2.1　账户管理

用户账户用于用户身份验证、授权资源访问、审核用户操作。在 deepin 中，普通用户的账户可分为管理员账户和标准用户账户两种类型。管理员账户是指具有管理权限的普通用户，有权删除用户、安装软件和驱动程序，或者进行其他系统设置操作。标准用户账户不能进行这些操作，只能够修改自己的个人设置。

安装 deepin 时创建了一个管理员账户。我们可以通过控制中心的账户设置模块来更改账户设置，或者创建新的用户账户。

打开控制中心，单击"账户"，进入图 2-17 所示的账户设置界面，可以对用户账户进行简单的设置，如更换头像、设置用户全名、修改密码、设置密码有效期、开启自动登录和无密码登录、更改账户类型等。需要注意的是，除了更换头像和设置用户全名外，其他设置更改都需要用户认证。例如，弹出图 2-18 所示的认证对话框，输入当前登录账户（必须是管理员账户）的密码，单击"确定"按钮完成认证即可。

图 2-17　账户设置界面

图 2-18　认证对话框

如果同时开启自动登录和无密码登录功能，下次启动系统后将直接进入桌面。

deepin 是多用户操作系统，我们可以根据需要添加新的用户账户。在账户设置界面中单击创建账户按钮⊕，弹出图 2-19 所示的创建账户对话框，选择账户类型（标准用户和管理员），设置用户名（账户名称）和全名（可选），输入密码和密码提示，单击"创建"按钮，由于涉及系统数据修改，如果没有认证还会弹出需要认证的对话框，输入正确的认证信息后即可完成新账户的创建。新创建的账户会出现在账户列表中，如图 2-20 所示，可以根据需要修改该账户的设置，或者将其删除。已登录的账户（列表中用户账户旁边会出现一个小绿点提示）无法被删除。

deepin操作系统（项目式）（微课版）

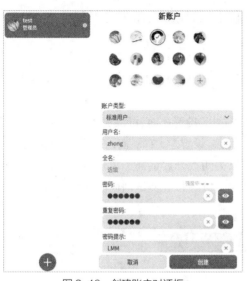

图 2-19　创建账户对话框　　　　　　　　　　图 2-20　新创建的账户

任务 2.2.2　时间日期设置

用户可以通过控制中心的时间日期设置模块来调整系统时区、日期和时间格式，也可以修改当前时间和日期。

打开控制中心，单击"时间日期"，进入时间日期设置界面，默认进入"时区列表"界面，可以修改系统时区；单击"系统时区"区域的"编辑"按钮弹出"修改系统时区"对话框，通过搜索或从地图上选点来选择系统时区；也可以同时使用多个时区，以便随时查看另一个时区的时间，单击添加时区按钮⊕弹出"添加时区"对话框，通过搜索或从地图上选点来选择要添加的时区；单击"时区列表"区域的"编辑"按钮可以通过时区列表中的删除按钮来删除相应的时区。本例添加了两个时区，时区列表如图 2-21 所示。

切换到"时间设置"界面，如图 2-22 所示，默认开启自动同步配置功能，当前时间与时间同步服务器保持一致，可以从"服务器"下拉列表中选择时间同步服务器。如果关闭自动同步配置功能，则可以手动修改当前的时间和日期。

图 2-21　时区列表　　　　　　　　　　　　图 2-22　"时间设置"界面

切换到"格式设置"界面，可以修改日期和时间的格式，默认使用24小时制。

任务 2.2.3　声音设置

用户可以通过控制中心的声音设置模块来修改声音的输入和输出设置，调整声音的录制和播放效果。

打开控制中心，单击"声音"，进入图 2-23 所示的"输出"设置界面，可以关闭或开启扬声器（单击◀按钮进行切换），调节输出音量，开启音量增强功能，设置左/右平衡，选择声音输出设备。

切换到"输入"设置界面，如图 2-24 所示，可以关闭或开启话筒（单击◀按钮进行切换），调节输入音量，开启噪音抑制功能，选择声音输入设备，还可以在测试话筒时观察反馈音量。

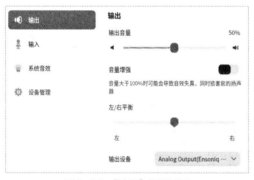

图 2-23　"输出"设置界面　　　　　　　　　　图 2-24　"输入"设置界面

用户还可以切换到"系统音效"设置界面，设置系统在发生开机、关机、注销、通知等事件时的音效；切换到"设备管理"设置界面，开启和停用系统可用的声音输入和输出设备。

任务 2.2.4　电源设置

用户可以通过控制中心的电源管理设置模块来修改电源设置，达到节能目的。

打开控制中心，单击"电源管理"，进入图 2-25 所示的"通用"设置界面，可以设置性能模式，调整节能设置，确定待机恢复、唤醒显示器是否需要密码。

切换到图 2-26 所示的"使用电源"设置界面，可以设置关闭显示器、自动锁屏的时间，选择"从不"会禁用相应功能；还可以设置按电源按钮时的操作，可选择关机、关闭显示器等操作，默认为"无任何操作"。

图 2-25　"通用"设置界面　　　　　　　　　　图 2-26　"使用电源"设置界面

如果使用的是笔记本计算机，则 deepin 的电源管理设置模块还能够开启或关闭节能模式，增加有关使用电池的选项。

任务 2.2.5　输入设置

用户可以通过控制中心的鼠标、触控板、键盘和语言设置模块来修改输入设置。

1. 鼠标和其他输入设置

打开控制中心，单击"鼠标"，进入"通用"设置界面，可以开启或关闭左手模式，调整滚动速度和双击速度，还可以进行双击测试。切换到"鼠标"设置界面，可以设置鼠标指针速度，开启或关闭鼠标加速和自动滚动功能。

笔记本计算机通常提供触控板、指点杆，此处还会增加相关的设置选项。

数位板（绘图板）主要用于绘画创作。连接数位板设备后，相关的设置模块才会显示，用户可以设置数位板的压感力度，即笔尖和橡皮擦的压力感应值。

2. 键盘和语言设置

打开控制中心，单击"键盘和语言"，进入"通用"设置界面，可以调整重复延迟、重复速度，开启或关闭数字键盘以及大写锁定提示功能。

切换到图 2-27 所示的"输入法"设置界面，可以添加或删除输入法，设置切换输入法的快捷键。除了系统预置的输入法，还可以前往应用商店下载其他输入法。

切换到"系统语言"设置界面，可以在语言列表中设置系统语言。默认为安装系统时所选择的语言（本例为"简体中文"），可以根据需要添加多种语言，并随时进行切换。

切换到图 2-28 所示的"快捷键"设置界面，可以查看、修改和自定义系统的快捷键。默认提供了系统管理、窗口和工作区快捷键，可以对这些快捷键进行修改，单击快捷键输入新的快捷键即可。单击添加按钮⊕弹出相应的对话框，可以添加自定义的快捷键。

图 2-27　"输入法"设置界面

图 2-28　"快捷键"设置界面

任务 2.2.6　网络设置

登录系统后，需要连接网络，才能进行接收邮件、浏览新闻、下载文件、聊天、网上购物等操作。

将鼠标指针移动到任务栏托盘区的网络图标上，即可查看当前网络状态。右键单击网络图标，选择"网络设置"命令会打开控制中心的网络设置界面，当然也可通过控制中心单击"网络"进入该设置界面。"网络设置"界面如图 2-29 所示，其中列出已有网络接口并显示其当前状态，本例显示的是有线网络。有线网络具有安全、快速和稳定的优点。在"有线网络"设置界面中可以开启或关闭有线网卡，单击现有网络连接右端的 > 按钮弹出图 2-30 所示的网络连接设置对话框，可编辑该网络连接。可以断开该网络连接，对于已断开的网络连接可以删除；可以修改网络连接的名称，开启自动连接；可以开启网络连接的安全功能，设置连接的安全认证；可以更改 IPv4、IPv6 的方法（默认为"自动"，可以改为"手动"），设置 DNS。

图 2-29 "网络设置"界面

图 2-30 网络连接设置对话框

本例将 IPv4 改为手动设置之后，手动设置 IP 地址、子网掩码和网关，以及 DNS，如图 2-31 所示。一个网络连接可以设置多个 IP 地址，这里单击"编辑"按钮，即可添加 IP 地址。

切换到图 2-32 所示的"网络详情"界面，可以查看网络连接信息，包括接口名称、MAC 地址、IP 地址、子网掩码、网关等。

图 2-31 手动设置相关配置

图 2-32 "网络详情"界面

可以根据需要切换到"DSL"设置界面，设置拨号上网配置；切换到"VPN"设置界面，设置 VPN 连接配置，VPN 的功能就是在公用网络上建立专用网络以进行加密通信；切换到"系统

deepin操作系统（项目式）（微课版）

代理"设置界面，设置系统代理配置；切换到"应用代理"设置界面，设置应用代理配置。

值得一提的是，无线网络越来越普及，上网形式更加灵活，支持更多设备使用。不过需要使用提供 Linux 驱动的无线网卡。如果所用的无线网卡没有提供 Linux 驱动，则可以考虑改用开源的 Linux 驱动。

任务 2.2.7　默认程序设置

默认程序是指在计算机上打开某种类型的文件时，系统会自动打开运行该文件的预选程序来操作该文件。在 deepin 中可以通过快捷菜单或控制中心更改默认程序，选择其他程序打开特定类型的文件。

微课2-1.无线网络设置

1. 通过快捷菜单更改默认程序

在文件管理器或桌面中，右键单击某种类型的文件（本例在桌面中新建一个文本文件），如图 2-33 所示，从弹出的快捷菜单中选择"打开方式"→"选择默认程序"，弹出图 2-34 所示的选择打开方式对话框，从"推荐应用"或"其他应用"列表中选择一个应用，自动勾选"设为默认"复选框，此处还可添加其他程序，这里选择"LibreOffice Writer"，单击"确定"按钮。这里选择的默认程序会自动添加到控制中心的默认程序列表中。

图 2-33　右键单击某种文件打开快捷菜单选择默认程序

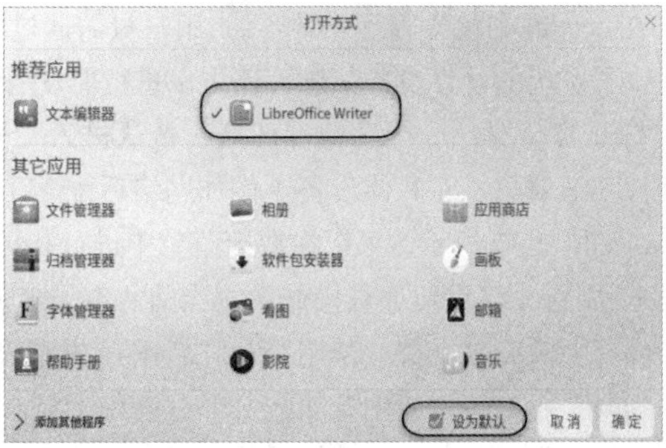

图 2-34　选择打开方式对话框

2. 通过控制中心管理默认程序

打开控制中心，单击"默认程序"，进入如图 2-35 所示的设置界面，列出已有的默认程序列表，可以发现文本文件的默认程序为前面所设置的 LibreOffice Writer（右端有标记）。

要更改默认程序，用户可以选择一个文件类型进入默认程序列表，在列表中选择另一个程序即可。例如，可以将文本文件的默认程序重新更改为文本编辑器。

要添加默认程序，用户可以选择一个文件类型进入默认程序列表，单击列表下的添加默

图 2-35　通过控制中心管理默认程序

认程序按钮➕，选择 desktop 文件（一般在 /usr/share/applications 下）或特定的二进制文件，将程序添加到默认程序列表并勾选该程序，则可设置为默认程序。

在默认程序列表中，用户只能删除自己添加的程序，不能删除系统已经安装的应用。要删除系统已经安装的应用，只能卸载应用。卸载后该应用将自动从默认程序列表中删除。

任务 2.2.8　通知设置

在 deepin 中系统通知和应用通知有助于用户及时了解系统和应用程序的状态。用户可以根据需要更改通知设置，包括显示和隐藏通知、更改通知的外观和位置。打开控制中心，单击"通知"，进入"系统通知"设置界面，可以开启或关闭勿扰模式，默认关闭勿扰模式。切换到"应用通知"设置界面，如图 2-36 所示，可以为不同的应用单独管理通知，开启或关闭通知时提示声音、锁屏时显示消息、在通知中心显示、显示消息预览等通知功能，默认情况下，这些功能都是开启的。

图 2-36　"应用通知"设置界面

任务 2.2.9　设备管理

在 deepin 中设备管理非常容易，用户只需通过设备管理器就可以查看和管理所有的硬件设备，除了查看系统的硬件设备信息，还可以进行驱动管理。

打开启动器，运行设备管理器，默认进入"硬件信息"界面，可以查看运行在操作系统上的硬件详细信息。在具体设备（例如网络适配器）的详细信息区域，单击右键，弹出相应的快捷菜单，如图 2-37 所示，可以在快捷菜单中进行相关操作，比如"复制"用于复制当前页面的所有信息；"刷新"将重新加载操作系统当前所有设备的信息；"导出"将设备信息导出到指定的文件夹；部分硬件驱动支持"禁用"和"启用"功能，硬件驱动默认是"启用"状态，根据快捷菜单选项判断是否支持"禁用"功能；部分硬件支持"更新驱动"和"卸载驱动"功能，可以根据快捷菜单选项进行判断；当计算机待机时，支持通过鼠标、键盘和网卡唤起，点亮屏幕，如果设备禁用，则无法使用该功能。

切换到"驱动管理"界面，系统会自动检测是否有可更新或安装的驱动。本例环境中没有可更新或安装的驱动，会显示"驱动已是最新"，并展示无须更新驱动的设备名称及版本，如图 2-38 所示。

如果检测到可更新或安装的驱动，可以进行在线安装。另外，当启动系统时，如果检测到有可更新或安装的驱动，会弹出提示信息，单击"查看"按钮则可以进入"驱动管理"界面。

deepin 支持连接各种外部设备，例如打印机、摄像头和话筒等。用户可以在设备管理器中查看这些外部设备的状态，并在需要时进行调整和配置。

提示　当用户连接 USB 驱动器或其他外部存储设备时，deepin 会检测到它们并在文件管理器中显示相关内容。用户可以通过双击存储设备图标打开它们，在文件管理器中浏览和编辑 USB 驱动器中的文件。

图 2-37 快捷菜单

图 2-38 驱动管理

任务 2.3 通过应用商店管理应用

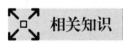 **任务要求**

deepin 预装了部分常用的应用，如果要使用其他应用，则需要自行安装。使用应用商店是最简单、最容易的应用安装方式，也是初学者安装应用的首选方式。本任务的基本要求如下。

（1）了解 deepin 的应用商店。

（2）学会通过应用商店安装和更新应用。

微课2-2.通过应用商店管理应用

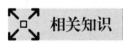 **相关知识**

deepin 的应用商店是一款集应用推荐、下载、安装、卸载于一体的应用程序。用户可以进入应用商店搜索热门应用，一键下载并自动安装。使用应用商店具有以下优势。

• 便捷地安装应用。应用商店提供了一个集中管理应用的平台，用户可以方便地浏览、搜索和下载应用，无须通过各种渠道去寻找和下载应用，只需要在应用商店中搜索并下载即可。

• 确保应用安全、可靠。应用商店精心筛选和收录了不同类别的应用，每款应用都经过人工安装并验证了应用的安全性。这些安全审核和筛选机制确保用户下载的应用没有恶意软件或病毒。与从其他渠道下载应用相比，使用应用商店下载应用更加安全、可靠。

• 便于更新应用。应用商店会自动检测和提醒用户有关应用的更新。用户可以方便地更新应用，以获取最新的应用功能。

• 帮助用户选择应用。应用商店提供用户评价和推荐系统。通过查看其他用户对应用的评价和推荐，可以帮助用户了解应用的完备性和适用性，从而选择更合适的应用。

任务 2.3.1　浏览和搜索应用

单击任务栏上的■图标，或者打开启动器并运行应用商店，即可打开应用商店。如图 2-39 所示，应用栏目展示应用商店的应用分类，包括热门推荐、装机必备、全部分类等，用户可以通过分类浏览找到适合自己的应用。

图 2-39　应用商店界面

> **提示**
>
> Deepin ID 是 deepin 的账号系统，类似其他操作系统中的 Microsoft Account 或者 Apple ID 账号系统。用户可以注册 Deepin ID 账号，并在 deepin 中使用该账号登录、同步和管理自己的应用程序和数据。在应用商店界面中，单击标题栏上的头像，弹出"Deepin ID 登录"对话框，单击👤按钮进入图 2-40 所示的界面，输入用户名 / 手机号 / 邮箱和密码进行登录。如果未注册账号，则可以单击"注册"跳转到网页进行注册。用户也可以通过微信账号进行第三方认证登录。

图 2-40　Deepin ID 登录

除了分类浏览之外，应用商店还提供方便、快捷的搜索方式——热门搜索词（即热搜词）搜索，单击搜索框弹出热搜词窗口，可以自行选择搜索，如图 2-41 所示；也可以在搜索框中输入关键词进行精确搜索，如图 2-42 所示，执行搜索操作后按匹配程度显示搜索结果。

从搜索结果列表中找到所需的应用，虽然可以直接安装，但慎重起见，一般都是查看应用详情之后，再决定是否安装。本例使用关键词"GIMP"进行搜索，打开 GIMP- 图像处理应用详情界面，了解应用的类别、版本、更新日期、评论及评分等信息，还可以查看系统推荐的相关应用。本例中"GIMP- 图像处理"的详情界面如图 2-43 所示。

图 2-41　热搜词搜索

图 2-42　关键词精确搜索

图 2-43　"GIMP- 图像处理"的详情界面

任务 2.3.2　下载并安装应用

应用商店提供一键式应用下载和安装。在应用商店界面单击应用旁边的"安装"按钮，或者在应用详情界面单击"安装"按钮，都可以下载并安装应用。

单击下载按钮 ⬇ 进入"下载管理"界面，如图 2-44 所示，查看当前应用的安装进度。在"下载管理"界面还可以暂停下载任务和清空下载记录。

应用下载完毕后会自动安装，安装完成后会显示已安装，如图 2-45 所示。

图 2-44 "下载管理"界面

图 2-45 应用安装完成

任务 2.3.3 管理应用

用户可以通过应用商店对已安装的应用进行管理，如更新和卸载。

在应用商店界面左侧"应用更新"旁边的数字表示可更新应用的数量。单击"应用更新"进入"应用更新"界面，如图 2-46 所示。在此界面用户可以查看可更新的应用，并选择是否更新应用。

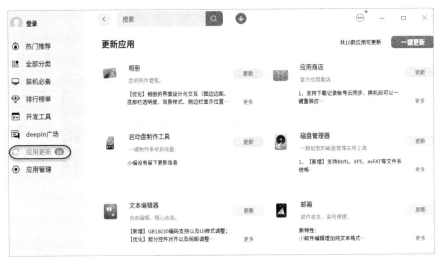

图 2-46 "应用更新"界面

用户可以选择一键更新所有可更新的应用，也可以仅更新个别的应用。例如，本例对应用商店软件本身进行更新，如图 2-47 所示。

提示　通过控制中心也可以更新和升级系统预装的应用。系统可更新时会在控制中心首页进行提示。单击"更新"进入"检查更新"界面，单击"检查更新"，检查完毕后，即可下载和安装系统更新，如图 2-48 所示。单击"下载并安装"将启动系统升级，升级成功之后需要重启系统。除此之外，在更新设置模块中还可以设置自动下载更新。如果不需要自动检查更新，或不想收到系统或应用的更新提示，可在"更新设置"界面中关闭"自动检查"或"更新提醒"功能。

图 2-47　更新应用商店软件　　　　　　　　　　图 2-48　系统更新

单击"应用管理"，进入"应用管理"界面，如图 2-49 所示，显示已安装应用列表，查看可以卸载的应用。找到要卸载的应用，单击"卸载"按钮即可。除了在应用商店卸载应用外，还可以通过启动器卸载应用。

图 2-49　"应用管理"界面

在"应用管理"界面中也可以进入应用详情界面，进一步查看应用的详细信息。应用下载使用后，如果登录 Deepin ID，则可以进行评论和评分，如图 2-50 所示。如果在使用过程中发现了问题，单击反馈按钮，弹出图 2-51 所示的对话框，可以详细描述问题并上传图片，进一步沟通交流。

图 2-50　应用评论和评分

图 2-51　对应用进行反馈

任务 2.4　使用文件管理器

任务要求

在桌面环境中，我们通常使用文件管理器直观地管理和操作文件和文件夹（目录）。本任务的具体要求如下。

（1）了解文件管理器。

（2）学会使用文件管理器操作文件和文件夹。

（3）掌握文件管理器的高级功能。

相关知识

文件管理器是一款功能强大、简单易用的文件管理工具。它沿用了传统文件管理器的经典功能和布局，并在此基础上简化了用户操作，增加了很多特色功能。文件管理器通过简单明了的导航栏、智能识别的搜索框、多样化的视图及排序等，为用户提供更好的使用体验。

运行文件管理器有多种方法，如单击任务栏上的 📁 图标、通过启动器运行文件管理器或者使用 <Super>+<E> 快捷键运行文件管理器。文件管理器的主界面如图 2-52 所示，常见的操作如下。

- 在导航栏中单击导航图标，可以快速访问文档、系统盘、数据盘、网络邻居等。

- 通过地址栏，用户可以快速访问历史记录，在上下级文件夹间切换，搜索文件（夹）或输入文件（夹）地址并访问。

- 单击图标/列表视图图标，可以图标或列表形式查看文件（夹）。

- 单击信息栏图标，可以查看当前文件（夹）的基本信息和标记。

- 单击菜单栏按钮，可以进行新建窗口、切换窗口主题、设置共享密码、设置文件管理器、查看帮助文档和关于信息、退出文件管理器等操作。

- 状态栏中显示文件数量或者已选中文件的数量。

- 详细内容区显示当前文件夹的内容。

电子活页2-1.
为文件（夹）
添加标记

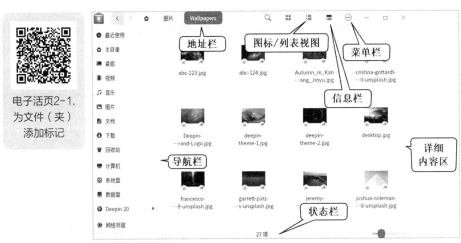

图 2-52　文件管理器的主界面

在文件管理器中使用 <Ctrl>+<Shift>+</> 快捷键可以打开快捷键预览界面，熟练地使用快捷键，将大大提升操作效率。例如，<Ctrl>+<C> 快捷键用于复制文件，<Ctrl>+<X> 快捷键用于剪切文件。deepin 预装的一些其他软件如文件编辑器也提供快捷键访问方式，在文件编辑器中也可以通过 <Ctrl>+<Shift>+</> 快捷键来查看文件编辑器的快捷键及其功能。

提示

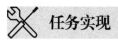任务实现

任务 2.4.1　熟悉文件管理器的基本操作

文件管理器具备基本的文件管理功能，对文件（夹）进行新建、复制、重命名、删除等操作都非常简单。

1. 浏览和查看文件（夹）

单击菜单栏上的 ▦ 图标切换到图标视图，图标视图平铺显示文件的名称、图标或缩略图，如图 2-53 所示。单击 ☰ 图标切换到列表视图，列表视图以列表形式显示文件图标或缩略图、名称、修改时间、大小、类型等信息，如图 2-54 所示。

图 2-53　图标视图

图 2-54　列表视图

在文件管理器中右键单击空白区域，从弹出的菜单中选择"排序方式"，可从子菜单中选择以"名称""修改时间""大小""类型"来排序文件，如图 2-55 所示。在列表视图中，单击表头栏的列标签也可以切换排列的升序和降序。

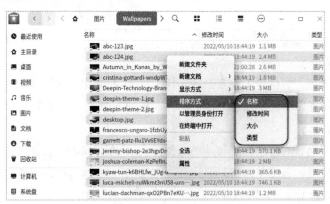

图 2-55　文件排序

2. 新建文件（夹）

在文件管理器中右键单击空白区域，从弹出的快捷菜单中选择"新建文档"命令，再从子菜单中选择新建文件的类型。本例选择"文本文档"，在"文档"文件夹中新建一个名为 test01.txt 的文本文档，如图 2-56 所示。

从快捷菜单中选择"新建文件夹"命令可以新建文件夹。本例在"文档"文件夹中新建两个名为 doc01 和 doc02 的文件夹，再新建两个名为 test02.txt 和 test03.txt 的文本文档。

3. 重命名文件（夹）

在文件管理器界面，右键单击要重命名的文件（夹），从弹出的快捷菜单中选择"重命名"命令，输入文件（夹）名称，按 <Enter> 键或者单击空白区域保存即可。

提示

操作文件（夹）时首先需要选中它们，被选中的文件（夹）的图标右上角会显示一个对钩标记。选中单个文件（夹），只需单击它。选中连续的多个文件（夹）有两种方法，一是单击选中第 1 个文件（夹），按住 <Shift> 键，再单击最后一个文件（夹）；二是拖动鼠标指针，在该文件（夹）外围画个矩形框来选中。要选中不连续的多个文件（夹），需按住 <Ctrl> 键，再单击要选择的每个文件（夹）。使用 <Ctrl>+<A> 快捷键可以选中当前路径中的所有文件（夹）。要从已选中的文件（夹）中排除一部分，按住 <Ctrl> 键，单击已选中的文件（夹）即可将其排除。单击所选文件（夹）之外的空白处，即可取消所有选中的文件（夹）。

文件管理器支持批量重命名文件（夹）。在文件管理器界面选中多个文件（夹），右键单击文件（夹）并选择"重命名"命令，可选择多种重命名方式，如替换文本、添加文本、自定义文本。如图 2-57 所示，本例选择"替换文本"，将所选文件的文件名中的"test"替换成"test-"，单击"重命名"按钮完成替换操作。

图 2-56　新建文本文档

图 2-57　批量重命名文件

4. 复制文件（夹）

在文件管理器界面，右键单击要复制的文件（夹），在弹出的快捷菜单中选择"复制"命令；选择一个目标存储位置，右键单击它，然后选择"粘贴"命令，即可完成文件（夹）的复制。

5. 移动文件（夹）

在文件管理器界面，右键单击要移动的文件（夹），在弹出的快捷菜单中选择"剪切"命令；选择一个目标存储位置，右键单击它，然后选择"粘贴"命令，即可完成文件（夹）的移动。

6. 删除文件（夹）

在文件管理器界面，右键单击要删除的文件（夹），在弹出的快捷菜单中选择"删除"命令即可。

被删除的文件（夹）可以在回收站中找到，回收站中的文件（夹）可以进行还原或彻底删除操作。被删除的文件（夹）的快捷方式将会失效。

如果不想将删除的文件（夹）放入回收站，按住 <Shift> 键，选中要删除的文件（夹），再按 <Delete> 键即可。

注意，外接设备删除文件（夹）会将文件（夹）彻底删除，无法从回收站找回。

7. 撤销操作

在文件管理器中，可以使用 <Ctrl>+<Z> 快捷键撤销上一步操作，具体包括以下操作。

- 删除新建的文件（夹）。
- 恢复重命名（包括重命名文件或文件夹）之前的名称。
- 从回收站还原刚删除的文件（夹）。
- 恢复文件（夹）到移动（剪切移动、鼠标移动）前的原始路径。
- 删除复制并粘贴的文件（夹）。

撤销操作最多只能返回两步；如果操作中涉及覆盖某个同名文件（夹）或彻底删除文件（夹），则撤销操作只能返回到这一步。

8. 压缩文件（夹）

在文件管理器界面，右键单击文件（夹），在弹出的快捷菜单中选择"压缩"命令，弹出归档管理器压缩界面，如图 2-58 所示，可以设置压缩包格式、名称、存储路径等，单击"压缩"按钮。

图 2-58　归档管理器

用户也可以直接在快捷菜单中选择"添加到 ×××.7z"或"添加到 ×××.zip"，快速将文件（夹）压缩成 7z 或 zip 格式。

提示　用户还可以使用 deepin 预装的归档管理器来进行压缩和解压缩操作。这是一款界面友好、使用方便的压缩与解压缩软件，支持 7z、jar、tar、tar.bz2、tar.gz、tar.lz、tar.lzma、tar.lzo、tar.xz、tar.Z、tar.7z、zip 等多种压缩包格式，还支持多密码压缩、分卷压缩、添加注释等功能。

9. 打开文件

在文件管理器界面，右键单击文件，在弹出的快捷菜单中选择"打开"命令将使用默认程序打开该文件，直接双击文件也是如此。如果要自行选择应用程序来打开文件，则选择"打开方式"，再从子菜单中选择应用程序。

用户可以选择相同类型的多个文件，通过快捷菜单选择打开方式，同时打开多个文件。

10. 查看文件（夹）属性

在文件管理器界面，右键单击文件（夹），在弹出的快捷菜单中选择"属性"命令可查看文件（夹）属性。文件和文件夹的属性略有不同，文件属性会显示文件的基本信息、打开方式和权限设置，如图 2-59 所示；文件夹属性会显示文件夹的基本信息、共享信息和权限设置，如图 2-60 所示。

图 2-59　文件属性

图 2-60　文件夹属性

任务 2.4.2　熟悉文件管理器的高级操作

前面介绍了文件管理器的基本操作，接下来介绍文件管理器的部分高级操作。

1. 切换地址栏

地址栏由历史导航、"面包屑"和输入框组成，如图 2-61 所示，"面包屑"是一种导航组件，用于显示用户在网站或应用程序中的位置，并能向上返回，通常情况下地址栏显示"面包屑"。

单击历史导航按钮，可以快速在历史浏览记录间切换，查看前一个地址或者后一个地址。

文件所在位置的每一个层级都会形成一个"面包屑"，通过来回单击"面包屑"可以快速在不同文件层级间切换。

单击搜索图标 Q，或者右键单击文件路径并在弹出的快捷菜单中选择"编辑地址"命令，地址栏会切换为输入框状态，如图 2-62 所示。输入框带有智能识别功能，输入关键词或者访问地址后，系统会自动识别并进行搜索或访问。

在输入框外单击时，地址栏会自动恢复到"面包屑"状态。

图 2-61　地址栏　　　　　　　　　　　　　图 2-62　输入框

2. 搜索文件（夹）

文件管理器支持多种检索方式，既支持通过文件名称、文件内容进行普通搜索，也支持通过文件类型、创建时间等进行高级搜索。

使用 <Ctrl>+<F> 快捷键，或者在地址栏中单击搜索按钮进入搜索状态，输入关键词后按 <Enter> 键即可搜索文件（夹）。

如果要在指定的文件夹中进行搜索，则先切换到该文件夹，然后进行搜索。

全文搜索是指通过文件内容的关键词来搜索文件，这需要在文件管理器的设置对话框中启用"全文搜索"功能。

当文件较多、搜索较慢时，建议启用高级搜索来缩小搜索范围，提高搜索效率。执行普通搜索之后显示搜索结果时，单击搜索框右侧 ▽ 图标可切换到高级搜索界面，如图 2-63 所示，可以选择搜索范围、文件大小、文件类型、修改时间、访问时间和创建时间，进行更精准的搜索。再次单击 ▽ 图标则会切回普通搜索界面。

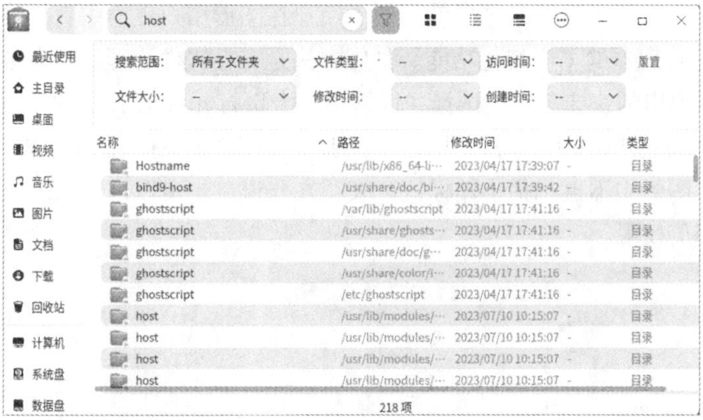

图 2-63 执行高级搜索操作

3. 使用多标签页

文件管理器支持多标签页显示。在文件管理器界面，右键单击文件夹，从弹出的快捷菜单中选择"在新标签中打开"命令即可进入多标签页。当窗口有多个标签页时，可以单击标签页右侧的"+"按钮，继续添加标签页。将鼠标指针置于标签页上，单击"×"按钮则关闭标签页。多标签页界面如图 2-64 所示。

4. 书签管理

为常用文件夹添加书签，以便从左侧导航栏快速访问。右键单击文件夹，从弹出的快捷菜单中选择"添加书签"命令，在导航栏创建书签，本例为 /etc 文件夹创建书签，如图 2-65 所示。

图 2-64 多标签页

图 2-65 新添加的书签

在导航栏上下拖动书签可以调整书签排序。要删除书签，右键单击书签，从弹出的快捷菜单中选择"移除"命令，或者右键单击已添加书签的文件夹，选择"移除书签"命令。

5. 以管理员身份打开文件（夹）

在 deepin 中，普通用户（包括管理员账户）只能全权操作数据盘（即用户自己的主目录）中的文件（夹），对于系统盘中的文件（夹），只能查看，不能进行修改或删除操作，也不能在其中创建文件（夹）。例如，/etc 文件夹的权限设置（可通过查看属性来查看）如图 2-66 所示，除了所有者（root）之外，其他用户只具有只读权限，该文件夹中的文件（夹）的图标中会包括小锁标记，表明当前权限受限。

如果需要全权操作系统盘中的文件（夹），比如修改配置文件，则可以考虑临时以管理员身份（实际上是指 root 权限）打开，这样就方便了用户在图形用户界面中直接编辑和处理文件。这也是 deepin 的文件管理器的一个特色功能。具体方法是，在文件管理器中右键单击文件夹（本例为 /etc/default），从弹出的快捷菜单中选择"以管理员身份打开"，在弹出的对话框中输入用户（必须是管理员账户）的登录密码，单击"确定"按钮。如图 2-67 所示，该文件夹会以新窗口打开，其中的文件（夹）图标中不再包括小锁标记，表明在此窗口中可以进行高级权限的操作，关闭窗口后，会终止管理员权限。

图 2-66　查看文件夹权限

图 2-67　以管理员身份打开的文件夹

6. 刻录光盘

用户可以通过文件管理器的刻录功能将音乐、视频、图片或镜像文件复制到 CD 或 DVD 中，基本步骤如下。

（1）提前准备一部刻录机、一张 CD 光盘，将光盘插入刻录机中。

（2）打开文件管理器，单击导航栏中的光盘图标，进入刻录 CD 的界面。

（3）右键单击要刻录的文件（夹），从弹出的快捷菜单中选择"添加至光盘刻录"命令，或直接将要刻录的文件（夹）拖动到刻录 CD 的界面。

（4）在刻录 CD 界面，单击右上角"刻录"按钮。在此界面中可以调整刻录内容，比如从刻录列表中删除某个文件（夹）。

（5）弹出对话框，输入光盘名称。用户也可以进入"高级设置"界面，设置文件系统、写入速度，或勾选"允许追加数据""核验数据"等复选框。单击"刻录"按钮。

（6）刻录完成后界面中会弹出提示框，单击"确定"按钮。

当前系统仅支持对 ISO 9660 格式的文件进行读取与刻录，而 UDF 格式的文件只支持读取，暂不支持刻录。如果需要擦除光盘数据，可以右键单击导航栏中的光盘图标，在弹出的快捷菜单中选择"卸载"命令，再次右键单击该光盘图标并在弹出的快捷菜单中选择"擦除"命令。

任务 2.4.3　熟悉磁盘管理操作

文件管理器可用于管理本地磁盘和外接磁盘，对于存储卡、SD 卡（Secure Digital Card，安全数码卡）等移动存储设备也像外接磁盘一样管理。

本地磁盘显示在文件管理器的左侧导航栏上或计算机界面，涉及的操作很简单。可以根据需要重命名本地磁盘，右键单击本地磁盘，在弹出的快捷菜单中选择"重命名"命令，如图 2-68 所示，输入新名称，按 <Enter> 键或单击界面空白区域保存修改。还可以隐藏系统内置的本地磁盘，单击⊙按钮弹出下拉菜单，从中选择"设置"命令弹出相应的对话框，在高级设置选项中勾选"隐藏内置磁盘"复选框。

实际工作中经常涉及外接磁盘。挂载外接磁盘或者插入其他移动存储设备时，用户会在导航栏看到相应的磁盘图标。外接磁盘包括移动硬盘、U 盘、光盘等；移动存储设备包括手机内存、存储卡、SD 卡等。计算机界面中会显示所有的磁盘。

以操作外接磁盘为例，如图 2-69 所示，在左侧导航栏单击其图标（以磁盘形式出现），可查看其内容列表；右键单击该磁盘，弹出的快捷菜单提供多种操作命令，如"重命名""格式化""卸载""安全移除"等，还可以查看该磁盘的属性。选择"安全移除"会将磁盘从列表中删除，同时弹出该磁盘的所有分区。对于光盘，可以通过弹出菜单来移除光盘。而"卸载"相当于关闭磁盘，但并没有将其从列表中删除，双击该磁盘还可以重新打开它，也就是挂载。

图 2-68　操作本地磁盘

图 2-69　操作外接磁盘

项目小结

通过对本项目的学习，读者应当了解 deepin 桌面环境的组成，并熟悉桌面环境的基本操作，包括任务栏、启动器、窗口管理和桌面外观个性化设置；学会通过控制中心来配置系统的基本运行环境；学会通过应用商店管理应用；熟悉使用文件管理器管理和操作文件和文件夹。

课后练习

补充练习
项目2

1. 实现桌面环境底层的显示服务器协议有哪几种？
2. 除了窗口管理器，完整的桌面环境还包括哪些组件？
3. 工作区主要有什么用？
4. 设备管理器的主要功能有哪些？
5. deepin 的应用商店为什么能够保证应用安全、可靠？
6. 在文件管理器中以管理员身份打开文件（夹）的主要用途是什么？

项目实训

实训 1 熟悉 deepin 桌面环境的基本操作

实训目的

（1）熟悉 deepin 桌面环境组成。

（2）掌握 deepin 桌面环境的基本操作方法。

实训内容

（1）了解 deepin 桌面环境的特点。

（2）熟悉任务栏的操作。

（3）启动并运行应用。

（4）熟悉窗口操作，以及工作区的操作和切换。

（5）掌握桌面外观个性化设置方法。

实训 2 熟悉系统基本运行环境的配置

实训目的

掌握通过控制中心配置系统环境的方法。

实训内容

（1）创建一个标准用户账户，并尝试使用该用户登录。

（2）将时间的显示格式设置为 12 小时制。

（3）关闭自动锁屏功能。

（4）将图片的默认程序改为相册。

实训 3 熟悉应用商店操作

实训目的

掌握通过应用商店管理应用的方法。

实训内容

（1）搜索并安装名为"安全日记本"的应用。

（2）试用该应用。

（3）查看该应用的详情。

（4）卸载该应用。

实训4　熟悉文件管理器操作

实训目的

掌握通过文件管理器管理文件（夹）的方法。

实训内容

（1）熟悉文件管理器的基本功能。

（2）熟悉文件管理器的高级功能。

项目3
熟悉桌面应用

03

桌面应用具有图形用户界面，用户可以通过触控板或鼠标进行交互操作。与 Web 应用更依赖于网络连接和服务器的资源不同，桌面应用通常在本地计算机上安装和运行。桌面应用可以充分利用本地计算机的资源和功能，支持离线访问，往往具有更高的安全性、更高的性能和更好的用户体验。当然 Web 浏览器本身也是一种桌面应用。随着移动设备的普及，桌面应用逐渐扩展到移动设备上，在平板计算机上运行的应用也被称为桌面应用。按照用途，桌面应用可以分为办公套件、图形图像处理工具、多媒体播放器、上网工具、程序设计开发工具、游戏等类型。不同操作系统的桌面应用可能具有不同的界面和特性，因此在选择和使用桌面应用时需要考虑操作系统的兼容性。Windows 在桌面应用领域长期占据主导地位，对于考虑日常上网和办公要使用其他操作系统取代 Windows 的用户来说，基于 Linux 开源项目的国产桌面操作系统 deepin 就是比较好的选择。让广大用户在国产操作系统中便捷地使用办公套件等各种桌面应用也是操作系统国产化替代的关键一环。本项目重点围绕上网、办公等需求，讲解相关桌面应用的功能特性和基本使用。本项目所涉及的应用以 deepin 预装的应用为主，兼顾第三方软件。

【课堂学习目标】

☞ 知识目标

➢ 了解桌面应用类型。
➢ 了解桌面应用的特点和基本使用方法。

☞ 技能目标

➢ 熟悉上网操作。
➢ 掌握常见的多媒体应用。
➢ 掌握常见的办公应用。

☞ 素养目标

➢ 增强对国产软件的信心。
➢ 增强文化自信和民族自豪感。

任务 3.1　上网操作

任务要求

deepin 预装常用的上网应用软件，还可以方便地安装第三方网络应用软件。这里主要介绍网页浏览、文件下载、邮件收发等常见的桌面应用。本任务的基本要求如下。

（1）掌握浏览器的使用方法。

（2）掌握在 deepin 中下载文件的方法。

（3）学会使用邮件客户端收发邮件。

（4）学会在 deepin 中使用微信等社交通信软件。

相关知识

2024 年 3 月 22 日，中国互联网络信息中心发布第 53 次《中国互联网发展状况统计报告》（以下简称《报告》），《报告》显示，截至 2023 年 12 月，中国网民的规模已经达到了 10.92 亿，人民群众的获得感、幸福感、安全感更加充实、更有保障、更可持续，共同富裕取得新成效。为满足用户上网的需求，deepin 预装了较为完善的网络应用软件，包含网页浏览、文件下载、邮件收发等应用软件。除此之外，用户还可以通过 deepin 应用商店安装第三方网络应用软件。这些应用软件可以提供多样的服务，例如，火狐（Firefox）浏览器提供快速、安全的网络浏览体验，功能强大的雷鸟（Thunderbird）邮件客户端支持广泛的电子邮件协议和扩展，微信和 QQ 提供较好的社交通信体验。

任务实现

任务 3.1.1　使用浏览器

浏览器是一种检索并展示 Web 信息资源的应用程序，可以用来显示万维网或局域网等的文本、图像及其他信息，方便用户快速地查找各种资源。deepin 预装的浏览器是由统信软件基于 Chromium 开源项目开发的，具有高效、稳定、使用便捷的优点。此浏览器具有简单的交互界面，如图 3-1 所示。

图 3-1　浏览器界面

在地址栏中输入网址并按 <Enter> 键即可浏览相应的网页内容。地址栏中还提供常用命令的快捷按钮，包括前进、后退、刷新。

此浏览器支持多标签页浏览，即在同一个窗口内打开多个页面进行浏览。在浏览器顶部，单击右侧最后一个标签页旁边的添加按钮 ✚，或者使用 <Ctrl>+<T> 快捷键，或者通过快捷菜单选择"打开新的标签页"，都可以添加新的标签页。

可以自定义新标签页，包括添加快捷方式和更换标签页背景。单击"添加快捷方式"按钮 ✚，弹出添加快捷方式窗口，输入名称及正确的网址。单击"自定义"按钮，弹出自定义背景窗口，默认选择的是传统版背景，用户可以选择空白背景，或自行上传图片作为背景。

此外，此浏览器支持为网页制作二维码。在浏览网页时，选中地址栏并单击制作二维码按钮 ▦，或右键单击空白处并在弹出的快捷菜单中选择"为此页面创建二维码"命令，弹出图 3-2 所示的对话框，可以选择编辑地址，并单击"下载"按钮，二维码图片默认保存在"下载"目录中。

图 3-2　生成二维码

地址栏右侧提供一组快捷按钮，分别为制作二维码、翻译此页、添加书签、添加到藏宝箱（收藏夹）、下载管理、恢复网页（如果无意间关闭了某个标签页或窗口，单击此按钮将恢复），以及自定义菜单。单击最右端的 ☰ 按钮，弹出图 3-3 所示的下拉菜单，可以执行各种自定义和控制浏览器的操作。例如，选择"设置"命令进入"设置"页面，如图 3-4所示，左侧导航栏提供多种设置功能，右侧区域提供各项详细设置。

图 3-3　下拉菜单

图 3-4　"设置"页面

任务 3.1.2　下载文件

与 Windows 一样，deepin 支持多种下载工具。预装的浏览器本身就支持 FTP（File Transfer Protocol，文件传输协议）和 HTTP（Hypertext Transfer Protocol，超文本传输协议）下载，另一款内置的命令行工具 wget 支持 HTTP、HTTPS（Hypertext Transfer Protocol Secure，超文本传输安全协议）、FTP 下载，并可以使用 HTTP 代理。这里重点介绍预装的下载器，这是一个简单、易用的网络资源下载工具，支持多种网络下载协议。

通过启动器运行下载器，在下载器界面中单击新建下载任务按钮＋，弹出"新建下载任务"对话框，如图 3-5 所示，输入下载链接地址（可以同时添加多个链接时，确保每行只有一个链接），并选择下载的文件、类型及存储路径后，单击"确定"按钮，完成下载任务的创建，开始尝试下载。

图 3-5 "新建下载任务"对话框

可以对下载任务进行管理，如图 3-6 所示。在"正在下载"列表中查看正在下载的任务列表，包括任务名称、大小及状态，其中状态包括下载进度；还可以对勾选的任务进行操作，具体是通过顶部按钮或快捷菜单命令执行。

图 3-6 管理正在下载的任务

下载任务完成之后，如图 3-7 所示，可以在"下载完成"列表中查看下载完成的任务列表，包括任务名称、大小及完成时间；还可以对勾选的任务进行操作，也是通过顶部按钮或快捷菜单命令执行。文件下载失败时，可以尝试重新下载。如果再次下载失败，则可能是下载链接存在问题、存储路径空间不够或无网络等原因造成的，具体以实际情况为准。

图 3-7 管理下载完成的任务

可以在"回收站"列表中查看被删除的任务列表，包括任务名称、大小及删除时间；还可以对勾选的任务进行操作。

当下载任务较多时，可以输入关键词搜索相关下载任务。

除了链接之外，下载器还支持通过 BT 种子文件或 MetaLink 文件创建下载任务。BT（Bit Torrent "比特流"或"比特风暴"）下载属于 P2P（Peer-to-Peer，对等网络）应用，是一类能提供多点下载的 P2P 软件，特别适用于下载电影、软件等大文件。BT 下载本质上是一种在线发布工具，下载过程中要用到种子，BT 种子就是专门提供给 BT 软件下载的链接，类似网页上的普通下载点。MetaLink 是甲骨文（Oracle）公司提供的一个支持用户下载软件和文档的网站，MetaLink 提供文件验证、HTTP/FTP/SFTP/BT 集成以及语言、位置、操作系统等的各种配置。这里以 BT 种子文件为例，说明创建下载任务的以下 3 种方式。

- 双击 BT 种子文件时，弹出新建下载任务窗口。
- 在新建下载任务界面，将 BT 种子文件拖动到地址框。
- 在新建下载任务界面单击 <kbd>BT</kbd>，弹出文件管理器窗口，选择需要的 BT 种子文件。

用户还可以进一步自定义下载设置。在下载器中单击 ⋯ 按钮弹出菜单，从中选择"设置"命令打开相应的对话框，根据需要定制下载设置。

任务 3.1.3 收发邮件

日常办公中经常要收发邮件。几乎所有的电子邮件服务商都支持用户通过 Web 浏览器在线收发邮件，但是邮件较多的用户通常会选用专门的邮件客户端工具来收发和处理邮件。deepin 预装的邮箱是一款简单、好用的邮件客户端工具，可以同时管理多个邮箱账号。

通过启动器打开"邮箱"应用，首次启动该软件会启动添加邮箱账号向导。首先选择邮箱账号类型（本例选择网易 163 邮箱），如图 3-8 所示，如果没有对应的类型，则选择"其他邮箱"，单击"继续"按钮。在图 3-9 所示的邮箱登录界面输入邮箱账号、密码或授权码后，单击"登录"按钮。对于需要授权码登录的账号，单击"获取授权码"链接查看获取方式。本例 163 邮箱的授权码需要登录邮箱设置界面进行设置。

图 3-8 选择邮箱账号类型

图 3-9 邮箱登录界面

QQ 邮箱、网易邮箱（163.com 及 126.com）、新浪邮箱等需要开启 POP3（Post Office Protocol version3，邮局协议版本 3）/IMAP（Internet Message Access Protocol，互联网信息访问协议）/Exchange 等服务后才可以使用。开启服务后，服务端会产生授权码。在登录界面输入邮箱账号及授权码即可登录邮箱。如果选择的邮箱类型不在"邮箱"应用的数据库中，则需进入手动配置界面，完成 POP3/IMAP/Exchange 服务配置。

完成邮箱登录之后，即可进入邮箱主界面进行邮件收发。默认进入邮件视图，邮件视图由常用文件夹、邮箱账户、邮箱目录、邮件列表、邮件正文、写邮件、收邮件、通讯录、搜索等组成。

接收邮件是从服务器同步邮件，系统默认每 15 min 同步 1 次邮箱数据。单击 按钮立即同步，以便即时收取邮件。如图 3-10 所示，在"收件箱"中查看接收的邮件，选中一个邮件后，除了查看其内容外，还可以通过快捷菜单进一步执行编辑、回复、转发等操作。

图 3-10　接收并查看邮件

在邮箱主界面中单击"写邮件"按钮，或者使用 <Ctrl>+<N> 快捷键，都可以打开"写邮件"窗口，如图 3-11 所示，输入收件人邮箱账号，或从通讯录中选择收件人，还可以选择抄送和密送，编写邮件正文。此工具支持富文本编辑，包括插入图片、链接等功能，支持添加附件、选择邮件模板、签名等功能。完成邮件内容编辑后，单击"发送"按钮即可发送邮件。单击"更多"按钮，还可以选择定时发送、分别发送等。

图 3-11　"写邮件"窗口

在邮箱主界面，单击 ⊙ 按钮弹出菜单，从中选择"设置"命令进入邮箱设置界面，可进行账号设置、基本设置、反垃圾设置、网络设置及高级设置等。

任务 3.1.4 使用社交通信软件

社交通信软件是指用于实现用户之间交流和沟通的应用程序，这是目前非常流行的甚至是必备的互联网应用。WhatsApp 和 Facebook 是全球非常流行的社交通信软件，提供短信、语音通话、视频通话、群组等功能。微信和 QQ 是国内两个非常流行的社交通信软件。微信注重社交功能，提供了聊天、语音通话、视频通话、朋友圈、公众号等功能，主要面向个人用户，在移动端的普及度更高。QQ 除了社交功能外，还提供了游戏、音乐、视频等娱乐功能，更多地面向年轻人和企业用户，并且在 PC 端的使用较为广泛。deepin 中没有预装社交通信软件，下面简单示范微信的安装和使用。

打开应用商店，切换到"装机必备"栏目，找到微信软件，如图 3-12 所示，进行安装即可。安装完毕，单击微信软件旁边的"打开"按钮，即可打开微信电脑版，如图 3-13 所示，使用手机扫码登录。

图 3-12 从应用商店中找到微信软件并安装

图 3-13 微信登录界面

登录之后即可正常使用，如图 3-14 所示。可以发现，微信在界面设计和用户体验方面非常简洁和直观。

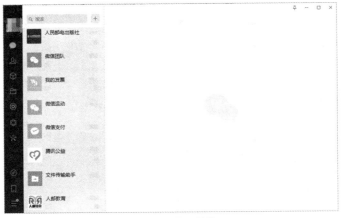

图 3-14 使用微信

任务 3.2　熟悉多媒体应用

任务要求

对于桌面操作系统来说，多媒体应用是必不可少的。在 deepin 中我们可以轻松完成对图形图像、音频、视频等多媒体内容的编辑。本任务的基本要求如下。

（1）熟悉图形图像的查看和编辑。

（2）熟悉音 / 视频的播放、录制和编辑。

（3）熟悉截图录屏操作。

相关知识

多媒体应用利用多种媒体元素（如文本、图像、音频、视频等）来创造、编辑、播放和共享内容。常用的多媒体应用包括音乐播放器、视频播放器、图片和相册管理工具、音频录制和编辑工具、视频编辑和制作工具等。deepin 预装的多媒体应用有看图、相册、画板、音乐、影院、相机、截图录屏等。我们还可以在应用商店中找到更多的第三方多媒体应用，以实现更复杂的多媒体内容处理。一般视频应用软件都具备音频应用功能。deepin 预装的看图、相册和截图录屏等与图片有关的工具都提供 OCR（Optical Character Recognition，光学字符识别）功能，便于从图片中提取文字。

另外，幻灯片制作应用主要用于创建演示文稿和幻灯片展示，通常提供文本、图像、音频和视频的插入和编辑功能，也属于多媒体应用，此类应用通常包含在办公套件中。

任务实现

任务 3.2.1　查看和处理图形图像

在 deepin 中，用户可以使用预装的看图、相册、画板等软件来查看和处理图形图像，还可以安装第三方图形图像工具。

1. 使用看图软件查看图片

看图是一款小巧的图片查看应用软件，外观时尚、性能流畅。该软件支持多种图片格式，包括 BMP、ICO、JPG/JPEG、PNG、TGA、TIF/TIFF、XPM、GIF、WebP、CR2、NEF、DNG、RAF、MEF、MRW、XBM、SVG、ORF、MNG 等。

通过启动器打开看图软件，如图 3-15 所示，除了通过底部的快捷按钮查看图片外，还可以通过快捷菜单进一步操作图片，如打印、幻灯片放映（轮播多幅图片）、设置为壁纸、查看图片信息等。看图软件还能识别图片中的文字，如图 3-16 所示，此功能非常实用。

2. 使用相册软件查看和管理照片和视频

相册是一款外观时尚、性能流畅的照片和视频管理软件，支持查看、管理多种图片和视频格式。

通过启动器打开相册软件，导入照片或视频，如图 3-17 所示，用户可以按日期时间线排列照片和视频，还可以收藏照片和视频。相册软件也支持快捷菜单，基本包括看图软件的所有功能。

相册软件的一项重要功能是相册管理，将照片和视频归类到不同的相册中，更便于管理。单击▥按钮展开侧边栏，用户可以查看相册、新建相册以及管理相册中的照片和视频，如图 3-18 所示。

图 3-15　看图软件

图 3-16　识别图片中的文字

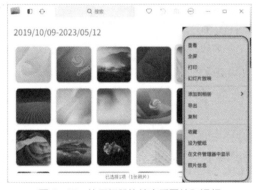

图 3-17　使用相册软件查看图片和视频

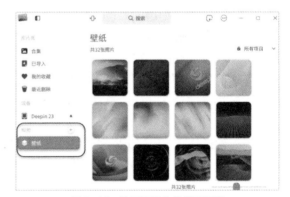

图 3-18　使用相册软件管理相册

3. 使用画板软件绘图

画板是一款简单的绘图软件，支持旋转、裁剪、翻转、添加文字、绘制形状等功能。通过启动器打开画板软件，用户可以绘制简单图形，如图 3-19 所示；也可以对现有的图片进行简单编辑，如图 3-20 所示。

图 3-19　使用画板软件绘制简单图形

图 3-20　使用画板软件编辑图片

4. 使用专业的图像编辑器 GIMP

GIMP（GNU Image Manipulation Program，GNU 图像处理程序）几乎包括所有图像处理所需

的功能，通常被视为是 Photoshop 的替代软件。

GIMP 作为 Linux 原生软件，在推出时就受到许多绘图爱好者的喜爱，其接口相当轻巧，但其功能非常强大。它使用 GFig 插件支持矢量图层的基本功能。GFig 插件支持一些矢量图形特性，如渐变填充、Bezier（贝塞尔）曲线和曲线勾画。

GIMP 提供了各种图像处理工具和滤镜，还有许多的组件模块。除了 GIMP 插件外，GIMP 还可以使用大部分的 Photoshop 插件。

在 deepin 中可以通过应用商店安装该软件（项目 2 中已经示范过）。打开该软件进行位图编辑，其界面如图 3-21 所示。

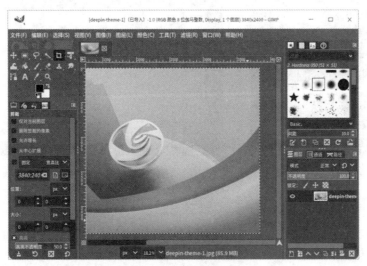

图 3-21　GIMP 界面

GIMP 有各式各样的工具，包括刷子、铅笔、喷雾器、克隆等工具，并可对刷子、模式等进行定制。

5. 使用专业的矢量图编辑器 Inkscape

与用点阵（屏幕上的点）表示的栅格图（位图）不同，在矢量图中图像的内容以简单的几何元素（如直线、圆和多边形）进行存储和显示。矢量图易于存储，在显示时也方便对图像进行拉伸等变形处理。

与 Photoshop 一样，GIMP 更擅长位图处理。要创建和处理矢量图，建议使用专业的 Inkscape。Inkscape 功能与 Illustrator、Freehand、CorelDraw 等软件相似，可以作为 CorelDraw 的替代者。

Inkscape 是一套开源的矢量图编辑器，完全遵循与支持 XML（Extensible Markup Language，可扩展标记语言）、SVG 及 CSS（Cascading Style Sheets，层叠样式表）等开放性的标准格式。SVG（Scalable Vector Graphics）是指可缩放矢量图形，是基于 XML（标准通用标记语言的子集），用于描述二维矢量图的一种图形格式。它由 W3C（World Wide Web Consortium，万维网联盟）制定，是一个开放标准。

Inkscape 用于创建并编辑 SVG 图像，支持包括形状、路径、文本、标记、克隆、Alpha 混合、变换、渐变、图案、组合等 SVG 特性。它也支持创作共用的元数据、节点、图层、复杂的路径运算、位图描摹、文本路径、流动文本等。它还可以导入 JPEG、PNG、TIFF 等位图格式，并可以输出为 PNG 等多种位图格式。

目前 deepin 应用商店不支持 Inkscape 的安装，我们改用 apt 命令行安装。本例通过启动器打开终端窗口，在命令行中执行 sudo apt install inkscape 命令安装。安装完毕，启动该软件进行矢量图编辑，首次启动会出现图 3-22 所示的欢迎界面，可以进行快速设置，然后开始绘图，其绘图界面如图 3-23 所示。

图 3-22　Inkscape 欢迎界面

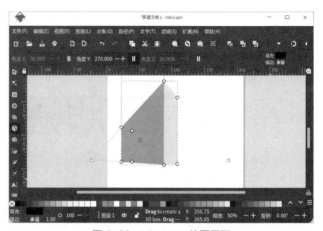

图 3-23　Inkscape 绘图界面

任务 3.2.2　播放、录制和处理音频

在 deepin 中，用户可以使用预装的音乐软件、语音记事本软件来播放音乐和录制音频，至于音频编辑处理则需要第三方工具。

1. 播放音乐

deepin 预装的音乐软件是一款专注于本地音乐播放的应用程序，为用户提供全新的界面设计、极致的播放体验，同时还具有扫描本地音乐、歌词同步等功能。

该软件的界面如图 3-24 所示，用户可以进行常用的播放音乐操作，如添加音乐、搜索音乐、播放音乐、收藏音乐、查看歌词、调整播放模式（如单曲循环、随机播放、列表循环）等。用户还可以使用歌单管理功能，包括新建歌单、重命名歌单、删除歌单、将音乐添加到我的歌单等。

图 3-24　音乐软件界面

2. 使用语音记事本进行录音

deepin 没有预装专门的录音工具，但可以使用预装的语音记事本或截图录屏工具来进行录音。这里重点介绍语音记事本，这是一款集语音、文字于一体的记事软件，通常用来记录生活日常或工作事项。对于不便于使用文字记录的内容，可以改用录音进行记录。

在进行录音之前，需要确认声音输入设备（通常是话筒）是否支持录音功能，可以通过控制中心的声音设置模块测试，切换到"输入"设置界面，对准话筒说话，观察反馈音量，如果音量增大，则说明能够录音，如图 3-25 所示。如果不支持录音功能，则语音记事本中的录音按钮将呈灰色状态，无法进行录音。

通过启动器打开语音记事本，当语音记事本中尚无记事本时，单击新建记事本按钮，创建一个新的记事本。一个记事本可以包括多个笔记，每个笔记中可以包括文字、语音或图片。新建记事本后，系统默认已创建了一个笔记，选中该笔记，在右侧详情页内单击录音按钮添加语音，进入录音状态，如图 3-26 所示，单击完成按钮完成语音录制。在录音过程中可以单击暂停按钮暂停录音，再次单击录音按钮可以继续录音。一次录音的限制时长为 60 min。录制完成后，单击播放按钮可以回放录音。

图 3-25　检测声音输入设备

图 3-26　使用语音记事本录音

可以为一个笔记添加多个语音，每个语音是一个单独的文件。在笔记列表中，可以右键单击一个或多个语音笔记，在弹出的快捷菜单中选择"保存语音"命令，将选中的语音笔记保存为MP3 格式。用户也可以右键单击某一个语音文件，在弹出的快捷菜单中选择"保存为 MP3"，将该语音文件保存至本地存储设备中。之后，用户可以将这些语音文件作为音频素材，用于其他多媒体作品中。

3. 编辑音频

音频编辑器可以用于编辑、剪辑和增强音频文件。deepin 没有预装音频编辑器，可以考虑安装第三方工具。Audacity 是一款多音轨音频编辑器，可用于录制、播放和编辑数字音频。Audacity 带有数码特效和频谱分析工具，操作便捷并支持无限次撤销和重做。它支持的文件格式包括 OggVorbis、MP2、MP3、WAV、AIFF 和 AU 等。

目前 deepin 应用商店不支持 Audacity 的安装，我们改用 apt 命令进行安装。本例通过启动器打开终端窗口，在命令行中执行 sudo apt install audacity 命令进行安装。安装完毕，启动该软件进行音频文件编辑，其界面如图 3-27 所示。

另外，在 deepin 中可以通过应用商店安装 Sweep，这是一款音频编辑器和实时播放软件。它支持多种音乐和声音格式，包括 WAV、AIFF、OggVorbis、Speex 和 MP3 等，具有多通道编辑和LADSPA（Linux Audio Developer's Simple Plugin API，Linux 音频开发者简单插件 API）。

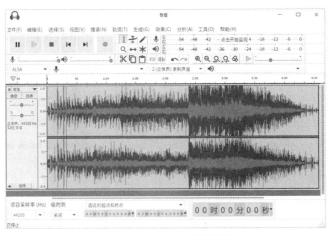

图 3-27　Audacity 音频编辑器

任务 3.2.3　播放、录制和处理视频

在 deepin 中，用户可以使用预装的影院、相机软件播放视频和录制视频，至于视频编辑处理则需要第三方软件。

1. 播放视频

deepin 预装的影院是一款界面简洁、性能流畅的视频播放软件，兼容多种视频格式，支持播放本地视频或流媒体文件、在线查找字幕或手动加载字幕等功能。

该软件的界面如图 3-28 所示，用户可以进行常用的视频播放操作，如添加影片、快进或快退视频、调整播放窗口（全屏、迷你模式、置顶窗口）、调整播放模式（如顺序播放、随机播放、单个播放、单个循环、列表循环）、调整播放速度、调整画面、调整声音和字幕、查看影片信息等。用户还可以使用播放列表管理视频。

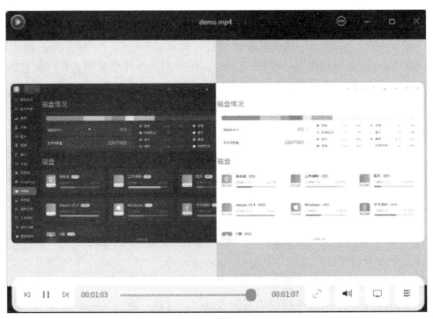

图 3-28　视频播放软件界面

2. 使用相机录制视频

相机是一款简单、易用的摄像头软件，可以实现拍照、录制视频等功能，支持多摄像头切换。

使用相机的前提是计算机自带摄像头，或者外接摄像头。可以通过打开设备管理器检查硬件信息来检测是否连接摄像头，如图 3-29 所示，本例中计算机连接的图像设备就是一个摄像头。

打开相机软件后，默认进入拍照模式。单击拍照按钮○，拍摄的照片文件会展示在界面中，并且保存在照片存储位置（默认为 ~/Pictures/Camera 文件夹）。

单击"视频"按钮切换到视频模式，单击录制视频按钮●开始录制（拍摄），如图 3-30 所示，录制完成后单击结束录制按钮◎，视频文件会展示在界面中，同时会保存在视频存储位置（默认为 ~/Videos/Camera 文件夹）。

图 3-29 检测摄像头设备　　　　　图 3-30 使用相机录制视频

在相机软件主界面，单击⊙按钮弹出菜单，从中选择"设置"命令进入设置界面，可以设置照片和视频的默认存储路径，选择构图网格的样式，还可以修改拍照设置（调整音效、连拍次数及拍照延时时间，开启或关闭镜像摄像头、闪光灯）或输出设置（显示照片和视频的输出格式和输出分辨率）。

3. 编辑视频

要编辑和制作自己的视频内容，就需要使用视频编辑器。这类应用软件通常提供剪辑、合并，以及添加特效、音轨和字幕等功能。deepin 没有预装视频编辑器，可以考虑安装第三方软件。这里从应用商店安装 Shotcut，这是一款跨平台的视频编辑器，支持视频特效滤镜、直接拖动视频处理、GPU（图形处理器）硬件加速、主流图片处理、音频 / 视频处理等功能。安装完毕，启动该软件编辑视频，其界面如图 3-31 所示。在 Shotcut 中处理视频，通常需要先创建工程（项目）。

另外，在 deepin 中可以通过 apt 命令（执行 sudo apt install openshot 命令）安装 OpenShot，这是一款免费、开源、非线性的视频编辑器，能使用许多流行的视频、音频和图像格式来创建和编辑视频、影片等。它支持许多视频处理功能，如修剪视频、实时预览、图片覆盖、套用模板、视频解码、数码变焦、音频混合和编辑、数字视频效果等。

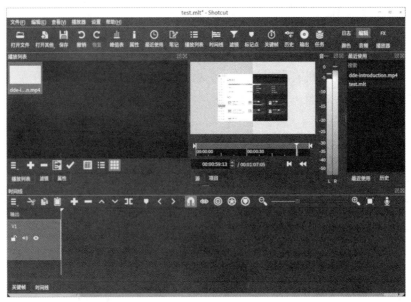

图 3-31　Shotcut 视频编辑器界面

任务 3.2.4　截图录屏操作

在我们日常的工作和学习中，屏幕截图和录屏都是非常实用的功能。deepin 预装的截图录屏是一款集截图、录屏于一体的小工具，支持图片编辑、贴图、滚动截图、文字识别、录屏等功能。

1. 选择截图录屏区域

截图录屏支持通过多种方式来选择截图录屏区域，包括全屏、应用窗口和自选区域的选择。在截图录屏时选中对应的区域，该区域会高亮显示，且周围会出现白色虚线边框。通过启动器打开截图录屏工具，此时鼠标指针呈十字形。将鼠标指针移至桌面上，截图录屏会自动选中整个屏幕；将鼠标指针移至打开的应用窗口上，截图录屏会自动选中该窗口；按住鼠标左键不放，拖动鼠标则可以自选截图录屏区域。无论选择哪个区域，选中区域左上角都会显示当前截图录屏区域的尺寸，移动鼠标指针时会显示其当前位置坐标，如图 3-32 所示。用户还可以对截图录屏区域进行微调，例如放大/缩小截取范围、移动选区位置等。

2. 截图操作

选定截图录屏区域之后，即可进行截图或录屏。如图 3-33 所示，默认位于截图模式下，弹出截图工具栏，用户可以单击截图工具栏上的按钮对截取的图片进行编辑，比如在截图区域绘制图形、编辑图形、添加文字批注等，还可以进行贴图、文字识别等操作。贴图功能将截取的图片变为桌面浮窗，方便用户快速查阅、对比和梳理信息。对于截图区域中无法复制的内容，可以使用文字识别功能提取文字。

单击 按钮可以进行滚动截图。滚动截图功能不仅可以截取屏幕内可见的内容，还能截取屏幕外的内容，满足一次性截取超出屏幕尺寸的长图的需求。

图 3-32　选择截图录屏区域

图 3-33　截图操作

如果要将截取的图片保存下来，为后续的使用提供素材，可以通过以下操作之一来保存截取的图片。

- 双击保存截取的图片。
- 单击截图工具栏中的截图按钮。
- 使用 <Ctrl>+<S> 快捷键保存截取的图片。

另外，使用文字识别功能时会自动保存截取的图片。当截取的图片保存成功之后，桌面上方会弹出"截图完成"的提示信息，如图 3-34 所示，单击"查看"按钮可打开截取的图片所在的文件夹来查看保存的图片。

图 3-34　"截图完成"提示

默认情况下，截取的图片会存放到用户主目录中的 Pictures 文件夹下的 Screenshots 子文件夹中，文件格式为 PNG。用户还可以在截图工具栏中单击"选项"按钮弹出下拉菜单来修改截取的图片保存的位置和格式。

在截图工具栏中单击█按钮，或者按 <Esc> 键将取消截图。

3. 录屏操作

选定截图录屏区域后，截图录屏工具默认为截图模式，单击截图工具栏中的 ▓ 录屏 按钮可以切换到录屏模式，弹出录屏工具栏，如图 3-35 所示。单击录屏工具栏上的按钮，用户可以录制声音、摄像头画面、按键操作、鼠标操作等。单击其中的 ▣ 截图 按钮则切回截图模式。

根据需要通过录屏工具栏上的按钮进行以下录屏设置。

- 录制声音：单击 ◀▷ 按钮，选择开启话筒或系统音频，也可以全部选择，前提是计算机已接入支持声音录制的设备。
- 显示按键：单击 Fn 按钮，设置录屏时显示键盘按键操作，最多可以同时显示 5 个按键操作。
- 开启摄像头：单击 ▣ 按钮启动摄像头，录屏时同时录制摄像头画面和屏幕画面，拖动摄像头窗口可以调整位置，前提是计算机已接入摄像头设备。
- 录制鼠标操作：单击 ▶▷ 按钮，可以选择打开或关闭显示鼠标单击动作。
- 调整：单击"选项"按钮，从下拉菜单中选择视频存储位置、视频格式或视频帧率。

完成录屏设置之后开始录制。单击录屏按钮▓，3s 倒计时结束后开始录制，此时托盘区域出现录制图标并闪烁。开始录制后，托盘区域的录制图标会显示录制时长。可以使用以下方法结束录制。

- 使用 <Ctrl>+<Alt>+<R> 快捷键。
- 单击任务栏上的截图录屏应用图标。
- 单击托盘区域录制图标 ◯◀ 00:00:13 。

录制结束后桌面上方会弹出"录制完毕"的提示信息，单击"查看"按钮可直接播放录制的视频，单击"打开文件夹"按钮可打开视频所在的文件夹来查看保存的视频文件，如图 3-36 所示。默认情况下，录屏文件存放到用户主目录的 Screen Recordings 子文件夹中，文件格式为 MP4。

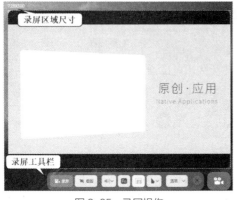

图 3-35 录屏操作

图 3-36 保存录屏文件的文件夹

提示

可以使用 <Ctrl>+<Alt>+<A> 快捷键直接进入截图模式，或者使用 <Ctrl>+<Alt>+<R> 快捷键直接进入录屏模式。按 <PrintScreen> 键自动截取全屏。打开截图录屏工具，使用 <Ctrl>+<Shift>+<?> 快捷键可查看与该工具相关的快捷键，熟练地使用快捷键，将大大提升截图录屏操作的效率。

任务 3.3 熟悉办公应用软件

任务要求

对于使用国产自主操作系统的用户来说，办公应用软件是主要的需求之一。在 deepin 中，除了使用预装的办公应用软件之外，还可以使用 Linux 桌面版的办公应用软件，完全能够替代 Windows 系统进行日常办公。前面讲解的一些桌面应用已涉及办公，本任务重点讲解办公套件、刻录、扫描、打印等操作，具体要求如下。

（1）了解办公套件并熟悉其使用。

（2）熟悉扫描、打印等办公操作。

相关知识

3.3.1 deepin 的办公应用软件

办公应用软件是用于处理办公任务和提高工作效率的软件，常见的办公应用软件包括文档处理、电子表格、演示文稿（幻灯片）、日历和时间管理、电子邮件收发、项目管理、文件管理、视频会议和协作、笔记和知识管理等。deepin 预装了部分办公应用软件，也可以安装第三方应用软件，表 3-1 所示为推荐的日常办公应用软件。

表3-1　推荐的deepin日常办公应用软件

软件	类型	是否预装	功能
LibreOffice	办公套件	是	包括文档处理、电子表格、演示文稿、绘图等功能，类似 Microsoft Office
WPS Office	办公套件	否	包括文档处理、电子表格和演示文稿等功能，具有广泛的文件格式兼容性
文件管理器	文件管理	是	管理和组织文件
文本编辑器	文本编辑	是	编写简单的文本文档，或编辑代码
语音记事本	记录工具	是	集语音、文字于一体的记事软件
文档查看器	文件查看	是	打开、查看文件，对文档进行添加书签、注释以及高亮显示文本
日历	日程管理	是	管理日程安排和提醒
邮箱	邮件客户端	是	收发邮件，管理电子邮件、联系人和日程安排
钉钉	协同办公	否	即时通信、日程管理、考勤打卡、文件共享、项目协作
腾讯会议	在线会议	否	视频会议、屏幕共享、会议录制、会议管理与控制、聊天和文件共享
GIMP	图像编辑	否	位图编辑处理，可替代 Photoshop
Inkscape	图形编辑	否	创建和编辑矢量图，适用于绘图、图标设计
Dia	图表绘制	否	制作多种示意图
截图录屏	截图录屏	是	屏幕截图和录制屏幕
Scribus	桌面排版	否	设计出版物，如传单、海报、杂志等
Xmind	思维导图	否	组织和展示思维，用于项目管理、会议记录、学习笔记、创意思考等
扫描易	扫描管理	是	管理和使用扫描仪设备，扫描文档并保存为电子文件
打印管理器	打印管理	是	基于 CUPS 的打印机管理工具，可同时管理多个打印机

其中文档查看器和文本编辑器也可以用来查看和处理简单的办公文档。

3.3.2　LibreOffice 简介

deepin 预装了与 Windows 桌面办公软件 Microsoft Office 功能相当的 LibreOffice 套件。LibreOffice 是一个全功能的开源办公套件，它主要包含 6 个组件，具体说明见表 3-2。

表3-2　LibreOffice组件

LibreOffice 组件	默认文档格式	功能	类似的 Microsoft Office 组件
Writer	.odt	文字处理	Word
Calc	.ods	电子表格处理	Excel
Impress	.odp	演示文稿制作	PowerPoint
Draw	.odg	矢量图形绘制	Visio
Math	.odf	公式编辑	Word 公式编辑器
Base	.odb	桌面数据库管理	Access

LibreOffice 自身的文档格式为 ODF（Open Document Format，开放文档格式）。ODF 是一种规范、基于 XML 的文档格式，已正式成为国际标准。作为纯文本文档格式，ODF 与传统的二进制

格式不同，它的优势在于其开放性和可继承性，具有跨平台性和跨时间性，基于 ODF 格式的文档在多年以后仍然可以在最新版的任意平台的任意一款办公软件中打开使用，而传统的基于二进制格式的文档在多年以后可能面临不兼容等问题。

ODF 格式的文本文档的扩展名一般为 .odt。一个 ODF 文档实质上是一个打包的文件，并且通常都经过了 ZIP 格式的压缩。

LibreOffice 能够与 Microsoft Office 系列以及其他开源办公软件深度兼容，且支持的文档格式比较全面。LibreOffice 拥有强大的数据导入和导出功能，能直接导入 PDF 文档、微软 Works、LotusWord，支持主要的 OpenXML 格式。

LibreOffice 可以打开、编辑和保存 Microsoft Office 的文档格式，包括 .docx（Word 文档）、.xlsx（Excel 电子表格）和 .pptx（PowerPoint 演示文稿）等。在 LibreOffice 中打开 Microsoft Office 创建的文档时，通常会保留文档的布局、格式和样式，可以对文档进行编辑、添加内容、修改格式等。

提示 LibreOffice 与 Microsoft Office 的某些高级功能和宏可能不完全兼容。在创建一些具有复杂布局、特殊功能或使用大量宏的文档时，建议进行测试和审核，确保文档在不同的办公套件之间保持一致和正确。

3.3.3　WPS Office 简介

国产软件 WPS Office 是金山办公推出的一站式高效办公服务平台，提供适配多个操作系统（Windows、macOS、Linux、Android 和 iOS）的版本，可以让用户在计算机、手机、平板之间无缝衔接，流畅办公。WPS Office 2019 For Linux 是一款兼容、开放、高效、安全并极具中文本土化优势的办公软件，支持国内外主流软硬件系统，其专业的图文混排功能、强有力的计算引擎和强大的数据处理功能、丰富的动画效果设置、公文处理等能力，可以充分满足用户在 Linux 体系下高效办公的要求。WPS Office 以其易用性、功能丰富和良好的兼容性而受到国内用户欢迎。它具有类似 Microsoft Office 的界面和操作方式，为用户提供与 Microsoft Office 无缝集成的办公体验，用户能够快速上手并无缝切换到 WPS Office。

WPS Office 不仅提供基本的办公功能，如文字处理、表格计算和幻灯片制作，还提供丰富的模板库，内置一些实用的功能，如 PDF 文档转换、云存储、多人协作和文档安全等。

WPS Office 提供多种文档格式选项，使用户能够与不同的办公套件和不同版本的 Office 文档进行交互。WPS Office 自有的文档格式主要包括文字处理文档格式 .wps、电子表格文档格式 .et 和演示文稿文档格式 .dps。WPS Office 在文字处理、表格计算和幻灯片制作三大核心功能上做到底层兼容，可以直接创建、读取、编辑、保存 Microsoft Office 格式的文档或国际标准 OOXML 文档，支持 .wps 与 .docx、.et 与 .xlsx、.dps 与 .pptx 之间的格式转换。WPS Office 还支持与 Microsoft Office 中常见的高级特性和宏的互操作，确保在复杂的文档和功能方面兼容性良好。

WPS Office 和 LibreOffice 之间的兼容性相对较好，但在特定的文档格式、字体和样式以及特定功能的支持方面仍然存在一些差异。如果需要在两个套件之间进行文档交互，建议用户尽量使用通用的文档格式（如 .docx、.xlsx、.pptx），并在需要时进行必要的格式调整和测试，以确保文档在两个套件之间的一致性。

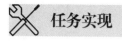

任务实现

任务 3.3.1　使用 LibreOffice 办公套件

LibreOffice 是 deepin 预装的办公套件，具体操作涉及的内容非常多，多数与 Microsoft Office 和 WPS Office 的使用类似。这里仅介绍其比较有特色的两项功能。

1. 体验 LibreOffice 主程序

LibreOffice 的界面没有 Microsoft Office 的那么华丽，但非常简单、实用，对系统配置要求较低，占用资源很少。LibreOffice 只有一个主程序，其他程序都是基于这个主程序对象派生的，可以在任何一个程序中创建所有类型的文档。

可以通过启动器直接打开 LibreOffice 应用来运行 LibreOffice 主程序，如图 3-37 所示。从主程序中可以打开已有的文档，或者新建各类文档，这样也就打开相应的程序和工具。在主程序中除了从左侧导航栏中选择快捷命令外，还可以从"文件"或"工具"菜单中选择要执行的命令。也可以直接启动 LibreOffice 的独立应用程序，如 LibreOffice Writer、LibreOffice Calc、LibreOffice Impress、LibreOffice Draw 等。

例如，打开 LibreOffice Writer，虽然出现的是 LibreOffice Writer 的界面、菜单和工具栏，但实际上已经打开了所有的 LibreOffice 程序（如 LibreOffice Calc、LibreOffice Impress 等）。因此在任意一个已打开的 LibreOffice 窗口中都可以直接新建 LibreOffice 的各类文档，使用起来非常便捷。如图 3-38 所示，在 LibreOffice Writer 界面中单击工具栏上"新建"按钮右侧的 按钮，可以通过下拉菜单直接创建其他类型文档。

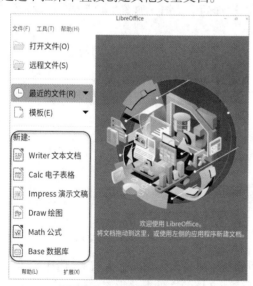

图 3-37　LibreOffice 主程序

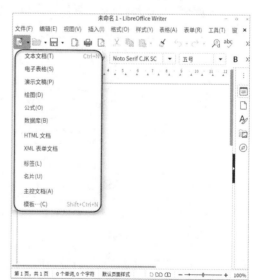

图 3-38　新建 LibreOffice 的其他类型文档

也可以在菜单栏中选择"文件"→"新建"，再选择所需要的文档类型。

2. 使用主控文档编辑大型文档

主控文档（*.odm）可用于管理大型文档，例如具有许多章节的图书。可将主控文档视为单个 LibreOffice Writer 文档的容器，这些单个文档称为子文档。主控文档具有如下特点。

微课3-1.使用
主控文档编辑
大型文档

- 打印主控文档时，会打印所有子文档的内容、索引以及所有文本内容。
- 可以在主控文档中为所有子文档创建目录和索引。
- 子文档中使用的样式，例如新的段落样式，会自动导入主控文档中。
- 查看主控文档时，主控文档中已存在的样式优先于从子文档导入的同名样式。
- 对主控文档的更改永远不会使子文档发生改变。

在主控文档中添加子文档或创建新的子文档时，主控文档中会创建一个链接。不能在主控文档中直接编辑子文档的内容，但可以通过"导航"窗口打开任意子文档进行编辑。下面进行简单的示范。

（1）准备3个文档用作子文档。可以使用LibreOffice Writer新建，也可以将现有的Word文档另存为ODF文本文档格式（.odt）。本例分别为01install.odt、02basic.odt和03app.odt。

（2）在LibreOffice Writer中新建一个主控文档，在其中输入部分内容，并保存它。注意其扩展名为.odm。

（3）按<F5>键或者从"视图"菜单中选择"导航"命令，弹出"导航"窗口，默认已进入主控文档模式。

如图3-39所示，该窗口顶部的功能按钮分别是"切换主控文档视图""编辑""更新""插入""同时保存内容""上移""下移"。也可以使用快捷菜单进行相应的操作。

（4）插入子文档，以建立主控文档与子文档之间的联系。在"导航"窗口中右键单击"文本"项，选择"插入"→"文件"命令，打开文件选择对话框，可以分别选择前面准备的3个文档，也可以一次性选择。

此处的"文本"代表主控文档的内容。

（5）完成文档选择之后，"导航"窗口中会显示新添加的子文档，如图3-40所示，可根据需要调整顺序。

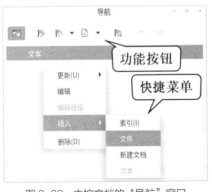

图3-39　主控文档的"导航"窗口

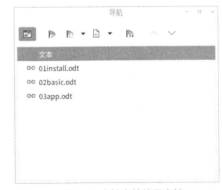

图3-40　主控文档的子文档

（6）尝试添加一个新的子文档。在"导航"窗口中右键单击最下面的子文档项，选择"插入"→"新建文档"命令，打开文件对话框，选择保存新建子文档的文件夹并为该文档命名，新的子文档就被加入当前的主控文档。

（7）为方便进行主控文档操作，建议打开侧边栏并在其中显示导航窗格。从"视图"菜单中勾选"侧边栏"即可在右侧显示侧边栏，如图3-41所示；单击侧边栏顶部的设置按钮，从弹出的菜单中选择"导航"，如图3-42所示，以显示导航窗格。

图 3-41 打开侧边栏

图 3-42 在侧边栏显示导航窗格

（8）完成设置之后，当前的主控文档操作界面如图 3-43 所示，此时可在主控文档中对整个大型文档进行操作。

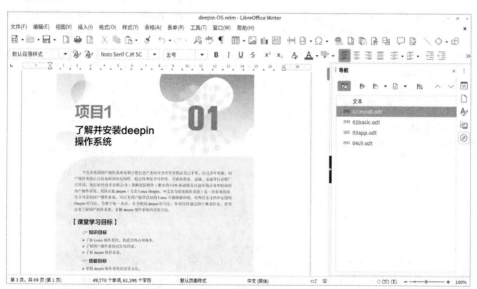

图 3-43 主控文档操作界面

在导航窗格中单击左上角的 ![icon] 按钮切换主控文档视图，然后单击 ![icon] 按钮切换到内容导航视图，如图 3-44 所示，可以通过标题进行内容导航，还可以调整标题的顺序和级别。

在主控文档内容部分可以从"插入"菜单中选择"目录和索引"子菜单中的项目来插入目录和索引。

可以打印主控文档，但不能编辑子文档部分的内容，因为子文档只是一个外部链接。

在导航窗格中单击左上角的 ![icon] 按钮再次切换主控文档视图，显示子文档链接。可以跳转到各个子文档并打开它们分别操作（可以单独打开子文档，或者在主控文档的导航窗格中双击子文档的链接）。可以通过任务栏上的应用窗口缩略图查看当前主控文档和子文档分别打开的情形。

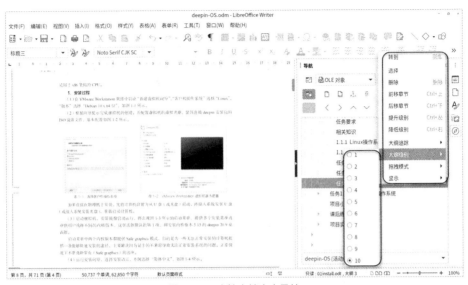

图 3-44　主控文档内容导航

（9）将子文档同步到主控文档。编辑子文档，必须单独打开该文档才能进行操作；保存修改的内容后，可以在主控文档的导航窗格中单击"更新"按钮并选择"全部"命令，如图 3-45 所示，将所有更改的子文档同步更新到主控文档。

另外，打开主控文档时，首先将弹出图 3-46 所示的对话框，提示主控文档包含外部链接，询问是否更新，单击"是"按钮。

图 3-45　文档同步更新

图 3-46　文档同步更新提示

提示

主控文档和子文档在为用户提供便利的同时，也减少了单个大型文档在保存、打开等操作过程中出现损失或错误的可能。为了让主控文档和子文档在格式上一致，建议使用共用的文档模板。

任务 3.3.2　使用 WPS Office 办公套件

LibreOffice 是开源软件，而 WPS Office 是商业软件，可以通过应用商店来安装 WPS Office 2019 For Linux，如图 3-47 所示。

首次使用 WPS Office 2019 For Linux 时用户需要接受许可协议，如图 3-48 所示。根据官方政策，WPS Office 2019 For Linux 个人版是免费的。可以在 WPS Office 官方网站上下载并安装该版本，无须支付任何费用。该版本包括文字处理、电子表格、演示文稿等常用办公功能，但可能会在用户界面上显示一些广告或提供一些附加服务的推广。企业用户可以考虑购买 WPS Office 专业版或订阅版。

图 3-47　通过应用商店安装 WPS Office 2019 For Linux

图 3-48　接受 WPS Office 许可协议

可以通过启动器打开 WPS Office 2019 For Linux 来运行 WPS Office，如图 3-49 所示，可以在"首页"界面中打开各类文档，切换到"新建"界面新建各类文档。例如，打开一个 Word 文档进行查看或编辑，如图 3-50 所示。

图 3-49　WPS Office 首页

图 3-50　在 WPS Office 中打开 Word 文档

也可以通过各个独立组件来运行 WPS Office，如 WPS 文字、WPS 表格和 WPS 演示分别用于文字处理、电子表格处理和演示文稿制作。还有一个 WPS PDF 组件，专门用于查看 PDF 文档。

另外，有些国产桌面操作系统与通用的 Linux 一样，在使用 WPS Office 时会遇到字体缺失的问题，原因是 WPS Office 默认使用了一些非开源字体，而这些字体在系统中可能没有预先安装。不过，在 deepin 稳定版中不存在这样的问题。

电子活页3-1.
解决WPS的字
体缺失问题

任务 3.3.3　扫描操作

deepin 预装的扫描仪管理软件名为扫描易，可以用于个人和办公场景，帮助用户方便地管理和使用扫描设备，实现扫描文档并保存为电子文件的功能。作为一个简易的文件扫描工具，扫描易支持自动识别和管理连接到计算机的扫描设备，提供基本的扫描设置选项，支持多页连续扫描功能。下面对扫描易的使用方法进行简单的讲解。

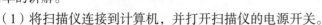

微课3-2.
打印操作

（1）将扫描仪连接到计算机，并打开扫描仪的电源开关。

（2）通过启动器打开扫描易软件。

（3）系统会自动发现当前计算机所连接的所有扫描设备，如图 3-51 所示，本例有一台扫描仪就绪。

如果没有显示应有的扫描设备，则需要安装相关扫描设备驱动。

（4）将要扫描的照片或纸张放入扫描仪，单击"扫描"按钮右侧的▼按钮，弹出下拉菜单，选择扫描类型，如图3-52所示，可以选择照片还是文本，执行单页扫描还是其他多页扫描。本例选择扫描照片，且以单页方式扫描。

图3-51　自动发现所连接的扫描设备

图3-52　选择扫描类型

（5）扫描仪开始扫描，扫描完成后自动停止，并显示扫描的结果页面。可以根据需要单击"扫描"按钮按目前设置执行多次扫描，并显示多个结果页面，如图3-53所示，可以通过底部的一排按钮对页面进行简单的处理，如左右旋转页面、裁剪选中的页面或删除选中的页面，还可以单击"重新扫描"按钮放弃扫描结果重新扫描。

（6）完成扫描后，单击▣按钮弹出相应的对话框，将扫描结果保存为指定的文件，如图3-54所示，默认保存为PDF文件。

图3-53　扫描结果页面

图3-54　保存扫描文件

可以根据需要进一步调整扫描仪设置，单击⋮按钮，从下拉菜单中选择"首选项"命令，弹出图3-55所示的对话框，设置扫描仪参数；切换到"质量"选项卡，设置扫描质量，包括文字分辨率和图像分辨率、亮度和对比度，如图3-56所示。

图3-55　设置扫描仪参数

图3-56　设置扫描质量

任务 3.3.4　打印操作

deepin 预装的打印管理器是一款基于 CUPS 的打印机管理工具，可同时管理多个打印机。CUPS 全称为 Common UNIX Printing System，是基于标准的开源打印系统。CUPS 使用 IPP（Internet Printing Protocol，互联网打印协议）支持打印到本地和网络打印机。打印管理器提供可视化界面，操作简单，方便用户快速添加打印机及安装驱动。

1. 添加打印机

用户可以通过网络连接打印机或 USB 直连打印机。这里以 USB 直连打印机进行示范。

（1）将打印机设备通过 USB 连接到计算机。

（2）通过启动器打开打印管理器软件。

（3）当打印机设备通过 USB 连接到计算机时，打印管理器后台会自动添加该打印机设备。

本例通过 USB 连接 HP P1108 激光打印机，弹出图 3-57 所示的通知，表明正在配置打印机，配置成功后弹出图 3-58 所示的配置成功的通知，单击后跳转到图 3-59 所示的打印管理器主界面，可以根据需要查看打印机详情。

图 3-57　正在配置打印机

图 3-58　打印机安装并配置成功

图 3-59　打印管理器主界面

只有 deepin 适配过的打印机，后台能够查询到驱动，才可能自动添加成功。如果配置失败，则会弹出相应的通知，单击后跳转到打印管理器主界面，用户可以选择手动添加驱动。

2. 打印管理

成功添加打印机之后，就可以在打印管理器主界面中进行打印管理。选中打印机之后，即可进行属性设置、查看打印队列、打印测试页、查看耗材及故障排除。

在打印管理器主界面中单击"属性"按钮，跳转到打印设置列表界面。如图 3-60 所示，可以查看打印机驱动、URI、位置、描述、颜色等，还可以设置纸张来源、媒体类型、纸张大小、打印顺序、位置、方向、打印质量等打印属性。

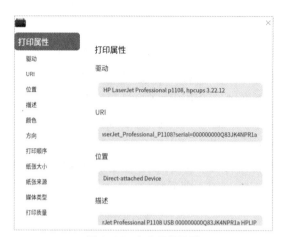

图 3-60　打印属性设置

在打印管理器主界面中单击"打印测试页"按钮即可测试打印机是否能正常打印。测试页打印成功之后即可进行其他的打印任务。

在打印管理器主界面中单击"打印队列"按钮,可以查看打印任务,包括全部列表、打印队列、已完成列表。系统默认显示打印队列界面,如图 3-61 所示。

图 3-61　打印队列界面

为测试打印任务管理,这里在 LibreOffice 中打印一个文档,然后在打印队列界面中可以发现新增的打印任务,右键单击该任务,从弹出的菜单中可选择"取消打印""删除任务""暂停打印""恢复打印""优先打印""重新打印"等,如图 3-62 所示。

图 3-62　打印任务管理

项目小结

作为优秀的 Linux 桌面操作系统,deepin 具有极高的易用性和优秀的交互体验。deepin 提供多款自研的桌面应用来满足国内用户的上网、办公、学习和娱乐等需求。还可以在 deepin 中安装第三方桌面软件,以满足更多的应用需求。通过对本项目的学习,读者应当了解并掌握常用桌面应用,能够使用 deepin 替代 Windows 进行上网和日常办公,以及处理各种多媒体内容。日常办公需要办公套件,deepin 预装的 LibreOffice 提供了一种方便且免费的方式,使用户能够与 Microsoft Office 用户共享和交流文档,而无须担心兼容性问题。WPS Office 是一款功能强大、易于使用且与 Microsoft Office 兼容的办公套件，为国内用户提供了轻松处理各种办公任务的解决方案。接下来的项目主要基于 deepin 实施系统管理运维。

课后练习

1. 为什么说 deepin 可以代替 Windows 进行日常办公？
2. 在 deepin 的邮箱应用中使用第三方邮箱账号有哪些注意事项？
3. deepin 预装的多媒体应用有哪些？
4. 简述 LibreOffice 和 WPS Office 与 Microsoft Office 的兼容性。
5. LibreOffice Writer 的主控文档有哪些特点？主要用途是什么？

补充练习
项目3

项目实训

实训 1　练习截图录屏操作

实训目的
掌握截图录屏软件的使用方法。

实训内容
（1）了解 deepin 预装的截图录屏软件的基本用法。
（2）熟悉截图录屏区域选择操作。
（3）熟悉截图操作。
（4）尝试该软件的文字识别功能。
（5）熟悉录屏操作。

实训 2　使用 LibreOffice 办公套件

实训目的
（1）熟悉 LibreOffice 办公套件的操作界面和文档格式。
（2）掌握 LibreOffice 办公套件的基本使用方法。

实训内容
（1）试用 LibreOffice Writer 进行文字处理。
（2）试用 LibreOffice Calc 编辑电子表格。
（3）试用 LibreOffice Impress 创建演示文稿。
（4）试用 LibreOffice Draw 绘制矢量图。
（5）试用 LibreOffice Math 进行公式编辑。

项目4
熟悉命令行操作

04

图形用户界面提供了直观和易于使用的操作方式，但是要更好地掌握 deepin，进行更高级的配置管理，还是有必要了解和熟悉命令行操作。deepin 是基于 Linux 的操作系统，掌握命令行操作也是系统管理员、开发人员和运维人员的必备技能之一。本项目将带领读者熟悉 deepin 的命令行界面，掌握命令行的基本用法，学会命令行文本编辑器的使用方法。命令行操作需要输入代码，这要求读者做到严谨、细致，因此学习命令行操作也有一定难度，初学者需要多加练习。

【课堂学习目标】

☞ 知识目标

➤ 了解命令行界面。
➤ 了解 Shell 和 Linux 命令语法格式。

☞ 技能目标

➤ 掌握命令行的基本使用方法。
➤ 掌握命令行文本编辑器的使用方法。

☞ 素养目标

➤ 培养严谨、细致的工作作风。
➤ 养成自主学习的习惯。

任务 4.1　熟悉命令行界面

任务要求

命令行界面是 Linux 操作系统中常用的人机交互界面。到目前为止，Linux 很多重要的任务依然必须由命令行完成。若执行相同的任务，则由命令行来完成会比使用图形用户界面操作要简洁、高效得多。使用命令行主要有 3 种方式，分别是在桌面环境中使用终端模拟器、进入文本模式后登录终端、从其他计算机上远程登录 Linux 命令行界面。本任务的基本要求如下。

（1）了解 Linux 的命令行界面。

（2）熟悉桌面环境下的终端窗口操作。

（3）熟悉文本模式与图形用户界面的切换操作。

相关知识

4.1.1　操作系统的命令行界面

早期的操作系统只使用命令行这种完全基于文本的环境，用户只有使用键盘输入命令才能完成任务。考虑到现在的普通用户倾向于使用图形化的桌面环境，以便更容易和直观地操作计算机，图形用户界面现在是桌面操作系统所必需的。但是图形用户界面直观、易用的特点是以牺牲性能为代价实现的。一些图形用户界面软件的存储体积往往是命令行界面软件的上百倍，而且图形化界面比命令行界面更加复杂，这就使得图形用户界面软件明显地需要更多的内存和 CPU 占用量。熟悉命令行操作对于使用 deepin 这类 Linux 操作系统有许多优势。命令行的特点如下。

• 具有灵活性和控制性。可以精确控制和管理系统的各个方面，执行高级任务和自定义操作，以满足特定的需求。

• 具有效率和速度优势。命令行操作可以更快地执行任务，熟练的用户可以使用简短而精确的命令来完成高效任务，无须依赖于图形用户界面的额外操作。

• 远程管理系统。管理员通过 SSH（Secure Shell，安全外壳）等方式远程连接到服务器，通过命令行操作进行访问和管理。

• 自动化操作。编写脚本和自动化任务可以以简化重复性的工作和流程，提高工作效率。

• 更深入地了解系统。通过命令行操作，用户可以深入了解系统的底层工作原理和配置文件，查看日志文件、运行系统诊断工具、跟踪进程等。

4.1.2　终端、控制台与伪终端

理解终端、控制台与伪终端的概念有助于进一步了解命令行界面。

1. 终端与控制台

终端（Terminal）是一种字符型设备，可以分为以下两种类型。

• 物理终端：计算机系统中的实际硬件设备，包括显示器和键盘。

• 虚拟终端：在计算机系统中模拟的终端界面，通常通过终端模拟器软件实现。终端模拟器

可以在图形用户界面下运行，并提供一个模拟的命令行界面，让用户输入命令和查看输出结果。

无论是物理终端还是虚拟终端，它们都提供一个命令行接口，让用户可以输入命令、运行程序、查看文件、管理系统等。

控制台（Console）是显示系统消息的终端，可以分为以下两种类型。

• 物理控制台：计算机系统中的实际硬件设备，通常包括显示器（屏幕）和键盘。

• 虚拟控制台：软件模拟的控制台界面，提供类似物理控制台的功能。虚拟控制台可以通过终端模拟器或远程登录等方式访问。

可以发现，终端和控制台的概念基本是相同的。Linux 将所有的虚拟终端看作虚拟控制台，并称为 TTY（Teletypewriter，电传打字机）控制台。每个 TTY 控制台都分配了唯一的设备文件名称，如 /dev/tty1、/dev/tty2 等。当用户登录 Linux 时，会被分配一个 TTY 控制台作为对话终端。登录后，用户可以通过 TTY 控制台输入命令、运行程序和查看输出结果。注意，/dev/tty0 表示当前所使用的虚拟控制台的一个别名，系统所产生的信息会发送到该控制台上，不管当前正在使用哪个虚拟控制台，系统所产生的信息都会发送到该控制台上。

Linux 提供虚拟控制台的访问方式，不仅允许用户从不同的控制台进行多次登录，而且允许同一个用户多次登录。直接在 Linux 计算机上的登录称为从控制台登录。在本机上登录文本模式（Text Mode）界面或图形用户界面都可以被看作登录控制台或终端。文本模式没有任何图形用户界面，是标准的命令行界面，完全依赖命令行进行交互操作。生产环境中的 Linux 大多仅提供文本模式，以免图形用户界面额外占用大量的系统资源。

2. 伪终端

Linux 中还涉及一个 PTY（Pseudo Terminal，伪终端）的概念。伪终端是一种特殊的虚拟终端，充当终端模拟器和交互式进程之间的桥梁，使得用户可以在终端窗口中输入命令，执行操作，并将输入和输出传递给所绑定的进程，实现了用户交互与命令行界面的功能。Linux 常用的伪终端有以下两种类型。

• 终端模拟器：伪终端机制提供的一个终端窗口，让用户在图形用户界面中通过窗口形式的命令行界面使用命令行进行操作，它与 Windows 系统中的命令行界面类似。

• 远程登录：当用户通过 SSH 等协议通过网络登录远程主机时，伪终端机制被用于在终端模拟器和远程主机之间建立连接。

🛠 **任务实现**

任务 4.1.1　使用终端

微课4-1.
使用终端

终端是 deepin 预装的一款集多窗口、工作区、远程管理、雷神模式等功能的高级终端模拟器。它拥有简单的界面，丰富而强大的功能，使用起来像普通文件窗口一样流畅。用户可以瞬间打开和关闭终端。

1. 打开和关闭终端

在 deepin 中我们可以使用 <Ctrl>+<Alt>+<T> 快捷键打开终端，也可以通过启动器找到终端应用并运行它，还可以在桌面创建终端的快捷方式，或者将终端应用固定到任务栏，以便快速打开终端。

在终端界面单击窗口关闭按钮，或者单击 ⊙ 按钮弹出菜单，从中选择"退出"命令均可关闭终端。右键单击任务栏中的 ▤ 图标，选择"关闭所有"命令将关闭所有打开的终端。

2. 终端的基本操作

终端界面如图 4-1 所示，界面中将显示一串提示符，它由 4 部分组成，格式如下：

当前用户名 @ 主机名：当前目录 命令提示符

普通用户登录后，命令提示符为 $；root 用户登录后，命令提示符为 #。在命令提示符之后输入命令即可执行相应的操作，执行的结果也会显示在该窗口中。

在终端界面中除了直接输入命令，还可以通过快捷菜单进行常规操作。例如，使用"查找"功能可以快速查找终端显示的内容。

通常终端都会匹配正确的编码方式。一些特殊情况下某些文件信息显示乱码或者错误时，可以通过"编码"功能调整编码方式来解决问题。

单击 ⊙ 按钮弹出菜单，用户可以通过相应的命令方便地修改终端的设置。例如，通过"主题"功能调整终端界面的外观风格（主题风格、前景色、背景色和提示符的颜色等），通过"设置"功能调整光标样式、滚动效果等。

雷神模式是终端特有的便捷功能，用户可以一边操作其他软件一边输入命令。使用 <Alt>+<F2> 快捷键打开雷神终端窗口，如图 4-2 所示，再次按 <Alt>+<F2> 快捷键则隐藏雷神终端窗口。

图 4-1　终端界面

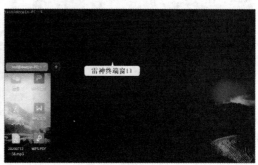

图 4-2　雷神终端窗口

3. 终端的多窗口和多标签页

可以打开多个终端应用，即多个终端窗口，每个终端窗口中又可以添加多个标签页，还可以分割多个工作区。

按 <F11> 键可以开启终端窗口的全屏显示，再次按该键则关闭全屏显示。也可以通过快捷菜单开启或关闭全屏显示。

提示　在终端界面的命令行中执行 exit 命令也会关闭当前终端窗口。注意，在终端界面的命令行中不能进行用户登录和注销操作。

任务 4.1.2　使用文本模式

微课4-2.
使用文本模式

在文本模式下使用各种命令可以高效地完成管理和操作任务。

默认情况下，deepin 允许用户同时打开 6 个虚拟控制台（tty1 ～ tty6）进行操作，每个控制台可以让不同的用户登录，运行不同的应用。在 deepin 中，可以按 <Ctrl>+<Alt>+<Fn> 快捷键（其中 Fn 为 F1 ～ F6，分别代表 1 ～ 6 号控制台）切换到不同的控制台，如果当前位于文本模式控制台，则可以按 <Alt>+<Fn> 快捷键切换到不同的控制台。

例如，按 <Ctrl>+<Alt>+<F2> 快捷键进入 2 号控制台，输入用户名和密码，就可以登录 deepin，如图 4-3 所示，这是一个文本模式控制台。为安全起见，用户输入的密码不在屏幕上显示，只会在用户名和密码输入错误时给出 "login incorrect" 提示，不会明确地提示究竟是用户名还是密码错误。在文本模式下执行 logout 或 exit 命令即可退出当前登录。

按 <Ctrl>+<Alt>+<F1> 快捷键切回到 1 号控制台，即图形用户界面。打开终端窗口，执行 who 命令查看当前系统上有哪些用户登录。可以发现当前登录图形用户界面的终端名称为 tty1，且登录信息末尾使用括号标注序号（格式为 ":n"，不同的用户可以分别登录图形用户界面，n 从 0 开始顺次编号），表示它是一个虚拟终端，而登录文本模式控制台的用户终端名称也以 tty 开头，如图 4-4 所示。

图 4-3　文本模式控制台

图 4-4　查看当前登录用户

提示

第 1 个登录图形用户界面的用户占用的是 tty1，其他登录图形用户界面或文本模式控制台的用户顺次占用未使用的 tty，且从 tty2 开始以控制台编号命名。同一个用户账户只能登录一个图形用户界面，但是可以登录不同的文本模式控制台。

任务 4.2　熟悉命令行的基本使用

任务要求

熟悉命令行界面之后，还需要掌握命令行操作，如输入命令和执行命令。在 Linux 操作系统中看到的命令其实就是 Shell 命令。本任务首先讲解 Shell 和命令行用法，其次讲解通过命令行进行系统配置，读者通过学习可以进一步熟悉命令行使用。本任务具体要求如下。

（1）理解 Shell 的概念，了解 Shell 的版本和基本用法。

（2）了解 Linux 命令行的语法格式。

（3）掌握 Linux 命令行的使用技巧。

（4）学会命令行输入 / 输出重定向和管道操作。

（5）学会使用命令行设置环境变量。

相关知识

4.2.1　什么是 Shell

在 Linux 中，Shell 就是外壳的意思，是用户和操作系统交互的接口，如图 4-5 所示。Shell 接收用户输入的命令，并将其送到内核去执行。

用户命令行输入命令

图 4-5　Linux Shell

实际上，Shell 是一个命令解释器程序，拥有自己内置的命令集。用户在命令提示符下输入的命令都由 Shell 先接收并进行分析，然后传给 Linux 内核执行。Linux 内核执行完毕后将结果返回给 Shell，由它在命令行界面上显示。不管命令执行结果如何，Shell 总是会再次给出命令提示符，等待用户输入下一个命令。

Shell 同时又是一种程序设计语言，允许用户编写由 Shell 命令组成的程序，这种程序通常称为 Shell 脚本（Shell Script）或命令文件。

总的来说，Linux Shell 主要提供以下几种功能。

• 解释用户在命令提示符下输入的命令。这是其主要的功能。

• 支持个性化的用户环境设置，通常由 Shell 初始化配置文件实现。

• 编写 Shell 脚本，实现系统高级管理功能。

对于用户来说，Shell 是用于与 Linux 系统交互的"桥梁"，用户的大部分工作是通过 Shell 完成的。

4.2.2　Shell 的类型

Shell 按照来源可以分为两大类型：一类是由美国贝尔实验室开发的，以 Bourne Shell（sh）为代表，与之兼容的有 Bourne-Again Shell（bash）、Korn Shell（ksh）、Z Shell（zsh）；另一类是由美国加利福尼亚大学伯克利分校开发的，以 C Shell（csh）为代表，与之兼容的有 TENEX C Shell（tcsh）。

在命令行界面执行以下命令可以查看当前系统中可用的 Shell。

```
test@deepin-PC:~$ cat /etc/shells
# /etc/shells: valid login shells
/bin/sh
/bin/bash
/usr/bin/bash
/bin/rbash
/usr/bin/rbash
/bin/dash
/usr/bin/dash
```

因为 Linux 是高度模块化的系统，用户可以从所安装的多个 Shell 中选择一个偏好的 Shell 来使用。执行以下命令可进一步查看系统默认使用的 Shell。

```
test@deepin-PC:~$ echo $SHELL
/bin/bash
```

可以发现，deepin 默认使用的 Shell 是 bash。bash 也是大多数 Linux 用户默认使用的 Shell，操作和使用非常方便。bash 是 sh 的增强版本，完全兼容 sh，也就是说用 sh 编写的 Shell 脚本可以不加修改地在 bash 中执行。

4.2.3　Shell 的基本用法

用户进入命令行（切换到文本模式，或者在图形用户界面打开终端，或者远程登录系统）时，就已自动运行一个默认的 Shell。用户看到 Shell 的提示符，在提示符后输入一串字符，Shell 将对这一串字符进行解释。输入的这一串字符就是命令行。

deepin 安装有多种 Shell，要改变当前 Shell，只需在命令行中输入 Shell 名称即可。需要退出 Shell，执行 exit 命令即可。用户可以嵌套进入多个 Shell，然后使用 exit 命令逐个退出。下面给出示例，其中环境变量 $0 表示当前运行的 Shell。

```
test@deepin-PC:~$ sh
$ echo $0
sh
$ dash
$ echo $0
dash
$ exit
$ exit
test@deepin-PC:~$ echo $0
bash
```

提示　　建议用户使用默认的 bash。如无特别说明，本书中的命令行操作例子都是在 bash 下执行的。

Shell 中除使用普通字符外，还可以使用特殊字符，应注意其特殊的含义和作用范围。这里重点讲解几种常用的字符。

- 单引号（'）：单引号引起来的字符串被视为普通字符串，包括空格、$、/、\ 等特殊字符。
- 双引号（"）：双引号引起来的字符串，除 $、\、单引号和双引号仍作为特殊字符并保留其特殊功能外，其他都被视为普通字符。

- 转义符（\）：转义符用于将特殊字符或通配符还原成一般字符，Shell 不会对其后面的那个字符进行特殊处理，要将 $、\、单引号和双引号作为普通字符，在其前面加上转义符 \ 即可。
- 反引号（`）：反引号引起来的字符串会被 Shell 解释为命令行，在执行时首先执行该命令行，并以它的标准输出结果替代该命令行（反引号引起来的部分，包括反引号）。

常见的其他符号有 #（注释符号）、|（分隔两个管道命令）、;（分隔多个命令）、~（用户的主目录）、$（引用变量）、&（将该符号前的命令放到后台执行），具体使用将在涉及有关功能时介绍。

4.2.4　Linux 命令语法格式

在 Shell 中命令分为内部命令和外部命令。内部命令是由 Shell 解释器本身实现的，作为 Shell 的一部分并且在 Shell 的内存中执行，因此它们的执行速度较快。外部命令是由独立的可执行文件实现的，它们存储在系统的文件系统中，执行时需要进行加载和执行可执行文件，因此外部命令的执行速度较慢。但是，内外部命令的语法规则是一致的。

用户进入命令行界面时，可以看到一个 Shell 提示符（root 用户为 #，普通用户为 $），提示符标识命令行的开始，用户可以在它后面输入任何命令及其选项和参数。输入命令必须遵循一定的语法规则，命令行中输入的第 1 项必须是一个命令的名称，从第 2 项开始是命令的选项（Option）或参数（Arguments），各项之间必须由空格或 Tab 制表符隔开，格式如下：

```
提示符　命令　选项　参数
```

有的命令不带任何选项和参数。Linux 命令行输入严格区分大小写，命令、选项和参数都是如此。

（1）选项。选项是包括一个或多个字符的代码，前面有一个 "-" 连字符，主要用于改变命令执行动作的类型。例如，如果没有任何选项，ls 命令只能列出当前目录中所有文件和目录的名称；而使用带 -l 选项的 ls 命令将列出文件和目录列表的详细信息。

使用一个命令的多个选项时，可以简化输入。例如，将命令 ls -l -a 简写为 ls -la。

对于由多个字符组成的选项（长选项格式），前面必须使用 "--" 符号，如 ls --directory。

有些选项既可以使用短选项格式，又可以使用长选项格式，例如 ls -a 与 ls --all 意义相同。

（2）参数。参数通常是命令的操作对象，多数命令可使用参数。例如，不带参数的 ls 命令只能列出当前目录中的文件和目录，而使用参数可列出指定目录中的文件和目录。例如：

```
test@deepin-PC:~$ ls
Desktop  Documents  Downloads  Music  Pictures  Videos
test@deepin-PC:~$ ls Pictures
Camera  Draw  Screenshots  Wallpapers
```

使用多个参数的命令必须注意参数的顺序。有的命令必须带参数。

同时带有选项和参数的命令，通常选项位于参数之前。

提示　本书约定，在具体的命令行用法中，方括号（[]）内的选项或参数是可选的，尖括号（< >）内的选项或参数是必需的。

4.2.5　环境变量及其配置文件

与 Windows 需要配置环境变量一样，deepin 很多程序和脚本都需要通过环境变量来获取系统信息、存储临时数据、进行系统配置。环境变量用于存储有关 Shell 的会话和工作环境信息。例如设置 PATH 环境变量，当要求系统运行一个程序而没有提供它所在位置的完整路径时，系统除了在当前目录下寻找此程序外，还会到 PATH 中指定的路径去寻找。

环境变量分为系统环境变量和用户环境变量，前者对整个系统或所有用户都有效，是全局环境变量；后者仅对当前用户有效，是局部环境变量。deepin 提供多种环境变量配置文件，具体说明见表 4-1。

表4-1　deepin中的环境变量配置文件

环境变量配置文件	类型	说明
/etc/profile	系统环境变量	包含整个系统的通用环境变量设置。对于所有用户，无论是登录 Shell 还是非登录 Shell，都会加载该文件
/etc/environment	系统环境变量	用于设置系统范围的环境变量。该文件中的环境变量会在系统启动时被读取，并对所有用户生效
~/.profile	用户环境变量	在用户登录时被读取并应用。它位于用户的主目录下，即 /home/username（其中 username 是用户名）
~/.bashrc	用户环境变量	用于设置特定用户的环境变量。与 ~/.profile 不同的是，~/.bashrc 在每个新的交互式 Shell 中都会被加载
/etc/bash.bashrc	用户环境变量	作用于每一个运行 bash 的用户，当打开 bash 时，该文件就会被读取。~/.bashrc 会自动调用 /etc/bash.bashrc 文件

在 deepin 中登录 Shell 时，各个环境变量配置文件的读取顺序为：

```
/etc/profile → /etc/environment → ~/.profile → ~/.bashrc → /etc/bash.bashrc
```

其中 ~/.bashrc 和 /etc/bash.bashrc 文件修改后，无需重启系统即可生效。其他几个文件修改后，需要重启系统才能生效，或者在当前 Shell 中使用 source 命令加载即时生效。

如果同一个环境变量在用户环境变量配置文件和系统环境变量配置文件中定义了不同的值，则最终的值以用户环境变量为准。

另外，当每次退出 bash 时，还要读取 ~/.bash_logout 文件中的设置。

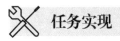 **任务实现**

任务 4.2.1　巧用命令行

与通用的 Linux 系统一样，在 deepin 中使用命令行的过程中需要掌握以下方法和技巧。

1．编辑命令行

命令行实际上是一个可编辑的文本缓冲区，在按 <Enter> 键前，可以对输入的内容进行编辑，如删除字符、删除整行、插入字符、复制或粘贴内容。这样即使用户在输入命令的过程中出现错误，也无须重新输入整个命令，只需利用编辑操作，即可改正错误。

有些命令的交互式操作需要用户输入内容，输入过程中按 <Ctrl>+<D> 快捷键将提交一个 EOF（End of File，文件结束）符以结束输入过程。

注意，在出现命令提示符时按 <Ctrl>+<D> 快捷键则相当于执行 exit 命令。

2. 清除屏幕内容

在命令行界面清除屏幕内容的命令是 clear。执行该命令将会刷新屏幕，只保留一行命令提示符。也可以按 <Ctrl>+<L> 快捷键实现与 clear 命令一样的效果。

另外，执行 reset 命令则会完全刷新屏幕，之前的输入操作信息都会被清空。

3. 自动补全命令

bash 具有命令自动补全功能，当用户输入了命令、文件名的一部分时，按 <Tab> 键就可将剩余部分补全；如果不能补全，再按一次 <Tab> 键就可获取与已输入部分匹配的命令或文件名列表，供用户从中选择。这个功能可以减少不必要的输入错误，非常实用。

例如，输入 "to" 之后连按两次 <Tab> 键，将给出可用的命令列表。

```
test@deepin-PC:~$ to
toe     top     touch
```

输入 "tou" 之后按 <Tab> 键将自动补全 touch 命令。

```
test@deepin-PC:~$ touch
```

再给出一个补全路径和文件名的例子。输入 "ls /h" 之后按 <Tab> 键，补全 /home。

```
test@deepin-PC:~$ ls /home/
test    zhong
```

输入 "ls /home/t" 之后按 <Tab> 键，补全其下级路径。

```
test@deepin-PC:~$ ls /home/test/
Desktop  Documents  Downloads  Music  Pictures  Videos
```

4. 调用历史命令

用户执行过的命令会保存在一个命令缓存区中，称为命令历史表。默认情况下，bash 可以存储 1000 个历史命令。用户可以查看自己的命令历史，根据需要重新调用历史命令，以提高命令行使用效率。

按上、下方向键，便可以在命令行上逐次显示已经执行过的各命令，用户可以修改并执行这些命令。

如果命令非常多，可以使用 history 命令列出最近用过的所有命令，显示结果为历史命令加数字编号，如果要执行其中某一个命令，可输入 "! 编号" 来执行该编号的历史命令。下面给出示例，在显示历史命令之后，执行其中第 6 条历史命令。

```
test@deepin-PC:~$ history
    1  cat /etc/X11/default-display-manager /usr/sbin/lightdm
    2  cat /etc/X11/default-display-manager
    3  echo $DESKTOP_SESSION
（此处省略）
test@deepin-PC:~$ !6
ls
Desktop  Documents  Downloads  Music  Pictures  Videos
```

可以通过参数来限制仅显示最近指定数目的历史命令，例如仅显示最近 2 条历史命令。

```
test@deepin-PC:~$ history 2
```

```
   35  ls
   36  history 2
test@deepin-PC:~$
```

5. 使用命令别名

复杂的命令可能包括多个命令、多个选项或参数，用户可以为其创建一个简单的别名来简化其使用过程。当用户使用命令别名时，系统就会自动地找到并执行该别名对应的实际命令。执行 alias 命令可查询当前已经定义的 alias 列表。使用 alias 命令可以创建命令别名，使用 unalias 命令可以取消指定的命令别名。alias 命令创建命令别名的基本用法如下：

```
alias   命令别名 = 实际命令字符串
```

注意等号两边不能有空格，右边的命令如果包含空格或特殊字符，需要用引号引起来。下面给出一个创建命令别名、取消命令别名的示例。

```
test@deepin-PC:~$ alias untar='tar -zxvf'
test@deepin-PC:~$ unalias untar
```

6. 一行中使用多个命令和命令行续行

在一个命令行中可以使用多个命令，用分号 ";" 将各个命令隔开。例如，下面的示例中一行中有两个命令，第 1 个命令用于显示当前日期和时间，第 2 个命令用于显示当前目录。

```
test@deepin-PC:~$ date;pwd
2023 年 07 月 16 日 星期日 15:14:17 CST
/home/test
```

也可在几个命令行中输入一个命令，用反斜杠 "\" 将一个命令行延续到下一行。

7. 强制中断命令运行

在运行命令的过程中，可使用 <Ctrl>+<C> 快捷键强制中断当前运行的命令或程序。例如，当屏幕上产生大量输出，或者等待时间太长，抑或是进入不熟悉的环境时，可立即强制中断当前命令的运行。

8. 使用 sudo 命令执行特权命令

涉及系统操作的部分命令的执行需要 root 特权。在 deepin 中管理员需要执行 root 特权的命令（会给出相应提示）时，需要在命令前加 sudo，根据提示输入正确的密码后，系统将为该用户临时授予 root 特权执行相应命令。下面给出示例。

```
cat: /etc/shadow: 权限不够
test@deepin-PC:~$ sudo cat /etc/shadow
请输入密码：                    # 输入管理员账户 test 的登录密码
验证成功
root:*:19464::::::
daemon:*:19464::::::
# 以下省略
```

9. 获得联机帮助

Linux 命令非常多，许多命令有各种选项和参数，在具体使用时要善于利用相关的帮助信息。系统提供了联机手册，为用户提供命令和配置文件的详细介绍，是用户的重要参考资料。man 命令可以显示联机手册，其基本用法如下：

```
man [选项] 命令名或配置文件名
```

运行该命令将显示相应的联机手册，它提供基本的交互控制功能，如翻页查看，执行 q 命令即可退出。

使用 info 命令能获取更为详细的帮助文档，其输出的页面比 man 命令的编写得更好、更容易理解，也更友好。info 命令的基本用法如下：

```
info [选项] 命令名或配置文件名
```

查看完帮助信息后，也需要执行 q 命令退出帮助文档。

对于 Linux 命令，也可使用 --help 选项获取某命令的帮助信息，如要查看 cat 命令的帮助信息，可执行 cat --help 命令。

任务 4.2.2 处理命令行输入与输出

微课4-3.处理命令行输入与输出

与 DOS（磁盘操作系统）类似，Shell 通常自动打开 3 个标准文件：标准输入文件（stdin）、标准输出文件（stdout）和标准错误输出文件（stderr）。可通过以下命令查看这 3 个文件：

```
test@deepin-PC:~$ ls -l /dev/st*
lrwxrwxrwx 1 root root 15 7月  14 11:36 /dev/stderr -> /proc/self/fd/2
lrwxrwxrwx 1 root root 15 7月  14 11:36 /dev/stdin -> /proc/self/fd/0
lrwxrwxrwx 1 root root 15 7月  14 11:36 /dev/stdout -> /proc/self/fd/1
```

这 3 个文件默认对应的是控制终端设备，其中 stdin 的文件名为 /dev/stdin，其文件描述符为 0，一般对应终端键盘；stdout 和 stderr 的文件名分别为 /dev/stdout 和 /dev/stderr，文件描述符分别为 1 和 2，对应的是终端屏幕。默认情况下，命令从 stdin 对应的终端键盘获取输入内容，将执行结果输出到 stdout 对应的终端屏幕，如果有错误信息，则同时输出到 stderr 对应的终端屏幕，这就是使用标准输入和输出作为命令的输入和输出。但是，有时可能要改变标准输入和输出，例如改为从文件获取输入内容，或者将结果输出到文件中，这就涉及重定向和管道操作。

1. 输入重定向

输入重定向主要用于改变命令的输入源，让输入不要来自键盘，而来自指定文件。输入重定向符号为"<"，其基本用法如下：

```
命令 < 文件
```

例如，wc 命令用于统计指定文件包含的行数、字数和字符数。直接执行不带参数的 wc 命令，用户输入内容，按 <Ctrl>+<D> 快捷键结束输入后才对输入的内容进行统计。而执行输入重定向命令可以通过文件为 wc 命令提供统计源，例如：

```
test@deepin-PC:~$ wc < /etc/hosts
  8  24 214
```

2. 输出重定向

输出重定向主要用于改变命令的输出，让标准输出不要显示在屏幕上，而写入指定文件中。输出重定向符号为">"，其基本用法如下：

```
命令 > 文件
```

例如，ls 命令用于在屏幕上列出文件列表，但不能保存列表信息。要将结果保存到指定的文件，就可使用输出重定向。下面的例子将当前目录中的文件列表信息写入指定文件中，然后查看该文件内容。

```
test@deepin-PC:~$ ls -l > mydir
test@deepin-PC:~$ cat mydir
总用量 28
drwxr-xr-x 2 test test 4096 7月  14 09:07 Desktop
drwxr-xr-x 5 test test 4096 7月  14 11:17 Documents
（此处省略）
```

如果写入已有文件，则该文件将被重写（覆盖）。如果要避免重写破坏原有数据，可以选择追加功能，将重定向符号由"＞"改为"＞＞"，意义为将信息追加到指定文件的末尾。

至于标准错误输出的重定向，只需要换一种符号，将"＞"改为"2＞"，将"＞＞"改为"2＞＞"。若要将标准输出和标准错误输出重定向到同一文件，则需要使用符号"&＞"。下面给出一个简单的标准错误输出重定向的例子。

```
test@deepin-PC:~$ lsss 2> myerr
test@deepin-PC:~$ cat myerr
bash: lsss：未找到命令
```

3. 管道操作

管道操作用于将一个命令的输出作为另一个命令的输入，使用"|"符号来连接命令。管道操作可以将多个命令依次连接起来，前一个命令的输出可作为后一个命令的输入，基本用法如下：

```
命令 1 | 命令 2 ... | 命令 n
```

管道操作非常实用。例如，以下命令将 ls 命令的输出结果提交给 grep 命令进行搜索。

```
test@deepin-PC:~$ ls | grep "V"
Videos
```

在执行输出内容较多的命令时，可以使用 more 命令进行分页显示。

4. 命令替换

命令替换与重定向有些类似，不同的是，命令替换是将一个命令的输出作为另一个命令的参数，常用命令格式为：

```
命令 1 `命令 2`
```

其中命令 2 的输出作为命令 1 的参数，注意这里的符号是反引号，被它引起来的内容将作为命令执行，执行的结果作为命令 1 的参数。例如，以下命令将 pwd 命令列出的目录作为 ls 命令的参数，结果是显示当前目录下的文件。

```
test@deepin-PC:~$ ls `pwd`/my*
/home/test/mydir    /home/test/myerr
```

命令替换也可以通过"$()"符号来实现，基本用法如下：

```
命令 1 $(命令 2)
```

不过，并不是所有的 Shell 都支持"$()"符号，但 bash 是支持的。

任务 4.2.3　查看和设置环境变量

用户可直接引用环境变量，也可修改环境变量来定制运行环境。

1. 查看环境变量

常用的环境变量有 PATH（可执行命令的搜索路径）、HOME（用户主目录）、LOGNAME（当前用户的登录名）、HOSTNAME（主机名）、PS1（当前命令提示符）、SHELL（用户当前使用的Shell）等。

要引用某个环境变量，需要在其前面加上 $ 符号。使用 echo 命令可以查看单个环境变量。例如：

```
test@deepin-PC:~$ echo $PATH
/usr/local/bin:/usr/bin:/bin:/usr/local/games:/usr/games:/sbin:/usr/sbin
```

执行不带选项或参数的 env 命令可以查看所有环境变量。

使用 printenv 命令可以查看指定环境变量（不用加上 $ 符号）的值。例如：

```
test@deepin-PC:~$ printenv PATH
/usr/local/bin:/usr/bin:/bin:/usr/local/games:/usr/games:/sbin:/usr/sbin
```

2. 设置临时的环境变量

使用 export 命令可以临时设置环境变量，不会永久保存。例如：

```
test@deepin-PC:~$ export CLASS_PATH=./JAVA_HOME/lib:$JAVA_HOME/jre/lib
test@deepin-PC:~$ printenv CLASS_PATH
./JAVA_HOME/lib:/jre/lib
```

可以在设置环境变量时引用已有的环境变量，例如：

```
test@deepin-PC:~$ export PATH="$PATH:./JAVA_HOME/lib:$JAVA_HOME/jre/lib"
```

也可以通过直接赋值来添加或修改某个环境变量，此时环境变量不用加上 $ 符号。例如默认历史命令记录数量为 1000，要修改它，只需在命令行中为其重新赋值。例如：

```
test@deepin-PC:~$ HISTSIZE=1020
```

这些临时设置的环境变量只在当前的 Shell 环境中有效。

要使设置的环境变量永久保存，应当使用配置文件。

3. 编辑环境变量配置文件

在环境变量配置文件中可以使用 export 命令新增、修改或删除环境变量。下面给出的例子为在 /etc/profile 文件中修改环境变量，并验证效果。

（1）执行以下命令编辑 /etc/profile 文件。

```
test@deepin-PC:~$ sudo nano /etc/profile
[sudo] tester 的密码：
```

根据提示输入密码，打开 Nano 编辑器编辑 /etc/profile 文件，在末尾加上一行定义：

```
export PATH="$PATH:./JAVA_HOME/lib:$JAVA_HOME/jre/lib"
```

（2）保存该文件并退出 Nano 编辑器。

（3）执行命令查看修改的 PATH 环境变量，结果发现并未生效。

```
test@deepin-PC:~$ printenv PATH
/usr/local/bin:/usr/bin:/bin:/usr/local/games:/usr/games:/sbin:/usr/sbin
```

（4）执行以下命令使 /etc/profile 文件中修改的环境变量立即生效。

```
test@deepin-PC:~$ source /etc/profile
```

（5）再次查看修改的 PATH 环境变量，发现已经生效。

```
test@deepin-PC:~$ printenv PATH
```

```
/usr/local/bin:/usr/bin:/bin:/usr/local/games:/usr/games:/sbin:/usr/
sbin:./JAVA_HOME/lib:/jre/lib
```

提示 新的环境变量只在当前的 Shell 环境中有效，在打开新的 Shell 时是不生效的。因此要使 /etc/profile 这样的配置文件中修改的环境变量全局生效，只有注销之后重新登录或者直接重启系统。

任务 4.3　使用命令行文本编辑器

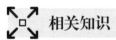
任务要求

系统管理人员和运维人员往往需要在文本模式或命令行界面中查看和编辑文本文件，如配置文件、帮助文档等。命令行文本编辑器的使用比图形用户界面的使用难度大，但效率高。deepin 提供了以管理员身份打开系统文件夹的功能，便于用户使用图形用户界面的文本编辑器编辑处理文件，解决了多数 Linux 版本普通用户受权限限制无法直接修改系统文件夹中的配置文件，而需要换到命令行使用 sudo 命令进行修改的难题。但是掌握命令行文本编辑器仍然是有必要的，这也是 Linux 系统配置管理所必备的技能。deepin 预装的 Vim 和 Nano 是两个主流的命令行文本编辑器。Nano 编辑器使用的是特殊的终端用户界面。本任务的具体要求如下。

（1）掌握 Vim 编辑器的用法。

（2）掌握 Nano 编辑器的用法。

相关知识

4.3.1　Vim 编辑器

Vi 是一个功能强大的命令行全屏幕编辑器，也是 UNIX/Linux 平台上最通用、最基本的文本编辑器，deepin 提供的版本为 Vim，Vim 相当于 Vi 的增强版本。

1. Vim 操作模式

Vim 分为以下 3 种操作模式，代表不同的操作状态，熟悉这一点尤为重要。

• 命令模式（Command Mode）：输入的任何字符都将被作为命令（指令）来处理。

• 插入模式（Insert Mode）：又称编辑模式，输入的任何字符都将被作为插入的字符来处理。

• 末行模式（Last Line Mode）：执行文件级或全局性操作，如保存文件、退出编辑器、设置编辑环境等。

在命令模式下可控制屏幕光标的移动、行编辑（删除、移动、复制），输入相应的命令可进入插入模式。用于进入插入模式的命令有以下 6 个。

• a：从当前光标位置右边开始输入下一字符。

• A：从当前光标所在行的行尾开始输入下一字符。

• i：从当前光标位置左边插入新的字符。

• I：从当前光标所在行的行首开始输入字符。

- o：在当前光标所在行新增一行并进入插入模式，光标移到新的一行行首。
- O：从当前光标所在行的上方新增一行并进入插入模式，光标移到新的一行行首。

从插入模式切换到命令模式，只需按 <Esc> 键。

在命令模式下输入":"切换到末行模式，从末行模式切换到命令模式，也只需按 <Esc> 键。

如果不知道当前处于哪种模式，可以直接按 <Esc> 键进入命令模式。

2. 打开 Vim 编辑器

在命令行中输入 vi 或 vim 命令即可打开图 4-6 所示的 Vim 编辑器。如果没有指定文件名，将打开一个新文件，保存时需要给出一个明确的文件名。如果给出指定文件名，如 vi filename，将打开指定的文件。如果指定的文件名不存在，则打开一个新文件，保存时使用该文件名。

图 4-6 Vim 编辑器

对于普通用户来说，如果要将编辑的文件保存到个人主目录之外的目录，需要 root 特权，这时就要使用 sudo 命令，如 sudo vi。要修改一些配置文件，往往需要加上 sudo 命令。

3. 编辑文件

刚进入 Vim 编辑器之后处于命令模式下，可以输入 a、i、o 中的任意一个字符（用途前面有介绍）进入插入模式，正式开始编辑。

在插入模式下只能进行基本的字符编辑操作，可使用键盘操作键（非 Vim 命令）进行打字、删除、退格、插入、替换、移动光标、翻页等操作。

对于其他一些编辑操作，如整行操作、区块操作，需要按 <Esc> 键回到命令模式中进行。实际应用中插入模式与命令模式之间的切换非常频繁。下面列出常见的 Vim 编辑命令。

（1）移动光标。可以直接用键盘上的光标键来上下左右移动光标，但正规的 Vim 用法是用小写英文字母 h、j、k、l，分别控制光标左、下、上、右移一格。其他常用的光标操作如下：

- 按 <Ctrl>+<b> 快捷键上翻一页，按 <Ctrl>+<f> 快捷键下翻一页；
- 按 <0> 键移到光标所在行行首，按 <$> 键移到光标所在行行尾，按 <w> 键光标跳到下个单词开头；
- 按 <gg> 键（两个键名连写表示连按两键，下同）移到文件第 1 行，按 <G> 键移到文件最后一行，按 <*n*gG> 键（*n* 为数字，下同）移到文件第 *n* 行。

（2）删除。

- 字符删除：按 <x> 键向后删除一个字符；按 <*n*x> 键向后删除 *n* 个字符；按 <X> 键向前删除一个字符；按 <*n*X> 键向前删除 *n* 个字符。
- 行删除：按 <dd> 键删除光标所在行；按 <*n*dd> 键从光标所在行开始向下删除 *n* 行。

（3）复制。

- 字符复制：按 <y> 键复制光标所在字符；按 <yw> 键复制光标所在处到单词词尾的字符。
- 行复制：按 <yy> 键复制光标所在行；按 <*n* yy> 键复制从光标所在行开始往下的 *n* 行。

（4）粘贴。删除和复制的内容都将被放到内存缓冲区。使用 p 命令可将缓冲区内的内容粘贴到光标所在位置。

（5）查找字符串。

- / 关键字：先按 </> 键，再输入要查找的字符串，然后按 <Enter> 键向下查找字符串。
- ? 关键字：先按 <?> 键，再输入要查找的字符串，然后按 <Enter> 键向上查找字符串。

（6）撤销或重复操作。如果误操作一个命令，按 <u> 键恢复到上一次操作。按 <.> 键可以重复执行上一次操作。

4. 保存文件和退出 Vim 编辑器

保存文件和退出 Vim 编辑器要进入末行模式才能操作。

- :w filename：将文件存入文件名为 filename（可以包括目录路径）的文件。
- :wq：将文件以当前文件名保存并退出 Vim 编辑器。
- :w：将文件以当前文件名保存并继续编辑。
- :q：退出 Vim 编辑器。
- :q!：不保存文件强行退出 Vim 编辑器。
- :qw：保存文件并退出 Vim 编辑器。

5. 其他全局性操作

在末行模式下还可执行以下操作。

- 列出行号：输入 set nu，按 <Enter> 键，在文件的每一行前面都会列出行号。
- 跳转到某一行：输入数字，再按 <Enter> 键，就会跳转到该数字对应的行。
- 替换字符串：输入"范围 / 字符串 1/ 字符串 2/g"，将文件中指定范围字符串 1 替换为字符串 2，g 表示替换不必确认；如果将 g 改为 c，则在替换过程中要确认是否替换。范围使用"*m,n*s"的形式表示从 *m* 行到 *n* 行，对于整个文件，则可以表示为"1,$s"。

6. 多文件操作

要将某个文件内容复制到当前文件中的光标位置，可在末行模式下执行命令 r filename。要同时打开多个文件，可在启动时加上多个文件名作为参数，如 vi filename1 filename2。打开多个文件之后，在末行模式下可以执行命令 :next 和 :previous 在文件之间切换。

4.3.2 Nano 编辑器

Nano 是一个小巧、易用的命令行文本编辑器，特别适合初学者使用。在命令行中输入 nano 命令即可打开 Nano 编辑器。如果没有指定文件名，将打开一个新文件，保存时需要给出一个明确的文件名。如果给出指定文件名，将打开指定的文件。

例如，编辑一个名为 mydir 的文本文件，如图 4-7 所示。Nano 编辑器界面比较简单，包括 4 个主要部分：顶行显示程序版本、当前被编辑的文件名以及该文件是否已被修改；中间是主要编辑区，显示正在编辑的文件；状态行位于倒数第 3 行，用来显示重要的信息；底部的两行显示编辑器中常用的快捷键。

Nano 编辑器对于快速编辑和修改文本文件非常方便，但不具备像图形用户界面文本编辑器那样的高级功能，更适合编辑需求不高的应用。

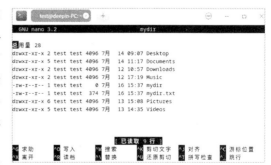

图 4-7 Nano 编辑器

deepin 操作系统（项目式）（微课版）

提示　　Nano 编辑器是典型的 TUI（Text-based User Interface，基于文本的用户界面）应用程序。TUI 作为一种交互式的界面形式，主要使用文本字符和命令行来与用户进行交互，而不是图形元素。TUI 不需要复杂的图形库和界面组件，通常更加轻量，占用的系统资源较少，而且使用快捷键和命令行操作可以更高效地完成任务。TUI 可以在终端或文本模式控制台中使用，在 Linux 和其他类 UNIX 系统中，有许多应用程序使用 TUI 来提供功能和交互。

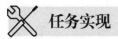　**任务实现**

任务 4.3.1　使用 Vim 编辑配置文件

　　多数情况下，Vim 用于编辑 Linux 系统的各种配置文件。这里以编辑 SSH 服务器主配置文件 /etc/ssh/sshd_config 为例，其 PermitEmptyPasswords 选项值默认为 no，即不允许用密码为空的账户登录，这里将该值修改为 yes。deepin 默认已经安装 OpenBSD Secure Shell server，可以用于提供 SSH 服务，只是默认没有启动该服务。

　　（1）在命令行中执行以下命令，根据提示输入密码，打开 Vim 编辑器，查看和编辑 /etc/ssh/sshd_config。

```
tester@linuxpc1:~$ sudo vi /etc/ssh/sshd_config
```

　　（2）默认处于命令模式，按 <Ctrl>+<f> 快捷键下翻一页，直至文档末尾；再按 <Ctrl>+<b> 快捷键上翻一页，直至文本首页。

　　（3）按 </> 键，接着输入要查找的字符串"Empty"，再按 <Enter> 键向下查找字符串，定位到下列行。

```
#PermitEmptyPasswods no
```

　　（4）此时仍处于命令模式，按 <0> 键将光标移动到该行首，按 <Delete> 键删除"#"符号。

　　（5）按 <$> 键将光标移动到行末的"no"字符串前面，按 <a> 键进入插入模式，在当前光标右侧输入"yes"字符串。

　　（6）按 <Esc> 键切换到命令模式，连按两次 <x> 键删除"no"字符串。

　　（7）输入"："符号切换到末行模式，再输入"wq"字符串，保存该文件并退出 Vim 编辑器。如果需要使修改的配置生效，则执行以下命令启动 ssh.service 服务。

```
test@deepin-PC:~$ sudo systemctl restart ssh.service
```

任务 4.3.2　使用 Nano 编辑配置文件

　　Nano 比 Vi 和 Vim 要简单得多，比较适合 Linux 初学者使用，绝大部分 Linux 发行版预装有 Nano。执行 nano 命令打开文本文件之后即可直接编辑。这里简单示范编辑 /etc/ssh/sshd_config 文件，将 PermitEmptyPasswords 选项值改为默认的 no。

　　（1）在命令行中执行以下命令，根据提示输入密码，打开 Nano 编辑器，查看和编辑 /etc/ssh/sshd_config，如图 4-8 所示。

```
tester@linuxpc1:~$ sudo nano /etc/ssh/sshd_config
```

（2）默认处于文档编辑状态，并给出了当前可用的快捷键。快捷键中的 ^ 是指 <Ctrl> 键，如
^O 表示 <Ctrl>+<O> 快捷键；M- 是指 <Alt> 键，如 M-U 表示 <Alt>+<U> 快捷键。

（3）按 <Ctrl>+<G> 快捷键显示 Nano 编辑器的帮助文档，可查看详细的操作说明。按
<Ctrl>+<X> 快捷键关闭帮助文档。

（4）尝试使用翻页键快速浏览所编辑的文件，或者使用鼠标快速定位。

（5）按 <Ctrl>+<W> 快捷键在当前页尾出现搜索提示符，如图 4-9 所示，接着输入要寻找的
字符串 "Empty"，再按 <Enter> 键查找字符串，定位到下方代码所在的行。

```
PermitEmptyPasswods yes
```

图 4-8　编辑 /etc/ssh/sshd_config

图 4-9　在 Nano 编辑器中进行搜索

（6）通过光标键或鼠标将当前光标移动到 "yes" 处，将其更改为 "no" 字符串。

（7）按 <Ctrl>+<O> 快捷键提示要写入的文件名，按 <Enter> 键保存当前文件。

（8）按 <Ctrl>+<X> 快捷键退出 Nano 编辑器。

Nano 编辑器还提供了许多其他功能和快捷键，比如查找和替换文本、显示行号、缩进等。
在 Nano 编辑器底部会有一些常用的操作提示。

项目小结

在熟悉命令的前提下，使用命令行界面往往比使用图形用户界面的操作速度要快。因此图
形用户界面的操作系统都保留着进入命令行界面的入口，使用命令行管理 Linux 系统仍然是最基
本和最重要的方式。Linux 擅长快速、批量、自动化、智能化管理系统及处理业务，尤其是系统
的配置管理和运维。通过对本项目的学习，读者应当熟悉 deepin 的命令行界面，初步掌握 deepin
的命令行操作，以便学习后续项目中的配置管理任务。

课后练习

1. 为什么要学习命令行？
2. 什么是 Shell？它有什么作用？
3. 环境变量分为哪两种类型？如何设置环境变量？
4. 简述命令行命令语法格式。

5. 管道有什么作用？

6. 简述输入与输出重定向的作用。

7. 命令替换有什么用？如何进行命令替换？

项目实训

实训 1　deepin 文本模式与图形用户界面的切换

实训目的

（1）熟悉 deepin 虚拟控制台。

（2）掌握文本模式与图形用户界面的切换方法。

实训内容

（1）在图形用户界面中切换到文本模式。

（2）在文本模式中返回到已登录的图形用户界面。

（3）切换到交互式登录图形用户界面。

（4）执行 who 命令查看当前登录情况。

实训 2　熟悉 deepin 命令行的基本操作

实训目的

（1）熟悉命令语法格式。

（2）熟悉命令行基本用法。

实训内容

（1）编辑命令行。

（2）自动补全命令。

（3）调用历史命令。

（4）命令行续行。

（5）强制中断命令运行。

（6）输入重定向与输出重定向。

（7）管道操作。

（8）命令替换。

实训 3　使用 Vim 编辑器

实训目的

（1）熟悉 Vim 编辑器的 3 种操作模式。

（2）熟悉字符编辑操作。

（3）掌握文件的打开和保存方法。

实训内容

（1）执行 vi 命令进入 Vim 编辑器，打开一个新文件。

（2）输入 a、i、o 中的任意一字符进入插入模式。

（3）字符编辑操作：移动光标、字符删除与行删除、字符复制与行复制、粘贴、查找字符串。

（4）撤销或重复操作。

（5）按 <Esc> 键进入命令模式。

（6）在命令模式下输入 ":" 切换到末行模式。

（7）在末行模式下输入 "wq:" 将文件以当前文件名保存并退出 Vim 编辑器。

项目5
用户管理与文件系统管理

05

用户管理和文件系统管理都是基本的 Linux 系统管理工作。本项目将通过讲解 4 个典型任务，带领读者学会使用命令行工具创建和管理用户和组账户，掌握文件和目录的管理操作方法，熟悉文件权限的设置，掌握磁盘分区和文件系统管理。

【课堂学习目标】

☞ 知识目标

➤ 了解用户和组账户。

➤ 了解目录类型和文件结构。

➤ 了解文件权限。

➤ 了解磁盘分区和文件系统。

☞ 技能目标

➤ 掌握创建和管理用户和组账户的方法。

➤ 掌握文件和目录的管理操作方法。

➤ 掌握文件权限设置的方法。

➤ 掌握磁盘分区和文件系统管理的方法。

☞ 素养目标

➤ 增强信息安全保密意识。

➤ 增强标准意识和规范意识。

➤ 培养理论结合实践的意识。

任务 5.1　用户与组管理

deepin 是一种多用户操作系统，支持多个用户同时登录，并能响应每个用户的需求，用户的身份决定了用户账户资源访问权限。用户账户可以进行用户身份验证、授权资源访问、审核用户等操作。用户和组的管理非常重要，对用户进一步分组以简化管理工作，能够有效提高管理效率。此外在实际工作中还要强化安全意识，注意妥善保管密码，合理分配用户权限。本任务的基本要求如下。

（1）了解用户账户及其配置文件。

（2）了解 root 用户与 root 特权。

（3）了解 Linux 组账户及其配置文件。

（4）学会使用命令行工具创建和管理用户账户。

（5）学会使用命令行工具创建和管理组账户。

相关知识

5.1.1　用户及其类型

在操作系统中每个用户对应一个账户。用户账户是用户的身份标识（相当于通行证），通过登录用户账户，用户可访问已经被授权访问的资源。每个用户账户都可以有自己的主目录（Home Directory，又译为"家目录"）。主目录是用户登录后首次进入的目录。

1. 用户的类型

作为 Linux 操作系统，deepin 使用用户 ID（UID）作为用户账户的唯一标识。deepin 将用户分为 3 种类型，即超级用户（Super User）、系统用户（System User）和普通用户（Regular User），具体说明见表 5-1。

表5-1　deepin用户类型

用户类型	UID	说明	主要用途
超级用户	0	根账户 root，可以执行所有任务，在系统中可以不受限制地执行任何操作，具有最高的系统权限	类似 Windows 系统中的管理员（Administrator）账户，但是比 Windows 系统中管理员账户的权限更高。一般情况下不要直接使用 root 账户
系统用户	1～999	系统本身或应用程序使用的专门账户，没有特别的权限。分两种，一种是由系统安装时自行建立的系统账户，另一种是用户自定义的系统账户	类似 Windows 系统中用于服务的特殊内置账户
普通用户	从 1000 开始	常规用户，一般是供实际用户登录使用的账户	登录 Linux 系统，但不执行管理任务，主要用于运行文字处理、收发邮件等日常应用

2. root 用户与 root 特权

具有最高权限的 root 用户就是超级用户，可以对系统做任何事情，但从另一个角度来说，root 用户对系统安全可能是一种严重威胁。deepin 默认禁用 root 用户，在安装过程中创建的第一个用户自动成为管理员用户（不是超级用户）。然而，许多系统配置和管理操作都需要 root 特权（root 用户拥有的最高权限），如安装软件、添加或删除用户和组、添加或删除硬件和设备、启动或禁止网络服务、执行某些系统调用、关闭和重启系统等。因此 deepin 提供了特殊机制，可以让管理员用户临时具备 root 特权，具体有以下两种机制。

微课5-1.
管理员用户获
取root特权

（1）使用 sudo 命令临时使用 root 用户身份运行程序，执行完毕后自动返回到普通用户状态。

sudo 命令用于切换用户身份执行，其基本用法如下：

```
sudo [选项] <命令> ...
```

该命令允许当前用户以 root 用户或其他普通用户的身份来执行命令，使用 -u 选项可以指定用户要切换的身份，默认为 root 用户身份。sudo 配置文件 /etc/sudoers 中包含指定 sudo 用户及其可执行的特权命令。

（2）执行 su 命令将用户的权限提升为 root 特权。

使用 su 命令临时改变用户身份，可让一个普通用户切换为超级用户或其他用户，并可临时拥有所切换用户的权限，切换时需输入用户的密码；也可以让超级用户切换为普通用户，临时以低权限身份处理事务，切换时无须输入目标用户的密码，其基本用法如下：

```
su [选项] [用户名]
```

该命令常用的选项是 - 或 -1，表示切换到目标用户并使用其环境变量。如果不指定用户名，默认切换到 root 用户。

在 deepin 中默认情况下用户无法直接使用 su 命令切换到 root 用户，这是因为 deepin 默认使用 sudo 命令管理特权操作，不推荐使用 root 用户登录。如果要临时变成 root 用户身份，可以执行 sudo su 命令，前提是用户具备 sudo 命令权限（成为 sudo 组成员即可），下面给出一个示例。

```
test@deepin-PC:~$ su root              # 直接使用 su 命令不成功
请输入密码：
密码已锁定，请 3 分钟后再试
su：鉴定故障
test@deepin-PC:~$ sudo su root         # 改用 sudo su 命令
请输入密码：                           # 输入 test 用户（管理员账户，属于 sudo 组）的登录密码
验证成功
root@deepin-PC:/home/test# exit        # 临时切换到 root 用户身份
exit
test@deepin-PC:~$                      # 退回普通用户身份
```

提示

只有 sudo 组成员用户才有权通过 sudo 命令或 su 命令获取 root 特权。在图形用户界面中执行系统配置管理任务时，往往也需要 root 特权，一般会弹出认证对话框，要求输入管理员账户的密码，认证通过后才能执行相应任务。有的图形用户界面软件会提供锁定功能，执行需要 root 特权的任务时先要通过用户认证并解锁。

3. 标准用户和管理员

在 deepin 中，普通用户可以进一步分为两种类型：标准用户和管理员。

标准用户是最普通的用户，具有常规的使用权限和功能，在 deepin 中具有以下权限：

- 登录系统并在自己的用户环境中进行各种操作。
- 打开和运行应用，访问个人文件和目录。
- 创建、编辑和删除自己拥有的文件和目录。
- 连接到网络，浏览互联网，使用网络服务和应用。
- 进行个性化设置，如修改桌面壁纸、更改主题等。
- 通过应用商店安装、更新和卸载应用。

但是，标准用户不能执行系统级别的操作，主要限制如下：

- 不能更改操作系统的核心设置和系统级别的配置。
- 不能安装系统更新包和软件包。
- 不能访问其他用户的私有文件和目录。
- 不能执行一些需要特殊权限的操作，如修改系统服务、安装驱动程序等。

微课5-2.
多用户登录与
用户切换

而管理员有权限完成这些操作。管理员是指具有管理权限的普通用户，比标准用户拥有更高的权限，可以执行系统级别的操作，如安装软件、修改系统设置、管理其他用户。管理员可以执行系统配置管理任务，但不能等同于 Windows 系统管理员，其权限比标准用户高，比超级管理员则要低很多。管理员账户自动属于 sudo 组，工作中需要 root 特权时，管理员可以通过 sudo 或 su 命令临时获取 root 特权。

5.1.2 用户配置文件

在 deepin 中，用户账户的信息和密码存放在不同的配置文件中。用户账户的信息（除密码之外）存放在 /etc/passwd 配置文件中。由于所有用户对该文件均有读取的权限，因此密码信息并未保存在该文件中，而是保存在 /etc/shadow 文件中。

1. 用户账户配置文件 /etc/passwd

该文件是文本文件，可以直接查看。除了使用文本编辑器查看之外，还可以使用 cat 等文本文件显示命令在控制台或终端窗口中查看。这里从中选择部分记录进行分析。

```
root:x:0:0:root:/root:/bin/bash
daemon:x:1:1:daemon:/usr/sbin:/usr/sbin/nologin
bin:x:2:2:bin:/bin:/usr/sbin/nologin
sshd:x:110:65534::/run/sshd:/usr/sbin/nologin
deepin_pwd_changer:x:999:999::/home/deepin_pwd_changer:/bin/sh
test:x:1000:1000::/home/test:/bin/bash
zhong:x:1001:1001::/home/zhong:/bin/bash
```

该文件中一行定义一个用户账户，每行均由 7 个字段构成，各字段之间用冒号分隔，每个字段均标识该账户某方面的信息，基本格式如下：

```
账户名:密码:UID:GID:注释:主目录:Shell
```

各字段的说明见表 5-2。

表5-2 /etc/passwd文件中各字段的说明

字段	说明
账户名	用户名，又称登录名。最长不超过 32 个字符，可使用下画线和连字符
密码	使用 x 表示，因为 passwd 文件不保存密码信息
UID	用户账户编号
GID	组账户编号，用于标识用户所属的默认组
注释	可以是用户全名或其他说明信息（如电话号码）
主目录	用户登录后首次进入的目录，这里必须使用绝对路径
Shell	用户登录后所使用的一个命令行界面。默认使用的是 /bin/bash，如果该字段的值为空，则表示使用 /bin/bash。如果要禁止用户登录，只需将该字段设置为 /usr/shin/nologin

在本例中，root 是超级用户，其 UID 和 GID 均为 0；test 是普通用户，其 UID 和 GID 均为 1000，Shell 为 /bin/bash，登录之后使用的是 bash；sshd 是用于 SSH 服务的系统用户，其 UID 为 110，Shell 为 /usr/sbin/nologin，不被允许登录 Linux 系统。

如果要临时禁用某个用户，可以在 /etc/passwd 文件中给该用户记录行前加上"*"符号。

如果需要从 /etc/passwd 文件中查找特定的信息，可结合管道操作使用 grep 命令来实现。

2. 用户密码配置文件 /etc/shadow

安全起见，用户的密码需采用 MD5 加密算法加密后，保存在配置文件 /etc/shadow 中，该文件需要 root 特权才能修改，shadow 组成员用户可以读取，其他用户被禁止访问。可以使用 sudo cat/etc/shadow 命令直接查看。这里从中选择与 /etc/passwd 文件示例中对应的几行内容进行分析。

```
root:*:19464::::::
daemon:*:19464::::::
bin:*:19464::::::
sshd:*:19464:0:99999:7:::
deepin_pwd_changer:!:19464::::::
test:$6$9WaTtLPtqvZvLZI/$Tex.MFuUKSLfqy4CNUY.VTnOLFEusZ7DKCRGzKGmuntkHRBUo
VwyysWHSMn3hajqu/k6EqTsAlszz2shnNS1t/:19539:0:99999:7:::
zhong:$6$hQuoOMhLrFctj6vf$NdSjls5v6QZZo/FWtVl.jsDgLtZUUrDZBMIQPuvVs1cqNYCJ
F3i3N2nBsZECNhnqfRanKhECLbyqUC8Upwal8/:19542:0:99999:7:::
```

/etc/shadow 文件是 /etc/passwd 文件的"影子"文件，也是每行定义和保存一个用户账户的相关信息。每行均由 9 个字段构成，各字段之间用冒号分隔，基本格式如下：

账户名：密码：最近一次修改：最短有效期：最长有效期：过期前警告期：过期日期：禁用：保留用于未来扩展

第 2 个字段存储的是加密后的用户密码。该字段除了加密的密码之外，还有几个特殊值，如空值表示没有密码；"*"表示该账户被禁止登录系统（通常是服务的系统用户）；"！"或以"！"开头的密码表示该用户被锁定（禁用）；"！！"表示该用户从未设置过密码。

第 3 个字段记录最近一次修改密码的日期，这是相对日期格式，即从 1970 年 1 月 1 日到修改日期的天数。第 7 个字段记录的密码过期日期也是这种格式，如果值为空，则表示永不过期。第 4 个字段表示密码多少天内不允许修改，0 表示随时修改。第 5 个字段表示多少天后必须修改。第 6 个字段表示密码过期之前多少天开始发出警告信息。

5.1.3 用户组及其配置文件

用户组是一类特殊用户，是指具有相同或者相似特性的用户集合。将权限赋予某个用户组，组中的成员用户即自动获得这种权限。可以向一组用户而不是每一个用户分配权限。用户组具有以下特性：

- 每个用户至少属于一个用户组。
- 每个用户组可以包括一个或多个用户。
- 同一用户组的成员用户拥有该组共有的权限。

创建用户时，会自动创建一个同名的用户组作为该用户的主要组（Primary Group），也是该用户的默认组。当用户登录系统之后，立刻就拥有主要组的相关权限。用户加入的其他组被称为该用户的次要组。

用户组账户信息存放在 /etc/group 文件中，该文件可以直接查看。这里从中选择几行内容进行分析。

```
root:x:0:
daemon:x:1:
bin:x:2:
sudo:x:27:test
netdev:x:109:test,zhong
deepin_pwd_changer:x:999:
test:x:1000:
zhong:x:1001:
```

每个组账户在 group 文件中占用一行，并且用冒号分为 4 个字段，基本格式如下：

组名：组密码：GID：组成员列表

与用户类似，用户组分为超级组、系统组和自定义组，系统也使用组 ID（GID）作为组账户的唯一标识。超级组名为 root，GID 为 0，只是不像 root 用户一样具有超级权限。系统组由系统本身或应用程序使用，GID 的范围为 1 ～ 999。自定义组由管理员创建，其 GID 默认从 1000 开始。

注意，在该文件中用户的主要组不会将该用户自己作为成员列出，只有用户的次要组才会将其作为成员列出。例如，test 的主要组是 test，但 test 组的成员列表中并没有列出该用户；而 netdev 是 test 和 zhong 的次要组，netdev 组的成员列表中就会包括这两个用户。本例中 sudo 组的成员有 test，这表明 test 用户能执行 sudo 命令。

组账户密码配置文件是 /etc/gshadow。该文件用于存放组的加密密码。每个组账户在 gshadow 文件中占用一行，并且用冒号分为 4 个字段，基本格式如下：

组名：加密后的组密码：组管理员：组成员列表

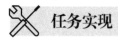

任务实现

任务 5.1.1 创建和管理用户

命令行工具效率高，管理员应当掌握使用命令行工具管理和操作用户账户的方法。

1. 查看用户账户

deepin 没有提供直接查看用户列表的命令，查看用户账户可以通过查看用户配置文件 /etc/

passwd 来实现。该文件包括所有的用户，如果要查看特定用户，可以用文本编辑器打开该文件后进行搜索；也可以在命令行中执行文件显示命令，或者使用 grep 命令查找，例如：

```
test@deepin-PC:~$ grep "test" /etc/passwd
test:x:1000:1000::/home/test:/bin/bash
```

2. 创建用户

在 deepin 中创建用户可使用 Linux 通用命令 useradd，其基本用法如下：

```
useradd [ 选项 ] < 用户名 >
```

该命令的选项较多，例如 -d 用于指定用户主目录；-m 用于创建用户的主目录；-g 用于指定该用户所属主要组（名称或 ID 均可）；-G 用于指定用户所属其他组列表，各组之间用逗号分隔；-r 用于指定创建一个系统账户，创建系统账户时不会建立主目录，其 UID 也会有限制；-s 用于指定用户登录时所使用的 Shell，默认为 /bin/sh；-u 用于指定新用户的 UID。

提示

useradd 的 –p 选项为用户指定的密码不是用户登录所用的密码，而是对登录密码加密之后所生成的密文，是可以使用 OpenSSL 等工具生成加密的密码散列值。例如，执行 useradd –m –p $(openssl passwd –1 abc123) user01 命令的结果是创建用户 user01 并为其指定密码 abc123。

对于没有指定上述选项的情况，系统将根据配置文件 /etc/default/useradd 中的定义为新建用户账户提供默认值等。可以通过 useradd -D 命令显示或更改 useradd 的默认设置，也就是 /etc/default/useradd 文件中的设置参数。下面的示例为显示 useradd 的默认设置。

```
test@deepin-PC:~$ useradd -D
GROUP=100                    # 默认的用户组
HOME=/home                   # 将用户的主目录建在 /home 中
INACTIVE=-1      # 是否启用账户过期禁用（对应 /etc/shadow 的 "禁用" 字段），-1 表示不启用
EXPIRE=          # 账户终止日期（对应 /etc/shadow 的 "过期日期" 字段），不设置表示不启用
SHELL=/bin/sh                # 所用 Shell，此处默认的 Shell 为 sh
SKEL=/etc/skel               # 添加用户的默认主目录模板
CREATE_MAIL_SPOOL=no         # 是否创建相应的邮箱账号
```

这些参数决定了创建用户时的默认设置。这些默认设置可以通过直接编辑 /etc/default/useradd 文件内容来修改，也可以使用 useradd -D 命令指定其他选项来修改。

值得一提的是，控制中心的账户设置模块中创建用户的默认 Shell 是 /bin/bash，而 useradd 命令创建用户的默认 Shell 是 /bin/sh。

/etc/skel 目录就是所谓的骨架目录，该目录可存放用户启动文件，提供一些默认的配置文件，如常见的 .bashrc、.profile。当创建用户时，/etc/skel 目录下的文件会自动复制到新创建的用户的主目录中。

提示

配置文件 /etc/login.defs 也会影响创建用户的设置。该文件用于设置系统登录和密码策略的默认值，包含一系列参数和选项，可以用来控制用户登录、密码过期、密码强度要求等方面的行为。

下面简单示范 useradd 命令的使用。执行以下命令使用默认选项创建一个名为 zxp 的用户。

```
test@deepin-PC:~$ sudo useradd zxp
请输入密码：
验证成功
test@deepin-PC:~$ cat /etc/passwd | grep zxp
zxp:x:1002:1002::/home/zxp:/bin/sh
```

创建用户操作需要 root 特权。可以发现该用户的主目录为 /home/zxp，列出该目录内容：

```
test@deepin-PC:~$ ls /home/zxp
ls: 无法访问 '/home/zxp': 没有那个文件或目录
```

可以发现，没有创建用户主目录，这是因为没有使用 -m 选项明确指定。接下来创建一个名为 wang 的用户，指定创建主目录，将登录 Shell 指定为 /bin/bash，自动赋予一个 UID。

```
test@deepin-PC:~$ sudo useradd -m wang  -s /bin/bash
test@deepin-PC:~$ cat /etc/passwd | grep wang
wang:x:1003:1003::/home/wang:/bin/bash
test@deepin-PC:~$ ls /home
test  wang  zhong
```

结果表明，在创建用户的同时也会在 /home 目录下建立一个与用户名同名的主目录。

3. 修改用户信息

对于已创建的用户，可使用 usermod 命令修改其各项属性，包括用户名、主目录、用户组、登录 Shell 等属性，其基本用法如下：

```
usermod [选项] 用户名
```

大部分选项与创建用户所用的 useradd 命令的相同，这里重点介绍几个不同的选项。使用 -l 选项改变用户名：

```
usermod -l  新用户名  原用户名
```

使用 -L 选项锁定账户，临时禁止该用户登录：

```
usermod -L  用户名
```

如果要解除账户锁定，使用 -U 选项即可。

另外，可以使用 chfn 命令更改用户的个人信息，如真实姓名、办公电话等，其基本用法如下：

```
chfn [选项] [用户名]
```

-f 选项表示全名（真实姓名），-h 表示家庭电话，-o 表示办公地址，例如：

```
test@deepin-PC:~$ sudo chfn -f laozhong -o qingdao zxp
test@deepin-PC:~$ cat /etc/passwd | grep zxp
zxp:x:1002:1002:laozhong,,,,qingdao:/home/zxp:/bin/sh
```

4. 删除用户

要删除用户账户，可使用 userdel 命令来实现，其基本用法如下：

```
userdel [-r] 用户名
```

如果使用 -r 选项，则在删除该用户的同时，一并删除该用户对应的主目录和邮件目录。

注意，userdel 命令不允许删除正在使用（已经登录）的用户。

提示 无论是使用图形用户界面工具，还是使用命令行工具创建和管理用户，都会将相应的信息保存到配置文件 /etc/passwd 中，因此我们也可以直接通过编辑 /etc/passwd 文件来添加用户、修改用户信息，或者删除用户。

任务 5.1.2　管理用户密码

我们知道，用户密码保存在 /etc/shadow 文件中，可以根据需要对用户密码进行管理。

1. 使用 passwd 命令修改密码

在 deepin 中创建用户时如果没有设置密码，账户将处于锁定状态，此时用户将无法登录系统。可到 /etc/shadow 文件中查看，密码部分为 "！"。

```
test@deepin-PC:~$ sudo cat /etc/shadow | grep zxp
zxp:!:19556:0:99999:7:::
```

可使用 passwd 命令为用户设置密码，其基本用法如下：

```
passwd [选项] [用户名]
```

普通用户只能修改自己的密码或查看密码状态。如果不提供用户名，则表示是当前登录的用户。管理其他用户密码需要 root 特权。下面讲解 passwd 命令的主要用法。

（1）设置用户密码。设置密码后，原密码将自动被覆盖。例如，为新建用户 zxp 设置密码：

```
test@deepin-PC:~$ sudo passwd zxp
新的 密码：
重新输入新的 密码：
passwd：已成功更新密码
test@deepin-PC:~$ sudo cat /etc/shadow | grep zxp
zxp:$6$clX4l3qM1V5ei8Nq$83sRJL0fT8pgOjVJwwhpC.vhqI2nm0UmuOOQrRSZ6iayulRtNe
QVqHmvwFonkB/8fWvrqNVW.aoxy2NV00oiv0:19556:0:99999:7:::
```

用户密码保存在 /etc/shadow 文件中记录行的第 2 个字段中，并经过散列加密处理。

用户登录密码设置完成后，就可以使用它登录系统了。可以切换到虚拟控制台，尝试登录，以检验能否登录。

（2）密码锁定与解锁。使用带 -l 选项的 passwd 命令可以锁定用户密码，其基本用法如下：

```
passwd -l 用户名
```

密码一经锁定将导致该用户无法登录系统。使用带 -u 选项的 passwd 命令可解除锁定。

（3）查询密码状态。使用带 -S 选项的 passwd 命令可查看某账户的当前状态。

（4）删除密码。使用带 -d 选项的 passwd 命令可删除密码。用户密码删除后，将不能登录系统，除非重新设置。

2. 使用 chage 命令更改密码期限

可以使用 chage 命令设置用户密码的过期时间、账户失效时间等，其基本用法如下：

```
chage [选项] 用户名
```

该命令的选项较多，-E 用于设置账户的失效日期；-I 用于设置密码失效期限（超过该期限账户将被锁定）；-m 和 -M 分别用于设置最短有效期（超过此期限才能再次修改密码）和最长有效期（超过此期限必须修改密码）；-l 用于查看用户密码的期限设置信息。

例如，设置用户 zxp 的密码最少使用 7 天，且在 60 天后过期：

```
test@deepin-PC:~$ sudo chage -m 7 -M 60 zxp
```

设置完毕，查看该用户的期限设置信息：

```
test@deepin-PC:~$ sudo chage -l zxp
最近一次密码修改时间                                              :7 月 18, 2023
密码过期时间                                          :9 月 16, 2023
密码失效时间                                          :从不
账户过期时间                                          :从不
两次改变密码之间相距的最小天数              :7
两次改变密码之间相距的最大天数              :60
在密码过期之前警告的天数          :7
```

任务 5.1.3　管理用户组

用户组的创建和管理与用户的类似，涉及的属性比较少，非常容易。deepin 也没有提供直接查看用户组列表的命令，我们可以通过查看用户组配置文件 /etc/group 来查看用户组列表，操作方法同前文用户的查看。

1. 创建用户组

创建用户组的 Linux 通用命令是 groupadd，其基本用法如下：

```
groupadd  [选项]  组名
```

使用 -g 选项可自行指定用户组的 GID；使用 -r 选项则创建系统用户组，其 GID 值小于 1000。若不带此选项，则创建普通用户组。例如，创建一个名为 learning 的普通用户组：

```
test@deepin-PC:~$ sudo groupadd learning
test@deepin-PC:~$ sudo cat /etc/group | grep le
learning:x:1004:
```

2. 修改用户组信息

用户组创建后可使用 groupmod 命令对其相关属性进行修改，主要修改组名和 GID 值，其基本用法如下：

```
groupmod  [-g GID]  [-n 新组名]  组名
```

3. 查看用户组成员

groups 命令用于显示某用户所属的全部用户组，如果没有指定用户名，则默认为当前登录用户，例如：

```
test@deepin-PC:~$ groups zhong
zhong : zhong lp users netdev lpadmin scanner sambashare
test@deepin-PC:~$ groups
test lp sudo users netdev lpadmin scanner sambashare
```

要查看某个用户组有哪些用户组成员，需要查看 /etc/group 配置文件，其每一个条目的最后的字段就是属于该用户组的用户列表。例如，查看 scanner 组的成员，可以发现目前有两个用户：

```
test@deepin-PC:~$ sudo cat /etc/group | grep scanner
```

```
scanner:x:119:test,zhong
```

4. 管理用户组成员

可以通过 useradd、usermod 等用户管理命令将用户添加为用户组的成员或者从用户组中删除，也可以使用专门的 gpasswd 命令管理用户组成员，下面介绍其基本用法。

将用户添加到指定的用户组，使其成为该组的成员：

```
gpasswd -a  用户名  组名
```

将某用户从某用户组中删除：

```
gpasswd -d  用户名  组名
```

将若干用户设置为某用户组成员（添加到用户组中）：

```
gpasswd -M  用户名,用户名,...  组名
```

将 3 个用户添加到 learning 组中：

```
test@deepin-PC:~$ sudo gpasswd -M zxp,test,wang learning
```

5. 删除用户组

删除用户组可以使用 groupdel 命令来实现，其基本用法如下：

```
groupdel 组名
```

要删除的用户组不能是某个用户账户的主要用户组，否则将无法删除；若要删除某个用户账户的主要用户组，则应先删除引用该用户组的成员用户，然后再删除用户组。

提示 除了以上用户和组的操作之外，还可以通过命令行执行一些其他用户管理操作，如使用 id 命令查看用户信息，使用 who 命令查看用户登录信息，使用 last 命令查看系统的历史登录情况，使用 w 命令查看用户执行的进程，或者使用 write 命令在用户之间进行交互。

任务 5.2　文件与目录管理

电子活页5-1.
其他用户管理
操作

任务要求

文件是 Linux 操作系统处理信息的基本单位，所有软件都以文件形式进行组织。目录是包含许多文件项目的一类特殊文件，每个文件都登记在一个或多个目录中。目录也可看作文件夹，包括若干文件或子文件夹。Linux 虽然是开源系统，但是使用文件系统层次化标准来统一配置目录结构，在文件和目录管理工作中要强化标准意识，遵循文件和目录的命名规范。本任务要求如下。

（1）理解 Linux 目录结构。

（2）了解 Linux 文件类型。

（3）学会使用命令行工具操作目录。

（4）学会使用命令行工具操作文件。

5.2.1 目录结构

作为 Linux 操作系统，deepin 的目录结构与 Windows 操作系统的不一样，它没有驱动器盘符的概念，不存在 C 盘、D 盘，所有的文件和目录都"挂在目录树上"，磁盘、光驱都作为特定的目录挂在目录树上，其他设备也作为特殊文件挂目录树上，这些目录和文件都有严格的组织结构，遵循 Linux 目录配置标准 FHS（Filesystem Hierarchy Standard，文件系统层次化标准）。

1. 目录树及其路径

deepin 使用树形目录结构来分级、分层组织和管理文件，最上层是根目录，用"/"表示。在 deepin 中，所有的文件与目录都由根目录开始，然后分出一个个分支，一般将这种目录配置方式称为目录树（Directory Tree）。目录树的主要特性如下。

- 目录树的起始点为根目录。
- 每一个目录树不仅能使用本地分区的文件系统，也可以使用网络上的文件系统。
- 每一个文件在目录树中的文件名（包含完整路径）都是独一无二的。

路径用于指定一个文件在分层的树形结构（即文件系统）中的位置，可采用绝对路径，也可采用相对路径。绝对路径为由根目录"/"开始的文件名或目录名称，例如 /home/test/.bashrc；相对路径为相对于当前路径的文件名写法，例如 ../../home/test/ 等，开头不是根目录的就属于相对路径的写法。相对路径是以当前所在路径的相对位置来表示的。

除了根目录"/"之外，还要注意特殊目录，具体说明见表 5-3。

表5-3　特殊目录

目录	说明	目录	说明
/	根目录	-	上一次工作目录
.	当前目录	~	当前登录用户的主目录
..	上一级目录	~用户名	特定用户账户的主目录

Windows 的每个磁盘分区（卷）都有一个独立的根目录，有几个分区就有几个目录树，如图 5-1 所示，它们之间的关系是并列的，各分区采用盘符（如 C、D、E）进行区分和标识，通过相应的盘符访问分区。每个分区的根目录用反斜线（\）表示。

deepin 使用单一的目录树结构，整个系统只有一个根目录，如图 5-2 所示，各个分区挂载到目录树的某个目录中，通过访问挂载点，即可实现对这些分区的访问。根目录用斜线（/）表示。

在 deepin 中，文件和目录的名称由字母、数字和其他符号组成，应遵循 Linux 文件命名规范，严格区分大小写，包含空格等特殊字符时必须使用引号，不可以包含"/"字符，还应避免使用特殊字符 *、?、>、<、;、&、!、[、]、|、\、'、"、`、(、)、{、}。

为便于明确区分目录和文件，有人习惯在目录名后面加上符号"/"，如 /var/。

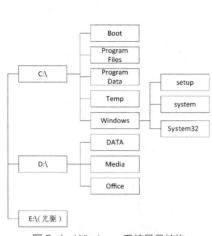

图 5-1 Windows 系统目录结构   图 5-2 deepin 系统目录结构

2. 常用的目录

deepin 使用规范的目录结构，系统安装时就已创建了完整而固定的目录结构，并指定了各个目录的作用和存放的文件类型，常用的目录见表 5-4。

表5-4 deepin常用的目录

目录	作用
/bin	存放用于系统管理维护的常用实用命令文件
/boot	存放用于系统启动的内核文件和引导装载程序文件
/data	存放用户数据
/dev	存放设备文件
/etc	存放系统配置文件，如网络配置、设备配置、X Window 系统配置等
/home	各个用户的主目录，其中的子目录名称即各用户名
/lib	存放动态链接共享库（其作用类似 Windows 里的 .dll 文件）
/media	为光盘、软盘等设备提供的默认挂载点
/mnt	为某些设备提供的默认挂载点
/root	root 用户主目录。不要将其与根目录混淆
/proc	系统自动产生的映射。查看该目录中的文件可获取有关系统硬件运行的信息
/sbin	存放系统管理员或者 root 用户使用的命令文件
/usr	存放应用程序和文件
/var	存放经常变化的内容，如系统日志、输出
/tmp	存放临时文件

在 deepin 中，/data 是一个系统级目录，用于存储用户产生的数据、文档、多媒体文件和其他用户特定的数据。该目录提供一个统一的位置供用户存储个人数据，每个用户都可以在其中创建自己的个人目录，而且只有拥有合适权限的用户才能访问和操作该目录中的内容，这就确保了用户数据的安全性和隐私。/data 目录方便用户备份和恢复数据，用户在升级或迁移 deepin 系统时可避免数据丢失或损坏。/data 只是一个约定的目录，也是 deepin 推荐的用户数据存储位置，但是它并不是 deepin 系统目录结构所必需的，用户可以根据需要将其他目录或磁盘作为用户数据存储的位置。

5.2.2 文件类型

在 deepin 中，文件可以分为多种类型，常见的文件类型如下。

• 普通文件。也就是常规文件，包括文本文件、数据文件和可执行的二进制程序等。

• 目录文件。目录本身是一种特殊文件，也包含数据，但与普通文件不同的是，系统内核对这些数据加以结构化，是由成对的"索引节点号 / 文件名"构成的列表。索引节点号是文件系统中的一个索引，指向一个索引节点，索引节点中存有文件的状态信息。文件名是给一个文件分配的文本形式的字符串，用来标识该文件。在一个指定的目录中，任何两项都不能有同样的名字。每个目录中至少包括两个条目："‥"表示上一级目录，"."表示该目录本身。

• 设备文件。这是一种特殊文件，不包含任何数据。系统利用它们标识各个设备，与硬件设备通信。设备文件又可分为两种类型：字符设备文件和块设备文件。

• 链接文件。这也是一种特殊文件，提供对其他文件的参照或引用。它们存放的是文件系统通向其他文件的路径。当使用链接文件时，系统自动地访问所指向的文件路径。

链接文件有两种类型，分别是符号链接（Symbolic Link）文件和硬链接（Hard Link）文件。符号链接又称软链接。符号链接文件类似 Windows 系统中的快捷方式，其内容是指向原文件的路径。原文件删除后，符号链接文件就失效了；删除符号链接文件并不影响原文件。硬链接是对原文件建立的别名。建立硬链接文件后，即使删除原文件，硬链接文件也会保留原文件的所有信息。因为实质上原文件和硬链接文件是同一个文件，二者使用同一个索引节点，无法区分原文件和硬链接文件。与符号链接文件不同，硬链接文件和原文件必须在同一个文件系统上，而且不允许链接至目录。

✕ 任务实现

任务 5.2.1　目录管理操作

在命令行中操作目录非常灵活，考虑权限问题，一般在创建、修改、删除目录时需要使用 sudo 命令临时切换到 root 用户身份，否则将提示权限不够。下面讲解部分目录操作。

1. 创建目录

mkdir 命令用于创建由目录名命名的目录。如果在目录名前面没有加任何路径，则在当前目录下创建；如果给出了一个存在的路径，则在指定的路径下创建，其基本用法如下：

```
mkdir [选项] 目录名
```

例如，使用以下命令在自己主目录之外的位置创建一个目录：

```
test@deepin-PC:~$ sudo mkdir /data/mydir
请输入密码：
验证成功
```

在用户自己的主目录中创建目录，则不必用 sudo 命令。

另外，-p 选项表示要建立的目录的父目录尚未建立，将同时创建父目录。

2. 删除目录

当目录不再被使用或者磁盘空间已达到使用限定值时，就需要删除目录。可使用 rmdir 命令从一个目录中删除一个或多个空的子目录，其基本用法如下：

```
rmdir [选项] 目录名
```

-p 选项表示递归删除目录，当子目录被删除后父目录为空时，也一同被删除。如果是非空目录，则会保留下来。要删除非空目录，则需要使用 rm 命令。

3. 改变工作目录

cd 命令用来改变工作目录。当不带任何参数时，返回到用户的主目录，其基本用法如下：

```
cd [目录名]
```

4. 显示目录内容

ls 命令用于显示指定目录的内容，其基本用法如下：

```
ls [选项] [目录或文件]
```

默认情况下输出条目按字母顺序排列。如果没有给出参数，则显示当前目录下所有子目录和文件的信息。其选项及其含义如下。

- -a：显示所有的文件，包括以 "." 开头的文件。
- -c：按文件修改时间排序。
- -i：在输出的第 1 列显示文件的索引节点号。
- -l：以长格式显示文件的详细信息。输出的信息分成多列，依次是文件类型、链接数、文件所有者、所属组、文件大小、建立或最近修改的时间、文件名。
- -r：按逆序显示 ls 命令的输出结果。
- -R：递归地显示指定目录的各个子目录中的文件。

例如，以长格式列出当前用户主目录的内容：

```
test@deepin-PC:~$ ls -l
总用量 36
drwxr-xr-x 2 test test 4096 7月  14 09:07 Desktop
…
-rw-r--r-- 1 test test   29 7月  16 15:40 myerr
```

显示的结果中每一行第 1 个字符表示文件类型。其中 - 表示普通文件，d 表示目录文件，c 表示字符设备文件，b 表示块设备文件，l 表示符号链接文件，p 表示命名管道（进程间通信）文件，s 表示套接字（socket）文件。

另外，执行 ls 命令加上 -F 选项，可在列出的文件或目录名的末尾添加一个特殊字符来标识其文件类型，便于用户识别文件和目录的类型，或者对它们进行分类和区分。其中字符 / 表示目录，* 表示可执行文件，@ 表示符号链接，| 表示命名管道，= 表示套接字。例如：

```
test@deepin-PC:~$ ls -F /
bin@  data/  dev/  home/  lib32@  libx32@  media/  opt/  recovery/  …
```

任务 5.2.2　文件管理操作

在命令行中操作文件非常灵活，考虑权限问题，一般在创建、修改、删除文件时需要使用 sudo 命令临时切换到 root 用户身份，否则将提示权限不够。查看文件一般对权限要求较低。

1. 创建文件

使用 touch 命令可以创建文件，其基本用法如下：

```
touch  [选项]...  文件...
```

如果指定的文件不存在，则会生成一个空文件，除非使用 -c 选项或 -h 选项。如果指定的文件存在，该命令会将其访问时间和修改时间更改为当前时间。使用 touch 命令可以同时创建和处理多个文件。下面给出创建两个空文件的示例。

```
test@deepin-PC:~$ touch myfile01 myfile02
test@deepin-PC:~$ ls -l myfile*
-rw-r--r-- 1 test test   0 7月  19 15:42 myfile01
-rw-r--r-- 1 test test   0 7月  19 15:42 myfile02
```

2. 显示文件内容

在 deepin 中显示文件内容的命令较多，常用命令见表 5-5。

表5-5　用于显示文件内容的常用命令

命令	功能	用法
cat	显示文件的内容；用来连接或组合两个或多个文件的内容	cat [选项]...[文件]...
more	逐页（逐屏）显示文件内容	more [选项]<文件>...
less	分页显示文件内容，比 more 更灵活，用 <PgUp>、<PgDn> 键可以向前、向后移动一页，用上、下键可以向前、后移动一行	less [选项]<文件>...
head	显示文件的开头若干行（-n 选项指定）或多少个字节（-c 选项指定）	head [选项]...[文件]...
tail	显示指定文件的末尾若干行或若干字节，与 head 正好相反	tail [选项]...[文件]...
od	按照特殊格式（八进制、十六进制、字符等）查看文件内容	od [选项]...[文件]...

例如，查看 /etc/passwd 文件中的前 3 行内容：

```
test@deepin-PC:~$ head -3  /etc/passwd
root:x:0:0:root:/root:/bin/bash
daemon:x:1:1:daemon:/usr/sbin:/usr/sbin/nologin
bin:x:2:2:bin:/bin:/usr/sbin/nologin
```

od 默认以八进制形式显示文件内容，例如：

```
test@deepin-PC:~$ od /etc/hosts
0000000 031061 027067 027060 027060 004461 067554 060543 064154
0000020 071557 005164 021412 052040 062550 063040 066157 067554
...
```

提示　对于有些文件操作命令，如果没有指定文件，或指定文件为"−"，将从标准输入（键盘）读取数据。同时操作多个文件时，文件名列表以空格分开。

3. 查找文件内容

grep 命令用来在文件中查找指定模式的单词或短语，并在标准输出上显示包括给定字符串模式的所有行，其基本用法如下：

deepin操作系统（项目式）（微课版）

```
grep [选项]... 模式 [文件名]...
```

grep 命令适用于从指定文件中搜索特定模式及搜索特定主题。可以将要搜索的模式看作一些关键词，查看指定的文件中是否包含这些关键词。在正常情况下，每个匹配的行都会被显示。如果要搜索的文件不止一个，则在每一行输出之前加上文件名。

可以使用选项对匹配方式进行控制，如 -i 表示忽略大小写，-x 表示强制整行匹配，-w 表示强制关键字完全匹配，-e 用于定义正则表达式。下面给出一个示例：

```
test@deepin-PC:~$ grep -i 'Local' /etc/hosts
127.0.0.1        localhost
::1      localhost ip6-localhost ip6-loopback
fe00::0 ip6-localnet
```

还可以使用选项对查找结果输出进行控制。如 -m 用于定义多少次匹配后停止搜索，-n 用于指定输出的同时输出行号，-H 用于为每一匹配项输出文件名，-r 用于在指定目录中进行递归查询。

4. 比较文件内容

comm 命令用于对两个已经排好序的文件进行逐行比较，只显示它们共有的行，其基本用法如下：

```
comm [选项]... 文件1 文件2
```

选项 -1 表示不显示仅在文件 1 中存在的行，-2 表示不显示仅在文件 2 中存在的行，-3 表示不显示在 comm 命令输出中的第 1 列、第 2 列和第 3 列。

diff 命令用于逐行比较两个文件，列出它们的不同之处，并且提示为使两个文件一致需要修改哪些行。如果两个文件完全一样，则该命令不显示任何输出，其基本用法如下：

```
diff [选项] 文件1 文件2
```

5. 对文件内容进行排序

sort 命令用于对文本的各行进行排序，其基本用法如下：

```
sort [选项]... [文件]...
```

sort 命令将逐行对指定文件中的所有行进行排序，并将结果显示在标准输出上。

6. 统计文件内容

wc 命令用于统计指定文件的字节数、字数、行数，并输出结果，其基本用法如下：

```
wc [选项]... [文件]...
```

选项 -c 表示统计字节数，-l 表示统计行数，-w 表示统计字数。如果多个文件一起进行统计，则最后给出所有指定文件的总统计数。使用 wc 命令输出的列的顺序和数目不受选项顺序和数目的影响，输出格式如下：

```
行数 字数 字节数 文件名
```

下面给出一个统计两个文件的示例：

```
test@deepin-PC:~$ wc /etc/passwd /etc/hosts
  42   70 2458 /etc/passwd
   9   26  221 /etc/hosts
  51   96 2679 总用量
```

7. 查找文件

deepin 提供多种文件查找命令。最常用的是 find 命令。此命令用于在目录结构中搜索满足查询条件的文件并执行指定操作，其基本用法如下：

```
find [路径 ...] [匹配表达式]
```

find 命令从左向右分析各个参数，然后依次搜索目录。find 将在 "_" "(" ")" "!" 之前的字符串视为待搜索的文件，将在这些符号后面的字符串视为参数选项。如果没有设置路径，那么 find 会搜索当前目录；如果没有设置参数选项，那么 find 默认提供 -print 选项，即将匹配的文件列表输出到标准输出。

find 功能非常强大，复杂的匹配表达式由下列部分组成：操作符、选项、测试表达式以及动作。

选项包括位置选项和普通选项，针对的是整个查找任务，而不是针对某一个文件，其结果总是为 true（真）。例如，选项 -depth 可以使 find 命令先匹配所有的文件，再在子目录中进行查找；选项 -regextype 用于选择要使用的正则表达式类型；选项 -follow 表示遇到符号链接文件就跟踪至链接所指向的文件。

测试表达式针对具体的一个文件进行匹配测试，返回 true（真）或者 false（假）。例如，选项 -name 表示按照文件名查找文件，选项 -user 表示按照文件所有者来查找文件，选项 -type 用于指定查找某一类型的文件（b 为块设备文件、d 为目录、c 为字符设备文件、l 为符号链接文件、f 为普通文件）。

动作（Action）则是指对某一个文件进行某种动作，返回 true 或者 false。最常见的动作就是输出到屏幕（-print）。

上述 3 部分又可以通过操作符（Operator）组合在一起形成更大、更复杂的表达式。操作符按优先级排序，包括：括号 "( )"、"非" 运算符（! 或 -not）、"与" 运算符（-a 或 -and）、"或" 运算符（-o 或 -or）、并列符号逗号（,）。未指定操作符时默认使用 -and。

例如，查找当前目录下（～代表用户的主目录 $HOME）扩展名为 .txt 的文件，可执行以下命令：

```
find ~ -name "*.txt" -print
```

find 使用选项 -exec 可以对查找到的文件调用外部命令进行处理，注意语法格式比较特殊，外部命令之后需要以 "{} \;" 结尾，必须由一个 ";" 结束，通常 Shell 都会对 ";" 进行处理，所以用 "\;" 防止这种情况。注意后一个花括号 "}" 和 "/" 之间有一个空格。

```
find [路径 ...] [匹配表达式] -exec 外部命令 {} \;
```

在下面的例子中将 find 命令与 grep 命令组合使用。首先通过 find 命令匹配所有文件名为 "passwd*" 的文件，例如 passwd、passwd.old、passwd.bak，然后执行 grep 命令以查看在这些文件中是否存在一个名为 "wang" 的用户。

```
test@deepin-PC:~$ sudo find /etc -name "passwd*" -exec grep "wang" {} \;
wang:x:1003:1003::/home/wang:/bin/bash
wang:x:1003:1003::/home/wang:/bin/bash
```

常用的文件查找命令还有 whereis，用于从特定目录中查找符合条件的源码文件、二进制文件或 man 帮助页文件，例如：

```
test@deepin-PC:~$ whereis python
python: /usr/bin/python /etc/python /usr/share/python /usr/share/man/man1/
python.1.gz
```

8. 复制、删除和移动文件（目录）

cp 命令用于将源文件或目录复制到目标文件或目录中，其基本用法如下：

cp［选项］源文件或目录　目标文件或目录

如果参数中指定了两个以上的文件或目录，且最后一个是目录，则 cp 命令视最后一个为目的目录，将前面指定的文件和目录复制到该目录下；如果最后一个不是已存在的目录，则 cp 命令将给出错误信息。

rm 命令用于删除一个目录中的一个或多个文件和子目录，也可以将某个目录及其下属的所有文件和子目录删除，其基本用法如下：

rm［选项］...［文件］...

该命令只会删除整个链接文件，而原文件保持不变。

mv 命令用来移动文件或目录，还可在移动的同时修改文件或目录名，其基本用法如下：

mv［选项］源文件或目录　目标文件或目录

-i 选项表示交互模式，当移动的目录已存在同名的目标文件时，用覆盖方式写文件，但在写入之前给出提示；-f 选项表示在目标文件已存在时，不给出任何提示。

在 Linux 中名称以符号"."开头的文件（目录）被视为隐藏文件（目录）。要隐藏某个文件或目录，最简单的方法就是将其名称改为"."。例如将目录 backcron 隐藏，可以执行 mv backcron .backcron 命令来实现。可以使用 ls -a 命令显示隐藏文件。

9. 创建链接文件

当需要在不同的目录中使用相同文件时，可以在一个目录中存放该文件，在另一个目录中创建一个指向该文件（目标）的链接文件，然后通过这个链接文件来访问该实体文件，这样既避免了重复占用磁盘空间，又便于同步管理。

创建链接文件的命令是 ln，该命令用于在文件之间创建链接。创建符号链接文件的语法格式如下：

ln -s　目标（原文件或目录）　链接文件

创建硬链接文件的语法格式如下：

ln　目标（原文件）　链接文件

链接的对象可以是文件，也可以是目录。如果链接指向目录，那么用户就可以利用该链接直接进入被链接的目录，而不用给出到达该目录的一长串路径。

10. 设置文件（目录）的隐藏属性

在 deepin 中可以使用 chattr 命令对 Linux 文件系统格式的文件（目录）设置隐藏的属性，主要用于保护重要的系统文件或配置文件，以防止意外修改或删除。这些属性通常不会被普通的文件系统操作所使用或修改，又称扩展属性。chattr 命令基本用法如下：

chattr [+-=]［属性］文件或目录

其中符号"+"表示给文件（目录）添加属性，"-"表示移除文件（目录）拥有的某些属性，"="表示给文件或目录设置属性。常用的属性说明如下。

• i：此属性表示不得任意更改文件或目录。对于文件来说，不允许对文件进行删除、改名，也不能添加和修改数据；对于目录来说，只能修改目录下文件中的数据，但不允许创建和删除文件。

• a：此属性仅提供追加功能。对于文件来说，只能在文件中增加数据，但是不能删除和修改数据；对于目录来说，只允许在目录中建立和修改文件，但是不允许删除文件。

• u：此属性用于预防意外删除。对于文件或目录来说，在删除时其内容会被保存，以保证后期能够恢复，常用来防止意外删除文件或目录。

• s：此属性用于保密性删除文件或目录。与 u 相反，删除文件或目录时，其内容会被彻底删除（直接从磁盘上删除，然后用 0 填充所占用的区域），不可恢复。

使用 chattr 命令改变文件（目录）的隐藏属性之后，可以使用 lsattr 命令显示文件（目录）的隐藏属性。lsattr 命令的基本用法如下：

```
lsattr [选项] [文件 / 目录]
```

其中选项 -a 表示显示所有文件和目录的隐藏属性，包括隐藏的文件；-d 表示如果目标是目录，则仅显示目录本身的隐藏属性；-R 表示递归显示目录及其子目录的隐藏属性。

下面给出一个示例。先查看日志文件 /var/log/messages 的属性。

```
test@deepin-PC:~$ sudo lsattr /var/log/messages
--------------e---- /var/log/messages
```

可以发现该文件有一个默认属性 e，表示该文件在磁盘块映射上使用了"extents"，本例环境中使用的文件系统是 ext4，ext4 就支持这种属性。

执行以下命令为该日志文件添加 a 属性，使其只能追加数据，但不能删除。

```
test@deepin-PC:~$ sudo chattr +a /var/log/messages
```

执行以下命令查看该日志文件的属性，可以发现已经成功添加了 a 属性。

```
test@deepin-PC:~$ sudo lsattr /var/log/messages
-----a--------e---- /var/log/messages
```

任务 5.3　文件权限管理

电子活页5-2.
压缩解压缩命令

任务要求

对于多用户、多任务的 Linux 来说，文件和目录的权限管理非常重要。考虑到目录是一种特殊文件，这里将文件权限和目录权限统称为文件权限。文件权限是指对文件的访问控制，决定哪些用户和哪些组对某文件（或目录）具有哪种访问权限。对文件权限的修改包括两个方面：修改文件所有者和用户对文件的访问权限，这是传统的权限组合方案。deepin 基本的文件权限设置是通过为文件访问者分别指定权限，形成权限组合来实现的。除此之外，我们还可以使用文件 ACL（Access Control List，访问控制列表）来实现更复杂的文件权限控制。本任务的具体要求如下。

（1）了解文件访问者身份和文件权限。

（2）学会变更文件所有者。

（3）掌握设置文件权限的方法。

（4）了解默认权限的设置。

5.3.1 文件访问者身份

文件访问者身份是指文件权限设置所针对的用户和组，共有以下 3 种类型。

• 所有者（owner）：每个文件都有它的所有者，又称属主。默认情况下，文件的创建者即其所有者。所有者对文件具有所有权，是一种特别权限。

• 所属组（group）：指文件所有者所属的组，又称属组，可为该组指定访问权限。默认情况下，文件的创建者的主要组即该文件的所属组。

• 其他用户（others）：指文件所有者和所属组，以及 root 用户之外的所有用户。通常其他用户对于文件总是拥有最低的权限，甚至没有任何权限。

5.3.2 文件权限

对于每个文件，针对上述 3 类身份的用户可指定以下 3 种不同级别的权限。

• 读（read）：读取文件内容或者查看目录内容。

• 写（write）：修改文件内容或者在目录中创建、删除或重命名文件。

• 执行（execute）：对于文件来说，允许将文件作为程序执行；对于目录来说，允许进入目录并访问其中的文件。

5.3.3 文件权限组合

为所有者、所属组和其他用户 3 类身份的用户赋予读、写和执行这 3 种不同级别的访问权限，就形成了一个包括 9 种具体访问权限的组合，如图 5-3 所示。

图 5-3　文件权限组合

具体的权限都包括在文件属性中，可以通过查看文件属性来详细查看。通常使用 ls -l 命令显示文件详细信息。这里给出一个文件详细信息的示例并进行分析。

```
-rw-r--r--       1        test     test     423            7月 16 15:37   myfile
[ 文件类型与权限][ 链接数目][ 所有者][ 所属组][ 文件存储量]  [ 修改日期]      [ 文件名]
```

其中文件信息共有 7 个字段，第 1 个字段表示文件类型与权限，共有 10 个字符。其中第 1 个字符表示文件类型，接下来的字符以 3 个为一组，分别表示文件所有者、所属组和其他用户的权限，每一种用户的 3 种文件权限依次用 r、w 和 x 分别表示读、写和执行，这 3 种权限的位置不会改变，如果某种权限没有，则在相应权限位置用 - 表示。

第 2 个字段表示该文件的链接数目，1 表示只有一个硬链接。

第 3 个字段表示这个文件的所有者，第 4 个字段表示这个文件的所属组。

后面 3 个字段分别表示文件存储量、修改日期和文件名。

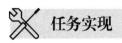任务实现

任务 5.3.1　变更文件访问者身份

文件访问者身份的变更涉及所有者和所属组。

变更所有者就是将所有权转让给其他用户。可以使用 chown 命令变更文件所有者，使其他用户对文件具有所有权，其基本用法如下：

```
chown [选项]... [所有者][:[组]] 文件...
```

使用 -R 选项进行递归变更，即目录连同其子目录下的所有文件的所有者都会变更。

执行 chown 命令需要 root 特权，需要使用 sudo 命令。例如，以下命令将 /data/mydir 的所有者改为 test。

```
test@deepin-PC:~$ sudo chown test  /data/mydir
```

使用 ls -l 命令列出 /data 的内容，可以看到其中 mydir 的所有者已修改。

```
drwxr-xr-x  2 test root  4096 7月  20 11:03 mydir
```

使用 chgrp 命令可以变更文件的所属组，其基本用法如下：

```
chgrp [选项]... 用户组 文件...
```

使用 -R 选项也可以连同子目录中的文件一起变更所属组。执行 chgrp 命令也需要 root 特权。

还可以使用 chown 命令同时变更文件所有者和所属组，其基本用法如下：

```
chown [选项] [新所有者]: [新所属组] 文件列表
```

任务 5.3.2　设置文件权限

root 用户和文件所有者可以修改文件权限，也就是为不同用户或组指定相应的访问权限。可以使用 chmod 命令来修改文件权限，其基本用法如下：

```
chmod [选项]... 模式 [,模式]... 文件名...
```

使用 -R 选项表示递归设置指定目录下所有文件的权限。模式是文件权限的表达式，有字符和数字两种表示方法。对于不是文件所有者的用户来说，需要 root 特权才能执行 chomd 命令修改权限，因此需要使用 sudo 命令。

1. 使用字符表示文件权限

使用字符表示文件权限时需要具体操作符号来修改权限，+ 表示增加某种权限，- 表示撤销某种权限，= 表示指定某种权限（同时会取消其他权限）。所有者、所属组和其他用户分别用字符 u、g、o 表示，全部用户（包括 3 种用户）则用 a 表示。权限类型用 r（读）、w（写）和 x（执行）表示。下面给出几个例子：

```
chmod g+w,o+r myfile01        # 给所属组增加写权限，给其他用户增加读权限
chmod go-r myfile01           # 同时撤销所属组和其他用户对该文件的读权限
chmod a=rx myfile01           # 为所有用户赋予读和执行权限
```

2. 使用数字表示文件权限

将权限读、写和执行分别用数字 4、2 和 1 表示，没有任何权限则表示为 0。每一类用户的

权限用其各项权限的和表示（结果为 0 ～ 7 的数字），依次为所有者、所属组和其他用户的权限。所有 9 种权限就可用 3 个数字来统一表示。例如，754 表示所有者、所属组和其他用户的权限依次为 [4+2+1]、[4+0+1]、[4+0+0]，转化为字符表示就是 rwxr-xr--。

要使文件 myfile01 的所有者拥有读、写权限，所属组用户和其他用户只能读取，命令如下：

```
chmod 644 myfile01
```

这等同于：

```
chmod u=rw-,go=r--    myfile01
```

3. 使用 namei 命令查看文件权限

除了 ls -l 命令，还可以使用 namei 命令查看文件权限。该命令用于显示文件或目录路径解析信息，可以列出文件路径中的所有成分（符号链接、文件、目录等）的信息，便于逐级查看权限、所有者和所属组等信息，常用来排查文件权限问题。通常使用选项 -l 可以以长格式查看文件信息，包括文件类型、权限、所有者和所属组，例如：

```
test@deepin-PC:~$ namei -l /data/mydir
f: /data/mydir
drwxr-xr-x root root /
drwxr-xr-x root root data
drwxr-xr-x test root mydir
```

任务 5.3.3　通过默认权限控制新建文件和目录的权限

默认情况下，新创建的普通文件的权限为 rw-r--r--，用数字表示为 644，所有者有读、写权限，所属组用户和其他用户都仅有读权限；新创建的目录的权限为 rwxr-xr-x，用数字表示为 755，所有者拥有读、写和执行权限，所属组用户和其他用户都仅有读和执行权限。

默认权限是通过 umask（掩码）来实现的，该掩码用数字表示，实际上是文件权限码的"补码"。创建目录的最大权限为 777，减去 umask 值（如 022），就得到目录创建默认权限（如 777-022=755）。由于文件创建时不能具有执行权限，因此创建文件的最大权限为 666，减去 umask 值（如 022），就得到文件创建默认权限（如 666-022=644）。

可使用 umask 命令来查看和修改 umask 值。例如，不带参数显示当前用户的 umask 值：

```
test@deepin-PC:~$ umask
0002                                                // 最前面的 0 可忽略
```

这是普通用户的默认 umask 值。root 用户的默认 umask 值为 0022，可以进行如下验证：

```
test@deepin-PC:~$ sudo su -
root@deepin-PC:~# umask
0022
```

 注意，在使用 4 个数字表示的权限中，第 1 位表示的是特殊权限。特殊权限共有 3 种：suid、sgid 和 sticky。
提示

可以使用参数来指定要修改的 umask 值，如执行命令 umask 022。

任务 5.4　文件系统管理

在 Linux 操作系统中，必须以特定的方式对磁盘进行操作。用户通过磁盘管理建立起原始的数据存储，然后借助文件系统将原始数据存储转换为能够存储和检索数据的可用格式。目录结构是操作系统中管理文件的逻辑方式，对用户来说是可见的。对大多数用户来说，文件系统的物理实现（如数据块的分配等）是不可见的，他们主要与文件系统的逻辑结构交互。本任务的具体要求如下。

（1）了解 Linux 磁盘分区。

（2）了解 Linux 文件系统。

（3）熟练使用命令行工具管理磁盘分区，创建、挂载和维护文件系统。

（4）熟悉外部存储设备文件的挂载和使用。

相关知识

5.4.1　磁盘存储设备

磁盘用来存储需要永久保存的数据，常见的磁盘包括硬盘、光盘、U 盘、SD 存储卡等。这里的磁盘主要是指硬盘。磁盘存储不断发展，技术更迭快，我们要与时俱进，掌握新型存储设备的管理和使用。

1. 机械硬盘和固态硬盘

目前硬盘根据存储介质分为以下两种类型。

• 传统的 HDD（Hard Disk Drive，硬盘驱动器）。HDD 使用旋转的磁性盘片和移动的读写头来存储和读取数据，具有较大的存储容量和较低的成本，适用于大容量存储和长期数据保存，但是 HDD 的读写速度相对较慢，且较容易受到物理冲击和震动的影响。

• 新型的 SSD（Solid State Drive，固态硬盘驱动器）。SSD 使用闪存芯片来存储数据，具有较快的读写速度、较低的访问延迟和较高的耐冲击性。SSD 还具有低功耗和无噪声的优点。但是，与 HDD 相比，SSD 的存储容量较小，成本较高。

在实际应用中，可以将两者结合使用，如将操作系统和常用程序安装在 SSD 上，将大容量文件存储在 HDD 上。

2. 磁盘设备命名

deepin 遵循 Linux 的设备命名规则，用字母表示不同的设备接口，磁盘也不例外。

SCSI、SAS（Serial Attached SCSI，串行附加 SCSI）、SATA、USB 接口硬盘（包括 HDD 和 SSD）的设备名均以 /dev/sd 开头。这些设备命名依赖于设备的 ID，不考虑遗漏的 ID。例如，3 个 SCSI 接口硬盘的 ID 分别是 0、2、5，设备名分别是 /dev/sda、/dev/sdb 和 /dev/sdc；如果添加一个 ID 为 3 的设备，则这个设备将以 /dev/sdc 来命名，ID 为 5 的设备将被改称为 /dev/sdd。一般情况 SATA 硬盘类似 SCSI，使用类似 /dev/sda 这样的设备名表示。

NVMe（Non-Volatile Memory express，非易失性内存标准）是最新的硬盘接口标准，Linux内核从 3.3 版本开始支持这种接口标准。一个 NVMe 控制器可以连接多个 NVMe 接口硬盘。NVMe 控制器用字符串 nvme 表示，从 0 开始编号；NVMe 接口硬盘用字母 n 表示，并从 1 开始编号。第 1 个控制器连接的第 1 个硬盘和第 2 个硬盘分别命名为 /dev/nvme0n1 和 /dev/nvme0n2，其他以此类推。

5.4.2　磁盘分区

要在系统中使用磁盘就必须先对磁盘进行分区，分区也有助于更有效地使用磁盘空间。每一个分区可以视为一个逻辑磁盘。每一个分区有一个起始扇区和终止扇区，中间的扇区数量决定了分区的容量。分区表用来存储这些磁盘分区的相关数据。HDD 分区的磁道是物理隔离磁道。而 SSD 全部是电路操作，全盘读写性能都是一致的，一般不用分区，即使分区，各分区之间也没有真正的物理隔离。

1. 分区格式：MBR 与 GPT

磁盘分区可以采用不同类型的分区表，分区表类型决定了分区格式。目前主要使用 MBR 和 GPT 两种分区格式。MBR 磁盘分区如图 5-4 所示，最多有 4 个主分区，或者 3 个主分区加一个扩展分区。可以通过扩展分区来支持更多的逻辑分区，该分区格式又称为 MSDOS（Microsoft Disk Operating System，微软盘磁盘操作系统）。一个 MBR 磁盘分区的容量限制是 2 TB。

一个 GPT 磁盘内最多可以创建 128 个主分区，不必创建扩展分区或逻辑分区。GPT 磁盘分区可以突破 MBR 磁盘分区的 2 TB 容量限制，特别适合容量大于 2 TB 的硬盘分区。GPT 磁盘分区如图 5-5 所示。一个 GPT 磁盘可以分为两大部分：保护 MBR 和 EFI（Extensible Firmware Interface，扩展固件接口）部分。保护 MBR 部分只由 0 号扇区组成，在这个扇区中包含一个 DOS（Disk Operating System，磁盘操作系统）分区表，只是为了兼容 MBR，让仅支持 MBR 的程序也可以正常运行。EFI 部分才是 GPT 磁盘的分区所在位置。

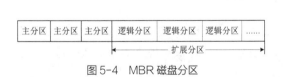

图 5-4　MBR 磁盘分区　　　　　　　　图 5-5　GPT 磁盘分区

可以将现有的 MBR 磁盘转换为 GPT 磁盘。也可以将 GPT 磁盘转换为 MBR 磁盘，不过如果磁盘有数据，则这种转换会发生数据丢失。

2. 磁盘分区命名

在 deepin 中，磁盘分区的文件名需要在磁盘设备名的基础上加上分区编号。SCSI、SAS、

SATA、USB 接口硬盘分区采用 /dev/sdxy 这样的形式命名，其中 x 表示设备编号（从 a 开始），y 表示分区编号（从 1 开始）。

系统为 MBR 磁盘分配 1 ～ 16 的编号，也意味着每一个这样的磁盘最多有 16 个分区，主分区（或扩展分区）占用前 4 个编号（1 ～ 4），而逻辑分区占用 5 ～ 16 共 12 个编号。例如，第 1 块 SCSI 接口硬盘的主分区为 sda1，扩展分区为 sda2，扩展分区下的第 1 个逻辑分区为 sda5（从 5 开始才用来为逻辑分区命名）。

NVMe 接口硬盘的分区命名在磁盘设备命名的基础上用 p 表示，编号从 1 开始。例如，/dev/nvme0n1 磁盘的第 1 个分区名称为 /dev/nvme0n1p1。

5.4.3 文件系统

文件系统是操作系统用来控制存储设备上数据如何存储和检索的一套方法和数据结构。磁盘分区必须进行格式化，将记录数据结构写到磁盘上，也就是建立相应的文件系统，才能存储数据。格式化与操作系统有关，不同的操作系统有不同的格式化程序、不同的格式化结果、不同的磁道划分方法。当一个磁盘分区被格式化（建立文件系统）之后，就可以被称为卷（Volume）。

deepin 默认使用 ext4 文件系统格式。ext4 的全称为 Fourth Extended Filesystem，即第 4 代扩展文件系统，是对 ext3 文件系统的改进和扩展。它提供了更高的性能、更大的文件和分区大小支持，并具有更好的稳定性和可靠性。ext4 支持文件和目录的权限管理、日志记录、快照等功能。ext4 属于大型文件系统，支持最高容量为 1 EB（1048576 TB）的分区和最大大小为 16 TB 的单个文件。ext4 向下兼容 ext3 与 ext2，可将 ext3 和 ext2 的文件系统挂载为 ext4 分区。

在安装 deepin 操作系统时，默认情况下会将根目录（/）和其他分区（如 /home、/var 等）格式化为 ext4 文件系统。这种文件系统格式在大多数情况下都能满足用户的需求，并具有较好的兼容性和稳定性。

如果用户需要，也可以选择其他文件系统格式。更换文件系统格式可能会导致数据丢失，应提前备份重要的数据。deepin 采用的是 Linux 内核，还支持 XFS、HPFS、ISO 9660、MINIX、NFS、VFAT（FAT16、FAT32）等文件系统格式。就企业级应用来说，性能最为重要，特别是面临高并发以及大量小型文件的处理等情况。XFS 是专为超大分区及大型文件设计的，它支持最高容量为 18 EB 的分区、最大大小为 9 EB 的单个文件。

✖ 任务实现

任务 5.4.1　使用命令行工具进行分区

微课5-3.使用
parted进行
分区管理

最常用的命令行分区工具是 fdisk，deepin 提供的 fdisk 命令支持 GPT 磁盘分区。磁盘分区操作容易导致数据丢失，建议对现有的重要数据进行备份之后再进行分区操作。

1. fdisk 简介
fdisk 可以在两种模式下运行：交互式和非交互式，其基本用法如下：

```
fdisk [选项] <磁盘设备名>
fdisk [选项] -l [<磁盘设备名>]
```

这两种用法分别用于更改分区表和列出分区表，主要选项如下。

-l：显示指定磁盘设备的分区表信息，如果没有指定磁盘设备，则显示 /proc/partitions 文件中的信息。

-u：在显示分区表时以扇区（512 字节）代替柱面作为显示单位。

-C＜数量＞：定义磁盘的柱面数，一般情况下不需要对此进行定义。

-H＜数量＞：定义分区表所使用的磁盘磁头数，一般为 255 或者 16。

-S＜数量＞：定义每个磁盘的扇区数。

管理员需要使用 sudo 命令获取 root 特权执行 fdisk 命令。

不带任何选项，以磁盘设备名为参数运行 fdisk 就可以进入交互式模式，此时可以通过输入 fdisk 程序所提供的子命令完成相应的操作。执行 m 命令即可获得交互命令的帮助信息，交互命令的具体介绍见表 5-6。

表5-6　fdisk交互命令

命令	说明	命令	说明
a	更改可引导标志	o	创建一个新的空 DOS 分区表
b	编辑嵌套 BSD（伯克利软件套件）磁盘标签	p	显示硬盘的分区表
c	标识为 DOS 兼容分区	q	退出 fdisk，但是不保存
d	删除一个分区	s	创建一个新的空的 SUN 磁盘标签
g	创建一个新的空 GPT 分区表	t	改变分区的类型号码
G	创建一个新的空 SGI（IRIX）分区表	u	改变分区显示或记录单位
l	显示 Linux 所支持的分区类型	v	校验该硬盘的分区表
m	显示帮助菜单	w	保存修改结果并退出 fdisk
n	创建一个新的分区	x	进入专家模式执行特殊功能

通过 fdisk 交互式模式中的各种命令可以对磁盘的分区进行有效的管理。

2. 添加新的磁盘

在实际使用过程中，可能需要添加或者更换新磁盘。要安装新的磁盘（热插拔硬盘除外），首先要关闭计算机，按要求把磁盘安装到计算机中，重启计算机，进入系统后检查新添加的磁盘是否已被识别，然后进行分区操作。

为便于实验操作，这里加挂一块未使用的磁盘，本例为 VMware Workstation 虚拟机添加一块容量为 20 GB 的虚拟磁盘，需要重启系统才能发现新磁盘。可执行 dmesg 命令查看新添加的磁盘，本例中为 /dev/sdb。

```
test@deepin-PC:~$ dmesg | grep sd
[    2.444565] sd 2:0:0:0: Attached scsi generic sg1 type 0
[    2.445837] sd 2:0:1:0: [sdb] 41943040 512-byte logical blocks: (21.5 GB/
20.0 GiB)
# 此处省略
```

也可以通过 cat /proc/partitions 命令查看新增的磁盘。

3. 查看现有分区

通常先要查看现有的磁盘分区信息。执行 fdisk -l 命令可列出系统所连接的所有磁盘的基本信息，也可获知未分区磁盘的信息。下面给出示例显示磁盘分区查看结果。

```
test@deepin-PC:~$ sudo fdisk -l
# 以下为磁盘 /dev/sdb 的基本信息（此时未分区）
```

```
Disk /dev/sdb: 20 GiB, 21474836480 bytes, 41943040 sectors        # 磁盘容量
Disk model: VMware Virtual S
Units: sectors of 1 * 512 = 512 bytes                             # 单元大小
Sector size (logical/physical): 512 bytes / 512 bytes            # 扇区大小
I/O size (minimum/optimal): 512 bytes / 512 bytes
# 以下为磁盘 /dev/sda 的基本信息（系统安装时已分区）
Disk /dev/sda: 120 GiB, 128849018880 bytes, 251658240 sectors
Disk model: VMware Virtual S
Units: sectors of 1 * 512 = 512 bytes
Sector size (logical/physical): 512 bytes / 512 bytes
I/O size (minimum/optimal): 512 bytes / 512 bytes
Disklabel type: dos                          # 磁盘标签类型为 dos，分区格式为 MBR
Disk identifier: 0x5a6005ec                  # 磁盘标识符
# 以下为该磁盘的分区信息
设备        启动分区      起点        末尾        扇区        大小      类型
Device     Boot        Start         End    Sectors      Size   Id  Type
/dev/sda1  *            2048     3147775   3145728      1.5G   83  Linux
/dev/sda2            3147776   213909503  210761728   100.5G    5  Extended
/dev/sda3          213909504   239075327   25165824      12G   83  Linux
/dev/sda4          239075328   251656191   12580864       6G   82  Linux swap / Solaris
/dev/sda5            3149824    34605055   31455232      15G   83  Linux
/dev/sda6           34607104    66062335   31455232      15G   83  Linux
/dev/sda7           66064384   213909503  147845120    70.5G   83  Linux
Partition table entries are not in disk order.
```

在磁盘的分区信息中，Start 列表示起始柱面数，End 列表示结束柱面数，Sectors 列表示扇区数，Size 列表示磁盘容量，Type 列表示分区类型。与 GPT 磁盘不同，MBR 磁盘分区列表中多出了两列，Boot 表示是否启动分区，Id 表示分区类型代码。

要查看某一磁盘的分区信息，可在 fdisk -l 命令后面加上磁盘名称。进入 fdisk 命令的交互式模式，执行 p 命令也可查看磁盘分区表。

4. 创建分区

通常使用 fdisk 的交互式模式来对磁盘进行分区操作。执行带磁盘设备名参数的 fdisk 命令，进入交互操作界面，一般先执行 p 命令来显示硬盘分区表的信息，然后根据分区信息确定新的分区规划，再执行 n 命令创建新的分区。下面示范分区创建过程。

```
test@deepin-PC:~$ sudo fdisk /dev/sdb
# 此处省略部分提示信息设备不包含可识别的分区表
Command (m for help): n                          # 创建新的 DOS 分区（即 MBR 磁盘分区）
Partition type                                   # 选择要创建的分区类型
   p   primary (0 primary, 0 extended, 4 free)          # 主分区
   e   extended (container for logical partitions)      # 扩展分区
Select (default p): p
Partition number (1-4, default 1): 1
First sector (2048-41943039, default 2048):            # 起始扇区
Last sector, +/-sectors or +/-size{K,M,G,T,P} (2048-41943039, default
41943039): +6G                                  # 结束扇区，可输入扇区大小或分区容量
Created a new partition 1 of type 'Linux' and of size 6 GiB.  # 分区类型为 Linux
Command (m for help): p                          # 查看分区信息
Disk /dev/sdb: 20 GiB, 21474836480 bytes, 41943040 sectors
Disk model: VMware Virtual S
```

```
Units: sectors of 1 * 512 = 512 bytes
Sector size (logical/physical): 512 bytes / 512 bytes
I/O size (minimum/optimal): 512 bytes / 512 bytes
Disklabel type: dos                               # 磁盘标签类型为 dos，格式为 MBR
Disk identifier: 0xb0c3b3d7
Device     Boot Start     End  Sectors Size Id Type
/dev/sdb1        2048 12584959 12582912  6G 83 Linux

Command (m for help): w                           # 保存分区信息并退出
The partition table has been altered.
Calling ioctl() to re-read partition table.
Syncing disks.
```

本例创建的是 MBR 磁盘分区。需要注意的是，MBR 磁盘上如果有一个扩展分区，就可以在其中增加逻辑分区，但不能再增加扩展分区。在主分区和扩展分区创建完成前是无法创建逻辑分区的。建议读者再创建一个主分区 /dev/sdb2。

5. 修改分区类型

新增分区时，系统默认的分区类型为 Linux Native，对应的代码为 83。如果要把其中的某些分区改为其他类型，如 Linux Swap 或 FAT32 等，则可以在 fdisk 的交互式模式下通过 t 命令来完成。执行 t 命令改变分区类型时，系统会提示用户要改变哪个分区，改变为什么类型（输入分区类型号码）。可执行 l 命令查询 Linux 所支持的分区类型号码及其对应的分区类型。改变分区类型结束后，执行 w 命令保存并且退出。

6. 删除分区

要删除分区，可以在 fdisk 的交互式模式下执行 d 命令，指定要删除的分区编号，最后执行 w 命令使之生效。如果删除扩展分区，则扩展分区上的所有逻辑分区都会被自动删除。

注意不要删除 Linux 系统的启动分区或根分区。删除分区之后，余下的分区的编号会自动调整，如果被删除的分区在 Linux 启动分区或根分区之前，可能导致系统无法启动，这就需要修改 GRUB 配置文件。

7. 保存分区修改结果

要使磁盘分区的任何修改（如创建新分区、删除已有分区、更改分区类型）生效，必须执行 w 命令保存修改结果，这样在 fdisk 中所做的所有操作都会生效，且不可回退。如果分区表正忙，那么重启计算机后才能使新的分区表生效。只要执行 q 命令退出 fdisk，当前所有操作就不会生效。

对于正处于使用状态（被挂载）的磁盘分区，不能删除，也不能修改分区信息。建议对在使用的分区进行修改之前，首先备份该分区上的数据。

任务 5.4.2 格式化磁盘分区

要想在分区上存储数据，首先需要建立文件系统，即格式化磁盘分区。对于存储有数据的分区，建立文件系统会将分区上的数据全部删除，应慎重。

微课5-4.格式化磁盘分区

1. 查看文件系统类型

file 命令用于查看文件类型，磁盘分区可以视作设备文件，使用 -s 选项可以查看块设备或字符设备的类型，这里可用来查看文件系统格式，例如：

```
test@deepin-PC:~$ sudo file -s /dev/sda1
```

```
/dev/sda1: Linux rev 1.0 ext4 filesystem data, UUID=e9a807c8-c69e-404b-
b52b-23078fb0f5ed, volume name "Boot" (needs journal recovery) (extents)
(64bit) (large files) (huge files)
```

结果显示该分区采用 ext4 文件系统。检查新创建的分区 /dev/sdb1，可以发现没有进行格式化。

```
test@deepin-PC:~$ sudo file -s /dev/sdb1
/dev/sdb1: data
```

2. 使用 mkfs 创建文件系统

创建文件系统通常使用 mkfs 工具，但现在此前端工具已经被具体文件系统的 mkfs.\<type\> 工具所取代，因此不推荐使用。建议使用特定文件系统的 mkfs 工具，如 mkfs.ext4、mkfs.xfs、mkfs.ntfs。下例显示在分区 /dev/sdb1 上建立 ext4 文件系统的实际过程。

```
test@deepin-PC:~$ sudo mkfs.ext4 /dev/sdb1
mke2fs 1.44.5 (15-Dec-2018)
Creating filesystem with 1572864 4k blocks and 393216 inodes
# 创建含有 1572864 个块和 393216 个索引节点的文件系统
Filesystem UUID: aec09ebf-76ab-4d65-be63-6b7291580783
Superblock backups stored on blocks:
        32768, 98304, 163840, 229376, 294912, 819200, 884736
Allocating group tables: done
Writing inode tables: done
Creating journal (16384 blocks): done
Writing superblocks and filesystem accounting information: done
```

mkfs 会调用 mke2fs 来创建文件系统，如果需要详细定制文件系统，可以直接使用 mke2fs 命令，它的功能更为强大，支持许多选项和参数。

创建文件系统完成之后，可以使用 file 命令检查：

```
test@deepin-PC:~$ sudo file -s /dev/sdb1
/dev/sdb1: Linux rev 1.0 ext4 filesystem data, UUID=aec09ebf-76ab-4d65-
be63-6b7291580783 (extents) (64bit) (large files) (huge files)
```

提示

可以使用卷标（Label）或 UUID（Universally Unique Identifier，通用唯一标识符）来代替设备名表示某一文件系统（分区）。由于卷标、UUID 与设备绑定在一起，系统总是能够找到对应的文件系统。使用 mkfs.ext4 创建一个新的文件系统时，可通过 –L 选项为分区指定一个卷标（不超过 16 个字符）。创建 ext4 文件系统时会自动生成一个 UUID。

对于新创建的文件系统，可以使用 fsck -f 命令强制检查，例如：

```
test@deepin-PC:~$ sudo fsck -f /dev/sdb1
fsck from util-linux 2.38.1
e2fsck 1.44.5 (15-Dec-2018)
/dev/sdb1 is mounted.
e2fsck: Cannot continue, aborting.
```

命令行工具 fsck 用于检测指定分区中的文件系统，并进行错误修复。注意，fsck 命令不能用于检测系统中已经挂载的文件系统，否则将造成文件系统的损坏。

任务 5.4.3 挂载文件系统

建立文件系统之后，还需要将文件系统连接到目录树的某个位置上才能使用，这个动作称为"挂载"。文件系统所挂载到的目录称为挂载点，该目录为进入该文件系统的入口。除了磁盘分区（卷）之外，其他各种存储设备也需要进行挂载才能使用。在进行挂载之前，应明确以下 3 点。

微课5-5.挂载
文件系统

- 一个文件系统不应该被重复挂载在不同的挂载点中。
- 一个目录不应该重复挂载多个文件系统。
- 作为挂载点的目录通常应是空目录，因为挂载文件系统后该目录下的内容会暂时消失。

deepin 提供了专门的挂载点 /mnt、/media，其中 /media 用于外部存储设备。文件系统可以在系统启动过程中自动挂载，也可以使用命令手动挂载。

1. 手动挂载文件系统

使用 mount 命令进行手动挂载，其基本用法为：

```
mount [-t 文件系统类型] [-L 卷标] [-o 挂载选项]  设备名  挂载点
```

其中 -t 选项可以指定要挂载的文件系统类型。deepin 支持绝大多数现有的文件系统格式，包括 VFAT（FAT/FAT32 文件系统）、ISO 9660（光盘格式）、NTFS。如果不指定文件系统类型，mount 命令会自动检测磁盘设备商的文件系统，并以响应的类型进行挂载，因此在多数情况下 -t 选项并不是必需的。

-o 选项用于指定挂载选项，多个选项之间用逗号分隔，这些选项决定了文件系统的功能，如 async 用于指定 I/O（Input/Output，输入 / 输出）操作是否使用异步方式，ro 用于指定文件系统是只读的，rw 用于指定可读写。默认的 default 选项相当于 rw、suid、dev、exec、auto、nouser、async 的组合。

也可以使用 mount -a 命令挂载 /etc/fstab 文件中具备 auto 或 defauts 挂载选项的文件系统。

执行不带任何选项和参数的 mount 命令，将显示当前所挂载的文件系统信息。

mount 命令不会创建挂载点，如果挂载点不存在就要先创建。下面的示例显示挂载操作的完整过程。

```
test@deepin-PC:~$ sudo mkdir /data/mydoc                    # 创建一个挂载点
test@deepin-PC:~$ sudo mount /dev/sdb1 /data/mydoc
                              # 将 /dev/sdb1 挂载到 /data/mydoc
test@deepin-PC:~$ mount                            # 显示当前已经挂载的文件系统
# 此处省略
/dev/sdb1 on /data/mydoc type ext4 (rw,relatime)    # 表明该文件系统挂载成功
```

手动挂载的设备在系统重启后需要重新挂载，对于硬盘等长期要使用的设备，最好在系统启动时能自动进行挂载。

2. 自动挂载文件系统

deepin 使用配置文件 /etc/fstab 定义文件系统的配置，在系统启动过程中会自动读取该文件中的内容，并挂载相应的文件系统，因此，只需将要自动挂载的设备和挂载点信息加入该文件中即可实现自动挂载。该文件还可用于设置文件系统的备份频率，以及开机时执行文件系统检查（使用 fsck 工具）的顺序。可使用文本编辑器查看和编辑 fstab 配置文件中的内容，例如：

```
# 文件系统名                        挂载点 文件系统类型 挂载选项    备份 检查
```

```
UUID=e9a807c8-c69e-404b-b52b-23078fb0f5ed      /boot      ext4      rw,relatime      0      2
UUID=876dea53-867c-4eca-831a-7ab99256f786      /data      ext4      rw,relatime      0      2
/data/var                                      /var       none      defaults,bind 0      0
```

每一行定义一个系统启动时自动挂载的文件系统，共有 6 个字段，从左至右依次为文件系统名、挂载点、文件系统类型、挂载选项、是否需要备份（0 表示不备份，1 表示备份）、是否检查文件系统及其检查次序（0 表示不检查，非 0 表示检查及其顺序）。

可将要挂载的文件系统按照此格式添加到该文件中。下面给出的示例用于自动挂载某硬盘分区。

```
/dev/sdb1              /data/mydoc                ext4      defaults      0      0
```

3. 了解 /etc/mtab 配置文件

除 /etc/fstab 配置文件之外，还有一个 /etc/mtab 配置文件用于记录当前已挂载的文件系统信息。默认情况下，执行挂载操作时系统会将挂载信息实时写入 /etc/mtab 文件中，只有执行使用 -n 选项的 mount 命令时，才不会写入该文件。执行文件系统卸载也会动态更新 /etc/mtab 文件。fdisk 等工具必须要读取 /etc/mtab 文件，才能获得当前系统中的分区挂载情况。

4. 卸载文件系统

文件系统使用完毕，需要进行卸载，这就要执行 umount 命令，其基本用法如下：

```
umount    [-dflnrv] [-t <文件系统类型>] 挂载点 | 设备名
```

-n 选项表示卸载时不要将信息存入 /etc/mtab 文件中；-r 选项表示如果无法成功卸载，则尝试以只读方式重新挂载；-f 选项表示强制卸载，对于一些网络共享目录很有用。

执行 umount -a 命令将卸载 /etc/ftab 文件中记录的所有文件系统。

正在使用的文件系统不能卸载。如果正在访问的某个文件或者当前目录位于要卸载的文件系统上，应该关闭文件或者退出当前目录，然后执行卸载操作。

任务 5.4.4   挂载和使用外部存储设备

各种外部存储设备，如光盘、U 盘、USB 移动硬盘等，都需要进行挂载才能使用，Linux 内核对这些设备都能提供很好的支持。

SCSI、ATA 或 SATA 接口的光驱设备使用设备名 /dev/srx 表示，其中 x 为序号，第 1 个光驱设备名为 /dev/sr0，第 2 个光驱设备名为 /dev/sr1，以此类推。deepin 通过链接文件为光驱赋予特定的文件名，例如 /dev/cdrom 指向 /dev/sr0。USB 存储设备通常会被系统识别为 SCSI 存储设备，使用相应的 SCSI 设备文件名来标识，如 /dev/sdd。

deepin 中能够自动识别并挂载外部存储设备，用户可以直接使用。在图形用户界面中，插入光盘、U 盘或 USB 移动硬盘等之后即可自动挂载，可以在桌面上看到相应的图标，或者打开文件管理器来访问它们。一旦弹出设备，将自动卸载。

由于某些原因，系统可能没有识别到外部存储设备，这时需要手动挂载。首先要判定设备名称，可通过 /proc/partitions 文件来查看存储设备名称，例如：

```
test@deepin-PC:~$ cat /proc/partitions
major minor  #blocks  name
  11      0    3692124  sr0                      # 光驱
   8     16   20971520  sdb
```

```
8        7     73922560 sda7
8       32     31205621 sdc                        # U盘
8       33     28351488 sdc1
8       34      2845678 sdc2
```

识别设备之后可以通过 mount 命令或 /etc/fstab 文件进行挂载。例如，以只读方式挂载光盘：

```
mount -t iso9660 /dev/sr0 /media/mycd
```

U 盘、USB 移动硬盘需要磁盘分区和格式化，才能挂载。

提示　　deepin 预装有磁盘管理器，可以帮助用户直观、快速地查看硬盘中各个分区的基本信息，还可以创建并管理分区和文件系统。

项目小结

通过对本项目的学习，读者应当了解用户与组账户的概念和类型，能够基于命令行创建和管理用户与组账户；了解目录结构、文件类型与文件访问权限，掌握基于命令行的文件和目录的管理操作，学会文件和目录权限的管理操作；了解磁盘分区和文件系统的基本知识，掌握磁盘分区、创建和挂载文件系统的基本操作，学会挂载和使用光盘、U 盘等外部存储设备。

微课5-6.磁盘
管理器

课后练习

1. Linux 用户一般分为哪几种类型？
2. deepin 管理员如何获得 root 特权？
3. 如何让普通用户能够使用 sudo 命令？
4. 用户账户配置文件有哪些？各有什么作用？
5. 简述 /etc/passwd 文件中各字段的含义。
6. Linux 的目录结构与 Windows 的有何不同？
7. Linux 文件有哪些类型？
8. 如何使用 cp 命令复制整个目录？
9. 文件访问者身份有哪几种？
10. 简述文件访问权限组合。
11. 简述 Linux 磁盘设备命名方法与磁盘分区命名方法。
12. 简述建立和使用文件系统的步骤。
13. 如何自动挂载文件系统？

补充练习
项目5

项目实训

实训 1　考察用户账户和组账户的配置文件

实训目的

掌握用户账户和组账户的配置文件的使用方法。

实训内容

（1）查看用户账户配置文件 /etc/passwd 获取用户账户列表。

（2）查看用户账户密码配置文件 /etc/shadow 获取用户密码列表。

（3）利用 grep 命令从 /etc/passwd 获取特定用户的信息。

（4）查看组账户配置文件 /etc/group 获取组账户列表。

（5）查看组账户密码配置文件 /etc/gshadow 获取组账户密码列表。

实训 2　基于命令行操作目录

实训目的

（1）熟悉目录操作命令。

（2）掌握基于命令行的目录操作方法。

实训内容

（1）创建目录。

（2）删除目录。

（3）改变工作目录。

（4）显示目录内容的详细信息。

（5）显示目录中的隐藏文件。

（6）复制整个目录。

（7）复制目录下的全部内容。

实训 3　基于命令行操作文件

实训目的

（1）熟悉文件基本操作的命令。

（2）掌握基于命令行的文件操作方法。

实训内容

（1）创建文件。

（2）查找文件。

（3）复制文件。

（4）删除文件。

（5）移动文件。

（6）为一个文件创建符号链接和硬链接，并进行比较。

实训 4　使用命令行工具管理磁盘分区和文件系统

实训目的

（1）熟悉建立和使用文件系统的步骤。

（2）掌握基于命令行的磁盘分区操作方法。

（3）掌握基于命令行的文件系统操作方法。

实训内容

（1）添加一个空硬盘（建议在虚拟机上操作）用于实验。

（2）熟悉 fdisk 命令的语法。

（3）通过 fdisk 的交互式模式创建一个分区。

（4）使用 mkfs 命令在该分区上建立 ext4 文件系统。

（5）创建一个挂载点。

（6）使用 mount 命令将该分区挂载到此挂载点。

（7）将挂载点添加到 /etc/fstab 文件以实现自动挂载。

项目6

软件包管理

06

软件是由若干个组件组成的，这些组件可以被认为是一个整体，而软件包就是这些组件的集合。软件包管理是指对软件的组织、维护和部署的过程。采用软件包管理的每个软件都会安装一个专属的软件包，其中包含它所有的组件。通过软件包管理，用户能够方便且准确地完成软件的安装、卸载和升级，保证操作系统稳定、安全地运行。deepin 提供多种软件安装方式，除了使用应用商店，使用基本软件包管理工具 dpkg 和高级软件包管理工具 apt，还可以使用源码编译安装。除此以外，deepin 还提供 deepin-wine 技术使得可以在 deepin 中安装 Windows 软件。本项目将通过 4 个典型任务，带领读者掌握 deepin 的软件包管理操作，重点是掌握几种主要的软件安装方式。作为 Linux 操作系统，deepin 可安装的开源软件非常丰富。学会使用源码编译安装，让丰富的开源软件为我们所用，有助于发展国产操作系统生态，保障我国信息化的安全和自主可控。

【课堂学习目标】

☞ 知识目标

➤ 了解 deb 软件包的特点。

➤ 了解 apt 工具的基本功能和工作机制。

➤ 熟悉源码编译安装的基本步骤。

➤ 了解 deepin-wine 技术。

☞ 技能目标

➤ 学会使用 dpkg 工具安装和管理 deb 软件包。

➤ 熟练掌握使用 apt 工具管理软件包的方法。

➤ 学会使用源码编译安装软件。

➤ 学会在 deepin 中安装 Windows 软件。

☞ 素养目标

➤ 把握软件包管理的未来发展方向。

➤ 把握开放共享和自主可控的关系。

➤ 养成自主学习、勤于探索的习惯。

任务 6.1　安装和管理 deb 软件包

▷ 任务要求

早期的 Linux 操作系统主要使用源码包发布软件，用户需要直接将源码编译成二进制文件再进行安装，卸载时需要手动删除安装路径中的文件。源码编译安装比较耗时，对普通用户来说难度太大，因此一些用户采用软件包来解决软件的发布和安装管理问题。deepin 沿用 Debian 操作系统的 deb 软件包，并提供图形用户界面的软件包安装器和命令行界面的包管理器。本任务的基本要求如下。

（1）了解 deb 软件包格式。

（2）学会使用 dpkg 工具安装和管理 deb 软件包。

（3）学会使用软件包安装器安装和管理 deb 软件包。

⤢ 相关知识

6.1.1　deb 软件包

deb 是一种主流的软件包格式，主要用于 Debian 及其衍生发行版。deb 软件包包含软件的二进制文件、配置文件、依赖关系和其他相关数据。安装和卸载 deb 软件包的基本步骤如下。

（1）下载 deb 软件包。从官方软件源或第三方软件提供者的网站上下载所需的 deb 软件包。一定要确保下载的 deb 软件包适合自己的操作系统版本和硬件架构。

许多国产计算机使用 ARM 架构。ARM 架构可以细分为多种版本，32 位的 ARM 架构可用 ARM32、Armhf 或 AArch32 表示；64 位的 ARM 架构可用 ARM64 或 AArch64 表示。

（2）使用包管理器安装 deb 软件包。包管理器包括 deepin 预装命令行包管理器 dpkg 和图形用户界面的软件包安装器。

（3）根据需要解决依赖问题。如果安装过程中出现任何关于缺少依赖项的错误信息，则可以根据提示尝试修复依赖问题，通常要求执行以下命令：

```
sudo apt install -f
```

（4）完成安装后找到并试用新安装的软件。

（5）使用包管理器卸载 deb 软件包。

6.1.2　软件包依赖

软件包之间可能存在依赖关系，即某些软件包需要依赖其他软件包才能正常运行。Linux 操作系统中软件包依赖主要有两种类型。

• 运行时依赖：某个软件包在运行时需要另一个软件包才能正常工作。如果缺少运行时依赖，软件包可能无法启动或无法执行某些功能。

• 编译时依赖：某个软件包在构建时需要另一个软件包来进行编译和构建。这些依赖通常是开发库或工具。

安装软件包时解决依赖的方式有以下两种。

• 自动解决：自动解决软件包的依赖问题。在安装或升级软件包时，自动下载和安装所需的依赖包。

• 手动解决：依赖问题无法自动解决，导致安装或升级失败。此时用户需要手动安装依赖包或解决相关问题。

dpkg 工具仅用于安装本地的软件包，安装时不会安装依赖包，不会解决依赖问题。

任务实现

任务 6.1.1　使用 dpkg 工具安装和管理 deb 软件包

命令行工具 dpkg 可以用于安装、更新、卸载 deb 软件包，以及提供与 deb 软件包相关的信息。下面示范如何使用 dpkg 工具。

1. 安装 deb 软件包

这里以安装搜狗输入法为例进行示范。首先要获取 deb 软件包文件，从搜狗输入法官网下载 Linux 个人版 deb 软件包，如图 6-1 所示，该版本支持多种国产操作系统，包括统信 UOS、银河麒麟以及 deepin，注意选择合适的硬件架构，这里选择 x86_64。下载 deb 软件包文件之后，使用 -i 选项安装 deb 软件包，其基本用法如下：

```
dpkg -i <软件包文件>
```

安装软件需要 root 特权，普通用户需要执行 sudo 命令。本例执行过程如下：

```
test@deepin-PC:~$ sudo dpkg -i Downloads/sogoupinyin_4.2.1.145_amd64.deb
正在选中未选择的软件包 sogoupinyin。
（正在读取数据库 ... 系统当前共安装有 279175 个文件和目录。）
准备解压 .../sogoupinyin_4.2.1.145_amd64.deb ...
正在解压 sogoupinyin (4.2.1.145) ...
正在设置 sogoupinyin (4.2.1.145) ...
正在处理用于 bamfdaemon (0.5.4.1-1+eagle) 的触发器 ...
Rebuilding /usr/share/applications/bamf-2.index...
正在处理用于 desktop-file-utils (0.23-4) 的触发器 ...
正在处理用于 mime-support (3.62) 的触发器 ...
正在处理用于 hicolor-icon-theme (0.17-2) 的触发器 ...
```

如果以前安装过相同的软件包，执行此命令时会先将原有的旧版本删除。

右键单击任务栏桌面右上角上的 图标，从弹出的菜单中选择"搜狗输入法个人版"即可切换到该输入法，如图 6-2 所示。

图 6-1　deb 软件包

图 6-2　使用安装的搜狗输入法

2. 查看 deb 软件包

执行 dpkg 命令时使用 -l 选项可以列出已安装软件包的简要信息，包括状态、名称、版本、架构和简要描述，其基本用法如下：

```
dpkg -l 软件包名
```

查看 deb 软件包时不需要 root 特权。例如，执行以下命令即可列出 sogoupinyin 软件包的基本信息。

```
test@deepin-PC:~$ dpkg -l sogoupinyin
期望状态 = 未知 (u) / 安装 (i) / 删除 (r) / 清除 (p) / 保持 (h)
| 状态 = 未安装 (n) / 已安装 (i) / 仅存配置 (c) / 仅解压缩 (U) / 配置失败 (F) / 不完全安装 (H) /
触发器等待 (W) / 触发器未决 (T)
|/ 错误 ?=（无）/ 须重装 (R) （状态，错误：大写 = 故障）
||/ 名称            版本          体系结构        描述
+++-==========-=============-=============-===================================
ii  sogoupinyin   4.2.1.145     amd64        Business Sogou Input Method
```

每条记录对应一个软件包每条记录对应一个软件包，第 1 列是软件包的状态标识，一般由 3 个字符组成。第 1 个字符表示期望的状态，第 2 个字符表示当前状态。本例中只有两个字符 "ii"，表明软件包是由用户申请安装的，并且已安装并完成配置，没有出现错误。

如果不加软件包名参数，将显示所有已经安装的 deb 软件包，包括显示版本以及简要说明。结合管道操作再使用 grep 命令可以查询某些软件包是否安装，例如：

```
test@deepin-PC:~$ dpkg -l | grep  pinyin
ii  fcitx-pinyin                          1:4.2.9.32.37-1
amd64       Flexible Input Method Framework - classic Pinyin engine
ii  fcitx-sunpinyin:amd64                 0.4.2-2
amd64       fcitx wrapper for Sunpinyin IM engine
ii  libsunpinyin3v5:amd64                 3.0.0~rc1+ds1-2
amd64       Simplified Chinese Input Method from SUN (runtime)
ii  sogoupinyin                           4.2.1.145
amd64       Business Sogou Input Method
ii  sunpinyin-data:amd64                  0.1.22+20170109-2
amd64       Statistical language model data from open-gram
```

执行 dpkg 命令时可以使用 -s 选项查看软件包的详细状态信息。例如，查看 sogoupinyin 软件包的详细状态信息：

```
test@deepin-PC:~$ dpkg -s sogoupinyin
Package: sogoupinyin
Status: install ok installed
Priority: optional
Section: utils
Installed-Size: 266474
Maintainer: Sogou IME Team <LinuxImeDev@sogou-inc.com>
Architecture: amd64
Version: 4.2.1.145
Depends: fcitx (>= 1:4.2.8), fcitx-frontend-gtk2, fcitx-frontend-gtk3,
fcitx-frontend-qt5, fcitx-module-x11, libxtst6, im-config, lsb-release
Recommends: fonts-droid | fonts-droid-fallback
Breaks: fcitx-ui-qimpanel
```

```
Conffiles:
 /etc/X11/Xsession.d/72sogoupinyinsogouimebs 2a004297b40fbc4f23978f7548de0736
 /etc/xdg/autostart/sogoupinyin-service.desktop ce40611d50f10fd2f2aea7f1d290a70e
 /etc/xdg/autostart/sogoupinyin-watchdog.desktop 0a1e3d602cf403277f98124d9496588b
Description: Business Sogou Input Method
 Based on web search engine technology, Sogou Pinyin input method is
 the next-generation input method designed for Internet users. As it
 is backed with search engine technology, user input method can be
 extremely fast, and it is much more advanced than other input method
 engines in terms of the volume of the vocabulary database and its
 accuracy. Sogou input method is the most popular input methods in
 China, and Sogou promises it will always be free of charge.
 Homepage: http://pinyin.sogou.com/linux
```

3. 卸载 deb 软件包

执行 dpkg 命令时使用 -r 选项可以卸载软件包，其基本用法如下：

```
dpkg -r < 软件包名 >
```

使用 -r 选项卸载软件包会保留该软件包的配置信息，如果要将配置信息一并删除，应使用 -P 选项，其基本用法如下：

```
dpkg -P < 软件包名 >
```

卸载操作需要 root 特权。使用 dpkg 工具卸载软件包不会自动解决依赖问题，所卸载的软件包可能含有其他软件所依赖的库和数据文件，这种依赖问题需要妥善解决。

例如，卸载上述 sogoupinyin 软件包：

```
test@deepin-PC:~$ sudo dpkg -P sogoupinyin
（ 正在读取数据库 ... 系统当前共安装有 281499 个文件和目录。）
正在卸载 sogoupinyin (4.2.1.145) ...
正在清除 sogoupinyin (4.2.1.145) 的配置文件 ...
dpkg: 警告：卸载 sogoupinyin 时，目录 /opt/sogoupinyin/files/share/shell/dict/PCPYDict
非空，因而不会删除该目录
正在处理用于 hicolor-icon-theme (0.17-2) 的触发器 ...
正在处理用于 bamfdaemon (0.5.4.1-1+eagle) 的触发器 ...
Rebuilding /usr/share/applications/bamf-2.index...
正在处理用于 desktop-file-utils (0.23-4) 的触发器 ...
正在处理用于 mime-support (3.62) 的触发器 ...
```

任务 6.1.2 使用软件包安装器安装和管理 deb 软件包

deepin 预装的软件包安装器是一款 deb 软件包管理工具，界面简单、易用，可以让用户安装应用商店没有提供的软件包，并且支持批量安装、版本信息识别和依赖包自动补全等功能，帮助用户快速完成软件包安装操作。

使用该工具要首先获取 deb 软件包文件，这里下载为 Debian/Ubuntu 版本提供的 google-chrome-stable_current_amd64.deb 软件包文件，用于安装谷歌浏览器。

双击 deb 软件包文件，软件包安装器会自动启动并准备安装该软件包。也可以通过启动器打开软件包安装器，直接将 deb 软件包文件拖动到软件包安装器界面，或者通过选择文件操作来选择 deb 软件包文件。出现图 6-3 所示的界面时，单击"安装"按钮。安装或卸载软件包都需要 root 特权，弹出认证对话框时需输入管理员密码并单击"确定"按钮。安装过程中可查看详细信息，安装成功后出现图 6-4 所示的界面，单击"完成"按钮。

图 6-3　使用软件包安装器安装 deb 软件包　　　　　　图 6-4　安装成功

软件包安装器可以通过拖动或选择文件的方式一次性批量添加多个软件包，从而实现批量安装。批量安装时也可以查看安装进程，还可以将软件包从安装列表中移除。

当 deepin 中已安装相同版本或其他版本的软件包时，可以使用软件包安装器执行卸载操作。具体方法是在软件包安装器界面中直接将 deb 软件包文件拖动到应用界面，或者通过选择文件操作来选择 deb 软件包文件，然后界面中提示已安装相同版本，单击"卸载"按钮，根据提示进行验证，接着开始卸载过程，卸载成功后单击"完成"按钮即可。

提示　在 deepin 中，无论是通过 dpkg 还是软件包安装器基于 deb 软件包安装的软件，都可以通过应用商店来进行卸载。我们也可以直接通过应用商店下载 deb 软件包文件之后，再使用 dpkg 或软件包安装器进行手动安装。

任务 6.2　使用 apt 工具安装和管理软件包

任务要求

手动安装 deb 软件包不成功的原因主要有两个，一是所用的软件包的硬件架构不匹配，如在 ARM 架构的计算机上安装 x86_64 版本；二是依赖关系不满足。安装任何软件包之前必须保证其所依赖的库和软件已经安装到系统上，搞清楚依赖关系并加以解决，这对普通用户来说有相当的难度。deepin 继承了 Debian 和 Ubuntu 的 apt 工具。使用 apt 工具安装软件包则可以自动解决软件依赖问题，还不需要用户自己去下载软件包，也不存在选错硬件架构的问题。不过 apt 工具大多数情况下被用于在线安装和更新软件，要求计算机能够联网访问安装源。本任务的基本要求如下。

（1）了解 apt 工具。

（2）了解软件源。

（3）学会使用 apt 工具管理软件包。

（4）学会配置软件源。

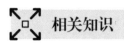
相关知识

6.2.1 高级软件包管理工具 apt

dpkg 本身是一个底层的工具，而 apt 则是位于其上层的包管理器，用于从远程获取软件包并能处理复杂的软件包关系。使用 apt 工具从软件仓库中搜索、安装、升级、卸载软件，实际上需要调用底层的 dpkg。

1. apt 的基本功能

作为高级软件包管理工具，apt 主要具备以下 3 项功能。

• 从互联网上的软件源下载最新的软件包元数据、二进制包或源码包。软件包元数据就是软件包的索引和摘要信息文件。

• 利用下载到本地的软件包元数据，完成软件包的搜索和系统的更新。

• 安装和卸载软件包时自动寻找最新版本，并自动解决软件的依赖问题。apt 使用依赖关系信息来确保在安装、升级或卸载软件包时的一致性和正确性。

2. apt 的用法

apt 命令支持子命令、选项和参数，其基本用法如下：

```
apt  [选项]  命令  [参数]
```

apt 常用命令见表 6-1。

表6-1　apt常用命令

apt 命令	功能说明
apt update	获取最新的软件包列表，以确保用户能够获取最新的软件包
apt upgrade	更新当前系统中所有已安装的软件包，同时更新与软件包相关的所依赖的软件包
apt install	下载、安装软件包并自动解决依赖问题
apt remove	卸载指定的软件包
apt autoremove	自动卸载所有未使用的软件包
apt purge	卸载指定的软件包及其配置文件
apt full-upgrade	在升级软件包时自动解决依赖问题
apt clean	清理已下载的软件包，不会影响软件的正常使用
apt autoclean	删除已卸载的软件的软件包备份
apt list	列出包含条件的软件包（已安装、可升级等）
apt search	按关键字搜索软件包
apt show	显示软件包详细信息

6.2.2 软件源

软件源是指应用安装仓库，很多应用软件都会收录到此仓库中。仓库分为两种类型，一种是软件仓库，用于存储各类软件的二进制包和源码；另一种是 ISO 仓库，存放的是操作系统发行版的 ISO 文件。

软件源的作用是方便用户获取软件包，提供软件更新和安全补丁，以及保证软件的可靠性和

deepin操作系统（项目式）（微课版）

稳定性。在 Linux 操作系统中，软件源通常由 Linux 发行版的官方维护。deepin 提供自己的软件源以供用户安装软件和更新系统。

软件源可以是远程的网络服务器，也可以是本地源，如光盘，甚至是硬盘上的一个目录。deepin 使用软件源配置文件 /etc/apt/sources.list 来为用户指定软件源。该文件存放的是软件源站点地址，使用 apt 安装的软件包就是从这些站点上下载的软件包。注意，该文件记录的是仓库的描述信息，所有的软件包安装获取还是需要联网的。

用户可以通过修改软件源配置文件来更改软件源。可以直接使用文本编辑器打开 /etc/apt/sources.list 文件进行编辑，也可以直接使用 apt edit-sources 命令编辑该文件。deepin 安装后 /etc/apt/sources.list 文件的默认内容如下：

```
## Generated by deepin-installer
deb https://community-packages.deepin.com/deepin/ apricot main contrib non-free
#deb-src https://community-packages.deepin.com/deepin/ apricot main contrib non-free
```

该文件除了以符号 # 开头的注释行外，其他每行就是一条关于软件源的记录，共有 4 个部分，各部分之间用空格分隔，为 apt 提供软件镜像站点地址。

第 1 部分位于行首，用于指示软件包的类型。Debian 类型的软件包使用 deb 或者 deb-src，分别表示直接通过 .deb 文件进行安装或者通过源文件的方式进行安装。

第 2 部分定义 URL（统一资源定位符），表示提供软件源的 CD-ROM、HTTP 或 FTP 服务器的 URL，通常是软件仓库服务器地址。

第 3 部分定义软件包的发行版本，使用 deepin 不同版本的代号。例如，deepin V20 的版本代号是 apricot。

第 4 部分定义软件包的具体分类。若干分类用空格隔开，它们是并列关系，每个分类字符串分别对应相应的目录结构（位于上述发行版目录下）。deepin 有 3 个主要分支。

• main：主要分支，即软件源中包含的自由和开源软件的主要部分。

• contrib：贡献分支，包含非自由但仍然有用的软件，这些软件可能包含一些专利或版权限制，通常由社区成员或第三方维护。

• non-free：非自由分支，包含完全非自由的软件，这些软件可能有严格的使用限制、专有许可证或其他限制。这些软件通常由第三方维护。

用户可以根据自己的需求和偏好，选择从哪个分支获取软件。main 是最常用的，因为它包含自由和开源的软件，而 contrib 和 non-free 则提供了更多的选择。

另外，/etc/apt/sources.list.d 目录下的 .list 文件也用来单独提供软件源，通常用来安装第三方软件。执行 apt update 命令就可以同步（更新）/etc/apt/sources.list 和 /etc/apt/sources.list.d 目录下 .list 文件的软件源的索引，以获取最新的软件包。

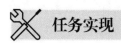
任务实现

任务 6.2.1　使用 apt 工具管理软件包

下面示范如何使用 apt 工具管理软件包。

1. 查询软件包

使用 apt 工具安装和卸载软件包时必须准确地提供软件包名。可以使用 apt 命令在软件包缓存中搜索软件，收集软件包信息，获知哪些软件可以安装。由于支持模糊查询，查询非常方便。这里介绍并示范几种常见的用法。

执行 list 子命令可以根据名称列出本地仓库中的软件包名，例如：

```
test@deepin-PC:~$ apt list zip
正在列表 ... 完成
zip/ 未知 ,now 3.0.1-1+rebuild amd64 [ 已安装 ]
zip/ 未知 3.0.1-1+rebuild i386
```

软件包名支持通配符，比如执行 apt list zlib* 能列出以 zlib 开头的所有软件包名。

如果不指定软件包名，将列出当前所有可用的软件包名。

执行 apt list --installed 命令则会列出系统中所有已安装的软件包名。

执行 apt list --upgradeable 命令则会列出可更新的软件包名。

使用 search 子命令可以查找使用参数定义的软件包并列出该软件包的相关信息，参数可以使用正则表达式，最简单的是直接使用软件部分名字，将列出包含该名字的所有软件包名。

使用 show 子命令可以查看指定名称的软件包的详细信息。

使用 depends 子命令可以查看软件包所依赖的软件包，例如：

```
test@deepin-PC:~$ apt depends zip
zip
  依赖 : libbz2-1.0
  依赖 : libc6 (>= 2.14)
  推荐 : unzip
    unzip:i386
```

使用 rdepends 子命令可以查看软件包被哪些软件包所依赖，例如：

```
test@deepin-PC:~$ apt rdepends zip
zip
Reverse Depends:
  依赖 : zip-dbgsym (= 3.0.1-1+rebuild)
    zip:i386
  建议 : org.midnight-commander
    zip:i386
  建议 : org.krusader.krusader
    zip:i386
  推荐 : org.kde.www.ark
    zip:i386
  依赖 : org.gnome.bygfoot
    zip:i386
# 此处省略
```

使用 policy 子命令可以显示软件包的安装状态和版本信息，例如：

```
test@deepin-PC:~$ apt policy zip
zip:
  已安装 : 3.0.1-1+rebuild
  候选 : 3.0.1-1+rebuild
  版本列表 :
```

```
*** 3.0.1-1+rebuild 500
        500 https://community-packages.deepin.com/deepin apricot/main amd64 Packages
        100 /usr/lib/dpkg-db/status
```

2. 安装软件包

安装软件包需要 root 特权。如果使用的是统信 UOS 或银河麒麟操作系统，使用 apt 安装软件包应当先开启开发者模式，具体方法是打开控制中心，选择"通用"→"开发者模式"→"进入开发者模式"，激活开发者模式成功后，重启系统。

建议用户在每次安装和更新软件包之前，先执行 apt update 命令更新系统中 apt 缓存中的软件包信息。

```
test@deepin-PC:~$ sudo apt update
请输入密码：
验证成功
命中 :1 https://community-packages.deepin.com/deepin apricot InRelease
命中 :2 https://pro-driver-packages.uniontech.com eagle InRelease
命中 :3 https://community-packages.deepin.com/driver driver InRelease
命中 :4 https://community-packages.deepin.com/printer eagle InRelease
已下载 2,906 B，耗时 1 秒 (4,586 B/s)
正在读取软件包列表 ... 完成
正在分析软件包的依赖关系树
正在读取状态信息 ... 完成
有 9 个软件包可以升级。请执行 'apt list --upgradable' 来查看它们。
```

只有执行该命令，才能保证获取到最新的软件包。接下来示范安装软件包，这里以安装经典的桌面排版软件 Scribus 为例。

```
test@deepin-PC:~$ sudo apt install scribus
正在读取软件包列表 ... 完成
正在分析软件包的依赖关系树
正在读取状态信息 ... 完成
下列软件包是自动安装的并且现在不需要了：
   deepin-pw-check imageworsener liblqr-1-0 libmaxminddb0 libqtermwidget5-0
libsmi2ldbl libutempter0
   # 此处省略
使用 'sudo apt autoremove' 来卸载它（它们）。
将会同时安装下列软件：
   blt cups-bsd fonts-dejavu fonts-dejavu-extra gcc-8-base:i386 hyphen-zu
icc-profiles-free libaudio2
   # 此处省略
建议安装：
   blt-demo inetutils-inetd | inet-superserver update-inetd nas glibc-
doc:i386 locales:i386 rng-tools:i386
   cryptsetup-bin:i386 libicu57 libicu57:i386 libthai0:i386 qt4-qtconfig
tk8.6 tix python-tk-dbg icc-profiles
   scribus-doc scribus-template texlive-latex-recommended
下列【新】软件包将被安装：
   blt cups-bsd fonts-dejavu fonts-dejavu-extra gcc-8-base:i386 hyphen-zu
icc-profiles-free libaudio2
   # 此处省略
升级了 0 个软件包，新安装了 47 个软件包，要卸载 0 个软件包，有 9 个软件包未被升级。
```

```
需要下载 44.4 MB 的归档文件。
解压缩后会消耗 136 MB 的额外空间。
您希望继续执行吗？ [Y/n]
您希望继续执行吗？ [Y/n] Y
获取 :1 https://community-packages.deepin.com/deepin apricot/main i386 gcc-
8-base i386 8.3.0.3-3+rebuild [16.8 kB]
# 此处省略
已下载 44.4 MB，耗时 44 秒 (1,017 kB/s)
正在从软件包中解出模板：100%
正在预设定软件包 ...
正在选中未选择的软件包 gcc-8-base:i386。
（正在读取数据库 ... 系统当前共安装有 281650 个文件和目录。）
准备解压 .../0-gcc-8-base_8.3.0.3-3+rebuild_i386.deb  ...
正在解压 gcc-8-base:i386 (8.3.0.3-3+rebuild) ...
# 此处省略正在设置 libqt4-dbus:amd64 (4:4.8.7.1+dfsg-1+dde) ...
正在设置 qt-at-spi:amd64 (0.4.0-9) ...
正在处理用于 libc-bin (2.28.21-1+deepin-1) 的触发器 ...
```

在安装过程中，apt 为用户提供了大量信息，自动检查并处理缺失的依赖关系。

提示　　使用 apt 命令执行安装时可能会提示无法获得锁（资源暂时不可用），遇到这种问题，首先检查是否有其他 apt 或 dpkg 进程在运行（如执行 ps aux | grep -i apt 命令查看），如果有，等待其完成后再尝试运行 apt 命令。如果没有，仍然无法获取锁，可能是由于残留的锁文件导致的，根据提示删除相应的锁文件，如执行 sudo rm /var/lib/dpkg/lock-frontend、sudo rm /var/cache/apt/ archives/lock 等命令。

3. 卸载软件包

执行 apt remove 命令可卸载已安装的软件包，但会保留该软件包的配置文件。例如，执行以下命令下载 tree 软件包：

```
sudo apt remove tree
```

在卸载软件包时，会检查其他软件包是否依赖于该软件包，并提示相关信息。如果其他软件包依赖于该软件包，卸载操作可能会受到限制或警告。

如果要同时删除配置文件，则要执行 apt purge 命令。

如果需要更彻底地删除，可执行以下命令：

```
sudo apt autoremove <软件包名>
```

这将删除该软件包及其所依赖的、不再使用的软件包。

apt 会将下载的 deb 软件包缓存在 /var/cache/apt/archives 目录中，已安装或已卸载的软件包的 deb 软件包文件都备份在该目录下。为释放被占用的空间，可以执行 apt clean 命令删除已安装的软件包的备份，这样并不会影响软件的使用。如果要删除已经卸载的软件包的备份，可以执行 apt autoclean 命令。

4. 升级软件包

执行 apt upgrade 命令会升级本地已安装的所有软件包。如果已经安装的软件包有最新版本了，则会进行升级，升级时不会卸载已安装的软件包，也不会安装额外的软件包。如果新版本的软件包的依赖关系发生变化，引入了新的依赖软件包，则当前系统不能满足新版本的依赖关系，该软件包就会保留下来，而不会被升级。

而执行 apt full-upgrade 命令可以将系统已安装的所有软件包升级到最新版本，并自动解决软件包之间的依赖问题，删除当前已安装的软件包。

执行 apt dist-upgrade 命令可以识别出依赖关系改变的情形并做出相应处理，如尝试升级最重要的软件包。如果新版本需要新的依赖包，为解决依赖问题，将试图安装引入的依赖包。

升级的最新版本来源于 /etc/apt/sources.list 中给出的软件源，因此在执行此命令之前要先执行 apt update 命令以确保软件包信息是最新的。

执行 apt upgrade 命令时加上 -u 选项很有必要，这可以让 apt 显示完整的可更新软件包列表。可以先使用 -s 选项来模拟升级软件包，这样便于查看哪些软件包会被更新，确认没有问题后，再实际执行升级。

如果只对某一具体的软件包进行升级，可以在执行安装软件包命令时加上 --reinstall 选项：

```
apt --reinstall install <软件包名>
```

任务 6.2.2　配置软件源

建议直接使用 apt 提供的 edit-sources 命令来编辑软件源配置文件，例如：

```
test@deepin-PC:~$ sudo apt edit-sources
Select an editor.  To change later, run 'select-editor'.
  1. /bin/nano        <---- easiest
  2. /usr/bin/vim.tiny
  3. /bin/ed
Choose 1-3 [1]:1
```

可以从列表中选择编辑器来修改软件源配置文件，建议初学者选择第 1 种即 /bin/nano。可以根据需要添加其他的软件源，如清华大学和阿里云的软件源：

```
deb https://mirrors.tuna.tsinghua.edu.cn/deepin/ apricot main contrib non-free
deb https://mirrors.aliyun.com/deepin/ apricot main contrib non-free
```

修改软件源配置之后，可以执行以下命令完成软件源的更新：

```
sudo apt update
```

也可以通过控制中心来修改软件源。打开控制中心，单击"系统信息"，单击"设置"，选择"更新源（更改）"，选择喜欢的软件源。

建议使用官方软件源或受信任的软件源。使用非官方或第三方软件源可能导致不稳定性或安全性问题。

任务 6.3　源码编译安装

任务要求

并不是所有的软件都提供相应操作系统平台和合适硬件架构的软件包，如果没有合适的软件包，则需要考虑获取源码包进行编译安装。有些软件的最新版本往往通过源码包发布，需要用户编译安装。另外，用户还可以根据需要基于源码包对软件加以定制，有的软件还允许用户基于源码包进行二次开发。本任务的具体要求如下。

（1）了解源码包和编译工具。

（2）了解源码编译安装的基本步骤。

（3）掌握使用源码编译安装软件的方法。

 相关知识

6.3.1 源码包文件

程序员编写的程序通常以文本文件的格式保存下来，这些文本文件就是软件的源码。Linux 的多数软件都是开源软件，直接为用户提供源码。deepin 用户可以直接在 Linux 源码的基础上进行编译，生成二进制代码并进行安装。当然，高级用户也可以对源码进行修改后再进行编译安装。

Linux 最新版本的软件通常以源码包形式发布，较常见的是 .tar.bz2、.tar.gz 和 .tar.xz 这几种压缩包格式。

由源码编译而生成的二进制代码就是可执行文件。注意，与 Windows 系统不同，Linux 的可执行文件通常没有明确的扩展名。

6.3.2 GCC 编译工具

GCC（GNU Compiler Collection，GNU 编译器套件）是由 GNU 开发的编译器，可以在多种软硬件平台上编译可执行程序，执行效率比其他编译器的高。它原本只支持 C 语言（称为 GNU C Compiler），后来支持 C++，再后来又支持 Fortran、Pascal、Objective-C、Java、Ada 等程序设计语言，以及各类处理器架构上的汇编语言，所以改称 GNU Compiler Collection。作为自由软件，GCC 现已被大多数类 UNIX 操作系统采纳为标准的编译器，也适用于 Windows 操作系统。

确保系统中已经安装了必要的开发工具，例如编译器（如 GCC）、链接器（如 ld）、构建工具（如 make）和其他相关工具（如 autoconf、automake 等）。这些工具通常可以通过系统的软件包管理器进行安装。

对于以源码发行的软件包，需要用到 make 工具。make 主要的功能就是通过 Makefile 文件维护源程序，实现自动编译和安装。

deepin 默认提供 C 语言编译环境，同时提供 make 工具。可以运行 gcc、make 等命令进行测试。但 deepin 未预装库信息提取工具 pkg-config，可以执行以下命令进行安装：

```
sudo apt install pkg-config
```

6.3.3 源码编译安装的基本步骤

在进行源码编译安装之前，首先需要了解基本步骤。

1. 下载和解压缩源码包文件

Linux 软件的源码一般使用 tar 工具打包，通常将以 tar 命令来压缩打包的文件称为 Tarball，这是 UNIX 和 Linux 操作系统中广泛使用的压缩包格式。

下载源码包文件后，首先需要解压缩。在 Linux 中用户一般将源码包复制到 /usr/local/src 目录下再解压缩。通常使用 tar 命令解压缩，该命令常用的解压缩选项如下。

- -j（--bzip2）表示压缩包具有 bzip2 的属性，即需要用 bzip2 格式压缩或解压缩。
- -J（--xz）表示压缩包具有 xz 的属性，即需要用 xz 格式压缩或解压缩。
- -z（--gzip）表示压缩包具有 gzip 的属性，即需要用 gzip 格式压缩或解压缩。
- -x 用于解压缩一个压缩文件。
- -v 表示在压缩过程中显示文件。
- -f 表示使用压缩包文件名，注意在该选项之后要使用文件名作为参数，不要再加上其他选项或参数。

完成解压缩后，进入解压缩后的目录下，查阅 INSTALL 与 README 等相关帮助文档，了解该软件的安装要求、软件的工作项目、安装参数配置及技巧等，这一步很重要。安装帮助文档中通常会说明要安装的依赖性软件。依赖性软件的安装很有必要，是源码编译安装成功的前提。

2. 执行 configure 脚本生成编译配置文件 Makefile

源码需要编译成二进制代码再进行安装。自动编译需要编译配置文件 Makefile。多数源码包都会提供一个名为 configure 的文件，它实际上是一个使用 bash 脚本编写的程序。该脚本将扫描系统，以确保程序所需的所有库文件已存在，并做好文件路径及其他所需的设置工作，还会创建 Makefile 文件。

为方便根据用户的实际情况生成 Makefile 文件以指示 make 命令正确编译源码，configure 通常会提供若干选项供用户选择。每个源码包的 configure 命令选项不尽相同，在实际应用中可以执行 ./configure --help 命令查看。有些选项比较通用，具体见表 6-2。其中比较重要的就是 --prefix 选项，它后面给出的路径就是软件要安装到的目的目录，如果不用该选项，默认将安装到 /usr/local 目录。

表6-2　configure命令常用选项

选项	说明
--help	提供帮助信息
--prefix=PREFIX	指定软件安装位置，默认为 /usr/local
--exec-prefix=PREFIX	指定可执行文件安装路径
--libcdir=DIR	指定库文件安装路径
--sysconfidr=DIR	指定配置文件安装路径
--includedir=DIR	指定头文件安装路径
--disable-FEATURE	关闭某功能
--enable-FEATURE	开启某功能

3. 执行 make 命令编译源码

执行 make 命令会依据 Makefile 文件中的设置对源码进行编译并生成可执行的二进制文件。编译工作主要是运行 GCC 将源码编译成可以执行的目标文件，但是这些目标文件通常还需要连接一些函数库才能产生一个完整的可执行文件。使用 make 命令就是要将源码编译成可执行文件，放置在目前所在的目录之下，此时可执行文件还没有安装到指定目录中。

4. 执行 make install 安装软件

make 命令只用于生成可执行文件，要将可执行文件安装到系统中，还需执行 make install 命令。通常这是最后的安装步骤，执行 make 命令根据 Makefile 文件中关于 install 目标的设置，将上一步骤所编译完成的二进制文件、库和配置文件等安装到预定的目录中。

如果上述任意一个步骤无法成功，后续的步骤就无法进行。

另外，通过执行 make install 命令安装的软件通常可以通过执行 make clean 命令卸载。

微课6-1.使用源码编译安装Python

任务实现

任务 6.3.1　使用源码编译安装软件

这里以 Python 3.11.4 的安装为例示范源码编译安装步骤。针对 Linux 的最新版本的 Python 是以源码包形式发布的，源码编译安装需要多个依赖文件支持。

（1）执行以下命令安装 Python 所依赖的软件包：

```
cxz@linuxpc1:~$ sudo apt install libreadline-dev libncursesw5-dev
libsqlite3-dev tk-dev libgdbm-dev liblzma-dev libbz2-dev
```

不同的用户环境中缺失的依赖包不尽相同，如果在执行 make 命令过程中还给出其他模块的缺失信息，读者可以查找相关软件包进行安装，然后从头编译安装。

（2）执行以下命令从 Python 官网获取 3.11.4 版本的源码包：

```
test@deepin-PC:~$ wget https://www.python.org/ftp/python/3.11.4/Python-3.11.4.tar.xz
```

（3）执行以下命令对其解压缩：

```
test@deepin-PC:~$ tar  -xvJf  Python-3.11.4.tar.xz
```

完成解压缩后在当前目录下自动生成一个目录（根据压缩包文件命名，本例为 Python-3.11.4），并将所有文件释放到该目录中。本例当前目录位于用户主目录，操作无须 root 特权。

（4）将当前目录切换到该目录，并查看其中的文件列表。

```
test@deepin-PC:~$ cd Python-3.11.4
test@deepin-PC:~/Python-3.11.4$ ls
aclocal.m4    configure    Grammar      Lib         Makefile.pre.in  Objects
PCbuild       Python       Tools
config.guess  configure.ac Include      LICENSE     Misc             Parser
Programs      README.rst
config.sub    Doc          install-sh   Mac         Modules          PC
pyconfig.h.in setup.py
```

（5）阅读其中的 README.rst 文件，了解安装注意事项。这一步非常关键，涉及安装环境和注意事项，但往往被用户所忽略。根据这些提示完成后续的安装步骤。

（6）执行 configure 脚本生成编译配置文件 Makefile。这里加上 --enable-optimizations 选项，以启用配置文件引导的优化和连接时间优化。

```
test@deepin-PC:~/Python-3.11.4$ ./configure  --enable-optimizations
checking build system type... x86_64-pc-linux-gnu
checking host system type... x86_64-pc-linux-gnu
checking for Python interpreter freezing... ./_bootstrap_python
```

```
checking for python3.11... no
checking for python3.10... no
checking for python3.9... no
checking for python3.8... no
checking for python3.7... python3.7
...
config.status: creating pyconfig.h
configure: creating Modules/Setup.local
configure: creating Makefile
```

（7）执行 make 命令，完成源码编译。这一步花费的时间略长。

```
test@deepin-PC:~/Python-3.11.4$ make
Running code to generate profile data (this can take a while):
# First, we need to create a clean build with profile generation
# enabled.
make profile-gen-stamp
make[1]: 进入目录"/home/test/Python-3.11.4"
make clean
make[2]: 进入目录"/home/test/Python-3.11.4"
find . -depth -name '__pycache__' -exec rm -rf {} ';'
...
make[1]: 离开目录"/home/test/Python-3.11.4"
```

 提示　　如果执行 make 命令进行源码编译时发生问题，则需要重新执行 configure 脚本生成编译配置文件 Makefile。在这种情形下应当先执行 make clean 命令清理之前的配置缓存，再执行 configure 脚本，以免影响 Makefile 文件的成功生成。

（8）执行 sudo make install 命令完成安装。安装需要 root 特权。

```
test@deepin-PC:~/Python-3.11.4$ sudo make install
if test "no-framework" = "no-framework" ; then \
        /usr/bin/install -c python /usr/local/bin/python3.11; \
else \
        /usr/bin/install -c -s Mac/pythonw /usr/local/bin/python3.11; \
fi
if test "3.11" != "3.11"; then \
        if test -f /usr/local/bin/python3.11 -o -h /usr/local/bin/python3.11; \
        then rm -f /usr/local/bin/python3.11; \
        fi; \
        (cd /usr/local/bin; ln python3.11 python3.11); \
fi
...
Installing collected packages: setuptools, pip
```

（9）执行以下命令进行测试：

```
test@deepin-PC:~$ python3 --version
Python 3.11.4
test@deepin-PC:~$ pip3 --version
pip 23.1.2 from /usr/local/lib/python3.11/site-packages/pip (python 3.11)
```

结果表明，已经成功编译安装 Python 3.11.4 和新版本的 pip3。

任务 6.3.2　卸载源码编译安装的软件

如果源码包中的 Makefile 文件提供 uninstall 命令，则可以直接在源码编译安装的项目目录下执行 sudo make uninstall 命令进行卸载。以上 Python 源码包中未提供 uninstall 命令，因此无法直接卸载。

```
test@deepin-PC:~/Python-3.11.4$ sudo make uninstall
```

如果执行 configure 命令时使用 --prefix 选项指定安装目录，则简单地删除该安装目录，就可以将软件卸载。

如果既没有提供 uninstall 命令，又没有使用 --prefix 选项，则只有手动卸载软件。可以使用 whereis 命令找到软件安装目录，再执行 rm -rf 命令将这些目录全部删除。本例通过这种方式卸载源码编译安装的 Python。

```
test@deepin-PC:~/Python-3.11.4$ whereis python3.11
python3.11: /usr/local/bin/python3.11 /usr/local/lib/python3.11
test@deepin-PC:~$ sudo rm -rf /usr/local/bin/python3.11
```

还有一种变通方案，即通过临时目录重新编译安装一遍，例如：

```
./configure --prefix=/tmp/to_remove && sudo make install
```
然后删除 /tmp/to_remove 目录及其中的所有文件。

任务 6.4　安装和运行 Windows 软件

▷ **任务要求**

虽然以 deepin 和统信 UOS 为代表的基于 Linux 的国产自主操作系统的软件生态发展非常迅速，但是与已发展多年的 Windows 操作系统相比，国产自主操作系统的软件生态目前还不够完善，一些应用软件没有对应的 Linux 版本。为逐步过渡到国产自主操作系统，有些用户希望能够在国产自主操作系统中使用一些 Windows 软件，还有一些用户希望将自己开发的 Windows 应用程序直接迁移到 deepin 或统信 UOS 中运行，目前流行的解决方案是使用 Wine 技术。本任务的具体要求如下。

（1）了解 Wine 技术和 deepin-wine 技术。

（2）掌握使用 deepin-wine 技术安装并运行 Windows 软件的方法。

相关知识

6.4.1　Wine 技术

Wine 全称为 Wine Is Not an Emulator，意为"Wine 不是一个模拟器"，是一款能在非 Windows 操作系统上运行 Windows 应用程序的开源容器软件，可以在类 UNIX 操作系统（如 Linux）平台使用。与虚拟机或模拟器模拟内部的 Windows 逻辑不同，Wine 提供的是 Windows

API（应用程序接口）的实现，将 Windows 应用程序所需的 API 调用转换为相应的 POSIX（可移植操作系统接口）系统调用，以免影响性能和占用内存资源，让用户能够在 Linux 桌面环境中流畅地运行 Windows 应用程序。

Wine 的主要目标之一是实现二进制兼容性，用户可以使用原始的 Windows 可执行程序而无须修改。用户可以在非 Windows 操作系统上运行许多 Windows 应用程序，包括办公套件、图形设计软件、游戏等。Wine 还提供一些工具和库，如 Wine 配置工具和图形化前端工具，用于配置和管理 Wine 环境。

Wine 对不同版本的 Windows 应用程序有不同的兼容性程度，并不是所有的 Windows 应用程序都能在 Wine 下完美运行，在运行复杂的应用程序、特定的硬件要求或依赖于特定 Windows 组件的应用程序时可能会遇到兼容性问题，或存在功能缺失或性能问题。

提示　国内开发人员开发的 Wine 运行器内置对 Wine 图形化的支持、各种 Wine 工具、自制的 Wine 程序打包器和运行库安装工具等，并且简化了 Wine 容器的启动命令。它同时还内置基于 QEMU/VirtualBox 制作的、专供入门级用户使用的 Windows 虚拟机安装工具，可以做到只需下载系统镜像并单击安装即可，无须考虑虚拟机的安装、创建、分区等操作，也能在非 x86 架构安装 x86 架构的 Windows 操作系统。该工具目前支持 deepin、统信 UOS、Ubuntu、KylinOS 等 Linux 操作系统。

6.4.2　deep-wine 技术

deep-wine 是深度科技的一个项目，旨在为 deepin 操作系统提供兼容 Windows 应用程序的能力。深度科技和统信软件的 Wine 研发团队以国内需求为主导，基于 deep-wine 技术完成了微信、企业微信、QQ、TIM、钉钉、迅雷、Foxmail、百度网盘等拥有海量用户的国产 Windows 软件，使 deepin 和统信 UOS 能够更好地满足国内用户的日常使用需求。与此同时，该研发团队还向 Wine 开源社区提交许多补丁，为 Wine 开源技术贡献中国力量。

这些基于 deep-wine 技术迁移的常用软件已被官方制成单独的软件包，让用户从 deepin 和统信 UOS 的应用商店进行下载和安装（相关的软件包介绍中会提及 Wine 技术或版本），安装方法与其他软件的一致，具体请参见本书项目 2 中的讲解。

此类软件安装后会被自动添加到 deepin 和统信 UOS 的启动器中，方便用户直接通过启动器打开软件。如果不再需要此类软件，也可以直接通过应用商店或启动器卸载。用户也可以使用 apt 命令来安装和管理此类软件包。例如，执行以下命令安装 QQ（Wine）版本：

```
sudo apt install com.qq.im.deepin
```

使用 deep-wine 技术，deepin 或统信 UOS 用户还可以尝试安装运行其他 Windows 应用程序，包括办公套件、图形设计软件、音视频处理工具等。需要注意的是，并非所有的 Windows 应用程序都能在 deep-wine 下完美运行，目前仍然存在一些兼容性和性能方面的限制。

对于普通用户来说，要安装 deepin 应用商店未提供的 Windows 软件，首选 deepin-wine6-stable。deepin-wine6-stable 是基于 Wine 官网的 6.0 版本实现的统信内部版本，deepin 或统信 UOS 的软件源中已经提供。

微课6-2.使用deepin-wine6-stable安装Windows软件

微课6-3.配置Windows软件

电子活页6-1.配置Windows软件

任务 6.4.1 使用 deepin-wine6-stable 安装 Windows 软件

下面以 Microsoft Office 2010（后文简称 Office 2010）为例示范使用 deepin-wine6-stable 安装 Windows 软件的过程。

（1）确认建立 deepin-wine 环境。新安装的 deepin 系统需要安装任何一款应用商店里使用 deepin-wine 技术运行的 Wine 应用（如 Wine 版微信、Wine 版 QQ），安装完毕并运行一下，这样系统就会自动建立 deepin-wine 环境，此时在用户主目录下的 .deepinwine 子目录会提供相应 Windows 应用的系统环境。

本例安装微信并运行过，查看该子目录，可以发现其中有一个名为 Deepin-WeChat 的子目录。

```
test@deepin-PC:~$ ls .deepinwine
Deepin-WeChat
```

deepin 应用商店提供的新版本 Wine 应用安装后自动建立的是 deepin-wine8-stable 环境。考虑到兼容性，应使用 deepin-wine6-stable 安装第三方 Windows 软件，这里需要执行 sudo apt install deepin-wine6-stable 命令安装该软件包来建立 deepin-wine6-stable 环境。

（2）准备 Office 2010 安装包。本例将下载的 Office 安装镜像文件 office2010wind.iso 存放在下载目录（~/Downloads），然后将该文件解压缩到 ~/Downloads/office2010wind 目录中。

（3）执行以下命令新建一个名为 Deepin-Office 的 32 位 Windows 7 的 Wine 容器，弹出图 6-5 所示的 Wine 设置对话框，这里保持默认设置（选择 Windows 7），单击"确定"按钮。

```
test@deepin-PC:~$ WINEARCH=win32 WINEPREFIX=~/.deepinwine/Deepin-Office
deepin-wine6-stable winecfg
  wine: created the configuration directory '/home/test/.deepinwine/Deepin-Office'
  wine version: 6.0
  Could not find Wine Gecko. HTML rendering will be disabled.
  wine: configuration in L"/home/test/.deepinwine/Deepin-Office" has been updated.
```

其中参数 WINEARCH 用于指定 Wine 容器架构，win32 表示新建一个 32 位的容器，win64 表示新建一个 64 位的容器，若无特殊情况，建议新建 32 位的容器；参数 WINEPREFIX 用于指定容器路径；deepin-wine6-stable 是所使用的 Wine 程序，winecfg 用于调出 Wine 设置。

该容器创建完毕后，就会在 ~/.deepinwine 目录下生成一个名为 Deepin-Office 的目录，如图 6-6 所示。该目录提供模拟的 Windows 系统环境，也就是所谓的 Wine 容器，其名称也是 Deepin-Office。

（4）执行以下命令安装 Windows 软件 Office 2010，弹出图 6-7 所示的 Office 安装引导界面，根据提示操作安装即可。

```
test@deepin-PC:~$ WINEPREFIX=~/.deepinwine/Deepin-Office deepin-wine6-stable
~/Downloads/office2010wind/setup.exe
  wine version: 6.0
```

使用 Wine 运行应用程序的基本方法如下：

```
WINEPREFIX= 容器路径 wine 程序（Wine 的路径）可执行文件路径
```

其中参数 WINEPREFIX 用于指定容器路径，deepin-wine6-stable 是所使用的 Wine 程序，最后的部分是要运行的可执行程序的路径，这里要运行的是 Office 2010 的安装程序。

图 6-5　Wine 设置

图 6-6　Wine 容器目录

（5）执行以下命令通过 Wine 容器运行 Windows 软件 Office 2010 并进行测试。这里测试的是 Word，首次运行后弹出"用户姓名"对话框，根据提示提供用户姓名，然后打开一个文档供用户编辑，如图 6-8 所示。

```
test@deepin-PC:~$ WINEPREFIX=~/.deepinwine/Deepin-Office deepin-wine6-stable
"c:/Program Files/Microsoft Office/Office14/WINWORD.EXE"
wine version: 6.0
```

其中参数 WINEPREFIX 用于指定容器路径，deepin-wine6-stable 是所使用的 Wine 程序，最后的部分是要运行的 Windows 应用的路径，本例中用双引号指定 Wine 容器 drive_c（即模拟 c 盘）中的路径（路径中有空格），并运行了 Word。

图 6-7　Office 安装引导界面

图 6-8　通过 Wine 容器运行的 Word 应用

（6）编辑完成之后保存文件，可以按 Windows 风格的文件夹（含有盘符）选择文件保存路径，也可以按 Linux 风格的目录选择文件保存路径，如图 6-9 所示。

（7）为方便启动 Windows 软件，可以考虑为其制作桌面图标，这里以其中的 Word 为例进行示范。在桌面上新建一个文本文件，命名为 MSWord.txt，在其中输入以下内容并保存该文件，然后重命名该文件，将扩展名 .txt 改为 .desktop。

```
[Desktop Entry]
Categories=Application
Exec=sh -c 'WINEPREFIX=/home/$USER/.deepinwine/Deepin-Office deepin-wine6-
stable "c:/Program Files/Microsoft Office/Office14/WINWORD.exe"'
Icon=0575_wordicon.0
MimeType=
Name=Word
StartupNotify=true
Type=Application
X-Deepin-Vendor=user-custom
```

其中参数 Exec 用于指定该 Windows 应用程序的容器路径，注意 .exe 主程序路径在虚拟 C 盘里的路径，由于路径中有空格，需要加引号。一定要注意，此处 WINEPREFIX 路径中不能用主目录符号 ~ 代替 /home/$USER。

参数 Icon 用于指定图标文件的路径。使用 deepin-wine6-stable 安装的 .exe 程序，deepin-wine6-stable 会将 .exe 程序的图标文件放到用户主目录下的 .local/share/icons/hicolor 子目录中，并且由系统随机命名，用户只需要在该目录找到合适的图标文件（见图 6-10），然后将其文件名（不用加扩展名）赋给参数 Icon 即可。

图 6-9　选择文件保存路径　　　　图 6-10　使用 deepin-wine6-stable 安装所提供的图标文件

参数 Name 用于指定图标文件所显示的名称，这里输入 Word。

（8）完成桌面图标制作后，可以从桌面上双击该图标来启动 Word 进行测试。

在使用 Word 的过程中，可以发现输入中文会出现问题。

（9）通过 deepin 应用商店安装星火应用商店（Spark Store），然后启动星火应用商店，从中搜索"Win 字体"，找到后一键下载并安装，如图 6-11 所示。这样就可以解决通过 Wine 容器运行的 Windows 应用程序的字体显示乱码、方块、显示不全等问题，可以再次运行 Word 进行测试。

提示

星火应用商店是由深度科技论坛 shenmo 发起的星火工作组所创建的 Debian 系列 Linux 发行版的应用商店。星火应用商店提供大量的应用软件供用户一键下载并安装，其目的是顺应操作系统国产化替代趋势，完善 Linux 发行版生态，满足国内用户日益增长的 Linux 软件使用需求，让海量应用触手可及。该应用商店由社区经营维护，但坚持精挑细选，保证软件质量。deepin 和统信 UOS 用户可以将星火应用商店作为官方应用商店的重要补充，以便查找并安装所需的应用。

图 6-11　通过星火应用商店安装 Win 字体

任务 6.4.2　卸载 Windows 软件

对于通过 deepin 应用商店安装的 Windows 软件，可以通过启动器或应用商店直接卸载。但是对于通过 deepin-wine6-stable 安装的 Windows 软件，则需要自行卸载，一般使用以下方法进行卸载：

微课6-4.卸载
Windows软件

```
WINEPREFIX= 容器路径 deepin-wine6-stable "Windows 软件的卸载程序的路径 "
```

以前面安装的 Office 2010 为例，执行以下命令进行卸载操作：

```
test@deepin-PC:~$ WINEPREFIX=~/.deepinwine/Deepin-Office deepin-wine6-
stable "/home/test/.deepinwine/Deepin-Office/drive_c/windows/system32/
uninstaller.exe"
wine version: 6.0
```

弹出图 6-12 所示的对话框，选中该 Office 程序，单击"删除"按钮，出现图 6-13 所示的对话框，单击"是"按钮开始删除操作，但是最终未能成功卸载该程序。

图 6-12　删除程序

图 6-13　删除 Office 2010

为此采用手动删除方法，强制删除 Office 2010 的 Wine 容器目录 ~/.deepinwine/Deepin-Office，再删除桌面相应的图标文件。

在实际操作中，卸载应用程序之前应备份重要的数据和文件，以防意外情况发生。

项目小结

通过对本项目的学习，读者应当了解 Linux 软件包管理的基本知识，掌握 deepin 主要的软件包管理工具和安装方式。应用商店属于桌面应用，是最简单、易用的软件包管理方式。deepin 继承 Debian 系列 Linux 的软件包管理技术，使用 deb 软件包格式。dpkg 是安装、创建和管理软件包的基本工具。apt 作为 dpkg 的前端，能够自动分析并解决软件包依赖问题，是实现在线安装应用的高级软件包管理工具。在某些特殊情形下，我们需要获取源码包进行编译安装，这也是管理员必须掌握的一项运维技能。deep-wine 是为迁移国产软件而研发的 Wine 技术分支，我们可以在 deepin 中使用 deepin-wine 安装必要的 Windows 软件。

deepin操作系统（项目式）（微课版）

课后练习

补充练习
项目6

1. 手动安装 deb 软件包涉及哪些步骤？
2. 在 Linux 中软件包依赖关系包括哪两种类型？如何解决软件包依赖问题？
3. 简述 apt 的基本功能。
4. 什么是软件源？在 deepin 中如何配置软件源？
5. 简述源码编译安装的基本步骤。
6. 什么是 deep-wine？为什么要使用 deep-wine？

项目实训

实训 1　使用 dpkg 命令安装谷歌浏览器

实训目的
（1）了解 dpkg 命令的使用。
（2）掌握手动安装 deb 软件包的步骤。

实训内容
（1）下载 deb 软件包文件 google-chrome-stable_current_amd64.deb。
（2）执行 dpkg（加上 -i 选项）命令安装 deb 软件包。
（3）查看该 deb 软件包的基本信息和详细信息。
（4）试用新安装的软件。
（5）执行 dpkg（加上 -r 选项）命令卸载 deb 软件包。

实训 2　使用 apt 命令安装 Emacs 软件包

实训目的

（1）熟悉 apt 命令的使用。

（2）掌握 apt 命令的软件包安装步骤。

实训内容

（1）执行 sudo apt update 命令更新 apt 源。

（2）执行 sudo apt install emacs 安装 Emacs 软件包。

（3）验证 Emacs 安装是否成功。

（4）执行 sudo apt remove emacs 命令卸载该软件包，但保留该软件包的配置文件。

（5）执行 sudo apt purge 命令，同时删除配置文件。

（6）执行 sudo apt autoremove 命令删除该软件包及其所依赖的、不再使用的软件包。

实训 3　使用源码编译安装 Nginx 软件包

实训目的

（1）熟悉源码编译安装的步骤。

（2）掌握源码编译安装的方法。

实训内容

（1）下载 Nginx 软件的源码包文件。

（2）对下载的源码包文件解压缩。

（3）将当前目录切换到该源码包文件解压缩目录，查看其中的帮助文档，了解安装注意事项。

（4）执行 configure 脚本生成编译配置文件 Makefile。建议使用以下命令：

./configure --prefix=/usr/local/nginx --without-http_rewrite_module --without-http_gzip_module

（5）执行 make 命令，完成源码编译。

（6）运行 make install 命令完成安装。

（7）启动 Nginx 服务进行验证（执行 /usr/local/nginx/sbin/nginx 命令，再执行 netstat -anp | grep nginx 命令查看 Nginx 运行状态）。

（8）卸载所安装的 Nginx 软件包。

实训 4　使用 deep-wine 技术安装 Microsoft Office 2016

实训目的

（1）了解 deep-wine 技术。

（2）掌握使用 deep-wine 技术安装 Windows 软件。

实训内容

（1）参照任务 6.4.1 完成 Microsoft Office 2016 的基本安装。

（2）考察所创建的相应 Wine 容器的目录结构。

（3）通过星火应用商店解决中文字体问题。

（4）以其中的 Excel 为例制作桌面图标，并进行测试。

（5）卸载所安装的 Microsoft Office 2016。

项目7

系统高级管理

07

作为 Linux 操作系统，deepin 还涉及一些更高级、更深入的管理操作。本项目将通过 4 个典型任务，带领读者掌握进程管理、系统和服务管理、计划任务管理和编写 Shell 脚本实现自动化管理的方法。系统管理员、程序开发人员需要掌握这些系统高级管理的知识和技能，尤其应重点掌握使用 systemd 管理系统和服务的方法。为提高管理效率，我们可以编写 Shell 脚本，将烦琐、重复的命令写入脚本，从而实现系统管理和维护的自动化。systemd 和计划任务管理学习起来有一定难度，但有助于系统观念和系统思维的培养。只有用普遍联系的、全面系统的、发展变化的观点观察事物，才能把握事物发展规律。

【课堂学习目标】

☞ 知识目标

➢ 了解进程的基本知识。

➢ 理解 systemd 的概念。

➢ 了解 Linux 计划任务管理。

➢ 了解 Shell 脚本的特点和构成。

☞ 技能目标

➢ 学会查看和管理 Linux 进程。

➢ 掌握使用 systemd 管理系统和服务的方法。

➢ 掌握实现计划任务管理的方法。

➢ 初步学会编写 Shell 脚本进行系统管理和维护。

☞ 素养目标

➢ 养成动手实践的学习习惯。

➢ 贯彻攻坚克难的学习精神。

➢ 养成自主探究的学习习惯。

任务 7.1 进程管理

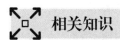

任务要求

在 Linux 中，所有运行的任务都可以被称为一个进程，每个用户任务、每个应用程序或服务都可以称为进程，deepin 也不例外。管理员不必过于关注进程的内部机制，而要重点掌握进程本身的管理方法，经常查看系统运行的进程服务，对于异常的和不需要的进程，应及时将其结束，让系统更加稳定地运行。本任务的要求如下。

（1）了解进程的基本知识。

（2）了解进程的类型。

（3）熟悉进程查看、监视和管理的方法。

（4）学会查看服务端口。

相关知识

7.1.1 程序、进程与线程

程序（Program）是包含可执行代码和数据的静态实体，以文件的形式存储，一般对应于操作系统中的一个可执行文件。

进程（Process）是运行中的程序，是一个动态的概念。进程由程序产生，是动态的，是一个运行着的、要占用系统运行资源的程序。多个进程可以并发调用同一个程序，一个程序可以启动多个进程。每一个进程还可以有许多子进程。为了区分不同的进程，系统给每一个进程都分配了一个唯一的 PID（Process Identifier，进程标识符）。PID 又称进程号。deepin 是一个多进程的操作系统，每一个进程都是独立的，都有自己的权限及任务。

线程（Thread）是为了节省资源而可以在同一个进程中共享资源的一个执行单元。线程是进程的一部分，如果没有进行显式的线程分配，可以认为进程是单线程的；如果进程中建立了线程，则可认为该进程是多线程的。线程是操作系统调度的最小单元。

7.1.2 服务与守护进程

在 Linux 中，进程大体可分为以下 3 种类型。

• 交互进程：在 Shell 下通过运行程序所产生的进程，可以在前台或后台运行。

• 批处理进程：一个进程序列。

• 守护进程（Daemon）：又称监控进程，是指那些在后台运行，等待用户或其他应用程序调用，并且没有控制终端的进程，通常可以随着操作系统的启动而运行。守护进程通常负责系统上的某个服务，让系统接收来自用户或者网络客户的要求。在 Windows 系统中通常将守护进程称为服务（Service）。服务和守护进程并没有本质区别，Linux 通常在守护进程名称之后加上字符 d 作为后缀（如 atd、crond），deepin 也不例外。

守护进程按照功能可以分为系统守护进程与网络守护进程。前者又称系统服务，是指那些为系统本身或者系统用户提供的一类服务，主要用于当前系统，如提供作业调度服务的 Cron 服务。后者又称网络服务，是指供客户端调用的一类服务，主要用于实现远程网络访问，如 Web 服务、文件服务等。

deepin 启动时会自动启动很多守护进程，其中很多系统服务向本地用户或网络用户提供系统功能接口，直接面向应用程序和用户。但是开启不必要的或者本身有漏洞的系统服务，会给操作系统带来安全隐患。

 任务实现

任务 7.1.1　查看和监视进程

每个正在运行的程序都是系统中的一个进程，如果要对进程进行调配和管理，就需要知道当前的进程情况，这可以通过查看进程来实现。

1. 使用 ps 命令查看进程状态

ps 命令用于显示当前进程的状态，可以查看正在运行的进程、进程的当前状态、进程是否结束、进程是否"僵死"、哪些进程占用了过多的资源等。ps 命令常用于监控后台进程的工作情况，因为后台进程是不与键盘等标准输入进行通信的，其基本用法如下：

```
ps [ 选项 ]
```

常用的选项：a 表示显示现有终端的所有进程，包括其他用户的进程；x 表示显示没有控制终端的进程（和终端无关的进程）及后台进程；-e 或 -A 表示显示所有进程；r 表示只显示正在运行的进程；u 表示显示进程所有者的信息；-f 按全格式显示进程（列出进程间父子关系）；-l 按长格式显示进程。如果不带任何选项，则仅显示当前控制台的进程。

注意，选项之前有无连字符（-）代表不同的风格，含义也不同。a 选项表示显示所有和终端有关的进程，即显示 TTY 值不为"?"的进程，与 x 选项结合能够列出所有的进程。-a 选项表示显示除会话领导者和与终端无关（TTY 值为"?"）的进程之外的所有进程。例如，ps -aux 命令列出名为"x"的用户拥有的所有进程，以及 -a 选项选择的所有进程。如果名为"x"的用户不存在，该命令就当作 ps aux 命令执行，这只是系统的容错行为，一般不要这样用。

最常用的是使用 aux 选项组合显示所有进程。下面列出执行 ps aux 命令显示的部分结果：

```
USER       ID  %CPU %MEM   VSZ    RSS   TTY    STAT START   TIME COMMAND
root        1   0.0  0.2  167108 11960  ?      Ss   08:06   0:01 /sbin/init splash
root        2   0.0  0.0   0      0      ?      S    08:06   0:00 [kthreadd]
test     11948  0.0  0.0  169240 3500   ?      S    08:09   0:00 (sd-pam)
test     13005  0.0  0.1  15528  4540   pts/2  Ss+  08:09   0:00 /bin/bash
```

其中各列的含义说明如下：

- USER：进程的所有者，即启动该进程的用户。
- PID：进程号，用于唯一标识进程。
- %CPU：进程占用 CPU 资源的百分比。
- %MEM：进程占用内存资源的百分比。
- VSZ：进程占用虚拟内存的数量。
- RSS：驻留内存的数量。
- TTY：进程的控制终端，即进程在哪个终端运行。值"?"表示该进程不属于任何终端，是由系统启动的；tty1~tty6 表示文本模式终端；pts/0~pts/256 表示虚拟终端，一般是由远程连接的终端。
- STAT：进程的运行状态。值 R 表示准备就绪状态，S 表示可中断的休眠状态，D 表示不可中断的休眠状态，T 表示暂停执行，Z 表示不存在但暂时无法消除，W 表示无足够内存页面可分配，< 表示高优先级，N 表示低优先级，L 表示内存页面被锁定，s 表示创建会话的进程，1 表示多线程进程，+ 表示是一个前台进程组。
- START：进程开始运行的时间。
- TIME：进程所使用的总的 CPU 时间。
- COMMAND：进程对应的程序名称和运行参数。

通常情况下系统中运行的进程比较多，可以使用管道操作符结合 less（或 more）命令逐屏查看，或者结合 grep 命令查找特定的进程。

提示 -ef 是 ps 命令另一个常用的选项，它与 aux 选项一样都用于显示所有进程，两者的输出结果差别不大，但风格不同。aux 选项的输出结果是 BSD 风格，而 -ef 的则是 System V 风格。

2. 使用 top 命令实时监视进程

ps 命令只能静态地输出进程信息，而 top 命令则可以实时动态地显示系统进程信息，每隔一段时间刷新当前状态，还提供一组交互命令用于进程的监视，其基本用法如下：

```
top [选项]
```

选项 -d 指定每两次屏幕信息刷新的时间间隔，默认为 5 s；-s 表示 top 命令在安全模式中运行，不能使用交互命令；-c 表示显示整个命令行而不只是显示命令名。如果在前台执行该命令，它将独占前台，直到用户终止该程序为止。

在 top 命令执行过程中可以使用一些交互命令。例如，按空格键将立即刷新显示；按 <Ctrl>+<L> 快捷键擦除并且重写。下面列出执行 top 命令显示的部分结果：

```
top - 17:19:32 up  6:28,  1 user,  load average: 0.31, 0.15, 0.11
Tasks: 232 total,   1 running, 230 sleeping,  0 stopped,  1 zombie
%Cpu(s):  1.2 us,  2.5 sy,  0.0 ni, 95.9 id,  0.0 wa,  0.0 hi,  0.4 si,  0.0 st
MiB Mem :   3897.0 total,    837.1 free,   1035.5 used,   2024.4 buff/cache
MiB Swap:   6143.0 total,   6143.0 free,      0.0 used.   2604.6 avail Mem

    PID USER       PR  NI    VIRT    RES    SHR S  %CPU  %MEM     TIME+ COMMAND
  12191 test       20   0 4156644 198392 138052 S  11.7   5.0   9:53.32 kwin_x11
   1429 root       20   0  329576 107732  70076 S   3.3   2.7   2:03.99 Xorg
```

第 1 行显示的是当前进程的统计信息，包括系统当前时间、系统运行时间、当前用户登录数、负载平均值（3 个值分别是系统最近 1 min、5 min 和 15 min 的平均负载）。

第 2 行显示任务信息，包括总进程数、正在运行中的进程数、休眠的进程数、停止的进程数和僵尸进程数。

第 3 行显示 CPU 的使用率，包括用户态和系统态的 CPU 使用率、空闲 CPU 的百分比等。

第 4 行显示内存的使用情况，包括总的内存量、已使用的内存量、剩余的内存量、缓存和缓冲区使用的内存量等。

第 5 行显示交换空间的使用情况，包括总的交换空间量、已使用的交换空间量、剩余的交换空间量等。

接下来逐条显示各个进程的信息，其中 PID 指的是进程号；USER 表示进程的所有者；PR 表示优先级；NI 表示 nice 值（负值表示高优先级，正值表示低优先级）；VIRT 表示进程使用的虚拟内存总量（单位为 KB）；RES 表示进程使用的、未被换出的物理内存大小（单位为 KB）；SHR 表示共享内存大小（后面的字符表示进程状态，参见 ps 命令显示的 STAT）；%CPU 和 %MEM 分别表示 CPU 和内存占用的百分比；TIME+ 表示进程使用的 CPU 时间总计（单位为 1/100 s）；COMMAND 表示进程对应的程序名称和运行参数。

可见，top 命令不仅能够监视进程，还能监视 CPU、内存、交换空间等系统资源的使用情况。

任务 7.1.2　管理进程

微课 7-1. 管理进程

管理员除了查看进程，还可以对进程的运行进行管理，这对实际运维工作很有用，比如强制结束发生异常的进程。

1. 启动进程

启动进程需要运行程序。启动进程有两个主要途径，即手动启动和调度启动。

用户在 Shell 命令行下输入要执行的程序启动一个进程，手动启动进程。其启动方式又分为前台启动和后台启动，默认为前台启动。若在要执行的命令后面跟随一个符号 "&"（可以用空格隔开），则为后台启动，此时进程在后台运行，Shell 可继续运行和处理其他程序。

在 Shell 下启动的进程就是 Shell 进程的子进程，一般情况下，只有子进程结束后，才能继续运行父进程，如果是从后台启动的进程，则不用等待子进程结束。

调度启动是事先设置好程序要运行的时间，当到了预设的时间后，系统自动启动程序。后面要讲解的计划任务管理就是进程的调度启动。

2. 挂起正在运行的进程

通常将正在运行的一个或多个相关进程称为一个作业（job）。一个作业可以包含一个或多个进程。作业控制指的是控制正在运行的进程的行为，可以将进程挂起并在需要时恢复进程的运行，被挂起的作业恢复后将从中止处开始继续运行。

在运行进程的过程中使用 <Ctrl>+<Z> 快捷键可以挂起当前的前台作业，将进程转到后台，此时进程默认是停止运行的。

如果要恢复挂起的进程，有两种选择，一种是使用 fg 命令将挂起的作业转到前台运行；另一种是使用 bg 命令将挂起的作业转到后台运行。

下面示范进程挂起和恢复的操作。

```
test@deepin-PC:~$ wc                              # 前台启动 wc
ABCDEFG
^Z                                                # 按 <Ctrl>+<Z> 快捷键挂起进程
[1]+   已停止              wc
test@deepin-PC:~$ jobs -l                         # 查看当前的作业列表
[1]+ 31438 停止                      wc
test@deepin-PC:~$ ps                              # 查看当前进程
    PID TTY          TIME CMD
  21096 pts/0     00:00:00 bash
  31438 pts/0     00:00:00 wc                     # wc 已转入后台运行
  31472 pts/0     00:00:00 ps
test@deepin-PC:~$ fg wc                           # 将挂起的 wc 转到前台运行
wc
Please       5       2       18    # 输入字符后按 <Ctrl>+<D> 快捷键结束输入进行统计
```

3. 结束进程的运行

当需要中断一个前台进程时，通常使用 <Ctrl>+<C> 快捷键；中断后台进程必须借助 kill 命令，通过该命令可以结束后台进程。遇到进程占用 CPU 的时间过多，或者进程已经"挂死"的情形，就需要结束进程的运行。当发现一些不安全的异常进程时，也需要强行终止该进程的运行。

kill 命令是通过向进程发送指定的信号来结束进程的，其基本用法如下：

```
kill [-s,-- 信号 |-p] [-a] 进程号 ...
```

-s 选项用于指定需要送出的信号，既可以是信号名，也可以是对应数字。默认为 TERM 信号（值为 15）。-p 选项用于指定 kill 命令只是显示进程的进程号，并不真正送出结束信号。

可以使用 ps 命令获得进程的进程号。为了查看指定进程的进程号，可使用管道操作和 grep 命令相结合的方式来实现。例如，若要查看 xinetd 进程对应的进程号，可执行以下命令：

```
ps -e | grep xinetd
```

信号 SIGKILL（值为 9）用于强行结束指定进程的运行，适用于结束已经挂死而没有能力自动结束的进程，这属于非正常结束进程。

假设某进程（进程号为 3456）占用过多 CPU 资源，使用 kill 3456 命令并没有结束该进程，这就需要执行 kill -9 3456 命令强行将其终止。

用户还可以使用 killall 命令通过指定进程的名字而不是进程号来结束进程，例如：

```
killall xinetd
```

如果系统存在同名的多个进程，则这些进程将全部结束运行。

4. 使用 nohup 命令不挂断地执行任务

如果要让运行的进程在用户退出登录后也不会结束运行，那么可以使用 nohup 命令。这能使那些耗时的管理维护任务不因用户切换或断开远程连接而中断。nohup 意为不挂断，可以在用户退出（注销）或者关闭终端之后继续运行相应的进程，其基本用法如下：

```
nohup  命令 [ 参数 ... ] [&]
```

nohup 命令用于运行由指定的命令（可带参数）表示的进程，忽略所有挂断（SIGHUP）信号，一旦注销或关闭终端，进程就会自动转到后台运行。如果要直接在后台启动 nohup 命令本身，则应在末尾加上"&"参数。

如果不将 nohup 命令的输出重定向，其输出将附加到当前目录的 nohup.out 文件中。如果当前目录的 nohup.out 文件不可写，则将输出重定向到 $HOME/nohup.out 文件中。

5. 管理进程的优先级

每个进程都有一个优先级参数用于表示 CPU 占用的等级，优先级高的进程更容易获取 CPU 的控制权，更早地执行。进程优先级可以用 nice 值表示，nice 值范围一般为 -20 ~ 19，-20 为最高优先级，19 为最低优先级，系统进程默认的优先级值为 0。

nice 命令可用于设置进程的优先级，其基本用法如下：

```
nice [-n] [命令 [参数] ... ]
```

n 表示优先级值，默认值为 10；命令表示进程名，参数是该命令所带的参数。

renice 命令则用于调整进程的优先级，范围也是 -20 ~ 19，不过需要 root 特权，其基本用法如下：

```
renice [优先级] [PID] [进程组] [用户名或ID]
```

可以修改某进程号的进程的优先级，或者修改某进程组下所有进程的优先级，还可以按照用户名或用户 ID 修改该用户的所有进程的优先级。

任务 7.1.3　查看正在运行的服务及其端口

服务的本质就是进程，只不过是在后台运行的守护进程，通常会监听某个端口，等待并响应其他程序的请求。在 deepin 系统中，经常需要查看已开放的端口，这种操作可以用来检查系统中有哪些服务在运行，以及对外开放了哪些端口。

一般通过 netstat 命令来查看网络连接状态，这个命令也可以用于查看某个服务是否运行。该命令默认不显示监听相关的信息，-a 选项表示列出所有端口（包括监听和未监听的）；-l 选项表示仅列出正在监听的服务状态；-t 选项表示查看 TCP，-u 选项表示查看 UDP；-n 选项表示以数字形式显示主机名、端口和用户名等。

例如，执行以下命令可查看当前活动状态的 TCP 的网络服务：

```
test@deepin-PC:~$ netstat -tln
Active Internet connections (only servers)
Proto    Recv-Q   Send-Q      Local Address        Foreign Address         State
tcp       0        0          0.0.0.0:139          0.0.0.0:*               LISTEN
tcp       0        0          127.0.0.1:631        0.0.0.0:*               LISTEN
...
tcp6      0        0          ::1:631              :::*                    LISTEN
```

如果不加 -n 选项，则不会以数字形式显示主机名和端口。

```
test@deepin-PC:~$ netstat -tl
Active Internet connections (only servers)
Proto Recv-Q Send-Q    Local Address        Foreign Address         State
tcp     0      0       0.0.0.0:netbios-ssn  0.0.0.0:*               LISTEN
tcp     0      0       localhost:ipp        0.0.0.0:*               LISTEN
...
tcp6    0      0       localhost:ipp        [::]:*                  LISTEN
```

可以通过服务名称来查看端口，如通过 netstat -a | grep cups 查看 CUPS 服务的端口。

命令 ss 与 netstat 类似，也可以列出当前正在监听的端口，只是显示格式不同，例如：

```
test@deepin-PC:~$ ss -tln
State          Recv-Q     Send-Q          Local Address:Port          Peer Address:Port
LISTEN         0          50              0.0.0.0:139                      0.0.0.0:*
...
```

命令 lsof 用于列出系统中已经打开的文件，但 Linux 系统中网络连接和硬件设备都可以被视为文件，因此也可以用来列出所有打开的网络连接和监听的端口。通过以下命令可以查看端口占用情况：

```
lsof -i: 端口号
```

文件操作一般需要 root 特权，例如执行以下命令查看 631 端口的占用情况：

```
test@deepin-PC:~$ sudo lsof -i:631
COMMAND    PID USER     FD     TYPE DEVICE        SIZE/OFF    NODE    NAME
cupsd      16090 root    7u    IPv6 118977        0t0         TCP localhost:ipp (LISTEN)
cupsd      16090 root    8u    IPv4 118978        0t0         TCP localhost:ipp (LISTEN)
```

任务 7.2　使用 systemd 管理系统和服务

任务要求

systemd 是为改进传统系统启动方式而推出的 Linux 系统管理工具，现已成为大多数 Linux 发行版的标准配置。它的功能非常强大，除了系统启动管理和服务管理之外，还可用于其他系统管理任务。根据 Linux 系统命名惯例，"d" 表示守护进程。systemd 是一个用于管理系统的守护进程，因而不能写作 system D、System D 或 SystemD。本任务的具体要求如下。

（1）理解 systemd 的概念和术语。

（2）理解 systemd 的单元文件。

（3）了解 systemctl 命令的基本用法。

（4）掌握使用 systemd 管理服务的方法。

（5）学会使用 systemd 管理启动目标。

相关知识

7.2.1　什么是 systemd

早期版本的 Linux 系统启动采用 SysVinit 方式，以运行级别（Runlevel）为核心，依据服务间依赖关系进行初始化。运行级别就是操作系统当前正在运行的功能级别，用来设置不同环境下所运行的程序和服务。SysVinit 使用运行级别和对应的链接文件（位于 /etc/rcn.d 目录中，n 为运行级别，分别连接到 /etc/init.d 中的 init 脚本）来启动和关闭系统服务。SysVinit 采用一种符合 LSB（Linux Standard Base，Linux 标准基础）的初始化脚本，用于控制和管理 Linux 系统的服务。init 是在系统启动的第一个进程（PID 为 1），作为一个守护进程，持续运行，直到系统关闭。/etc/inittab 是主要配置文件，init 进程启动后第一时间找到它，根据其配置初始化系统，进入设置的系统运行级别，执行该级别要求执行的命令。管理员通过定制 /etc/inittab 建立所需的系统运行环境。

SysVinit 启动是线性的、顺序的。如果一个启动进程花费时间长，后面的服务即使与启动进程完全无关，也必须要等候。为此，Linux 改用 systemd 代替 init 作为初始化进程，以克服 SysVinit 固有的缺点，尽可能快速启动服务，减少系统资源占用，为此实现了并行启动。

systemd 使用启动目标（Target）代替运行级别。启动目标类似运行级别，又比运行级别更为灵活。它本身也是一个目标类型的单元，可以更为灵活地为特定的启动目标组织要启动的单元。

systemd 成为当代 Linux 操作系统中最基础的组成部分，作为操作系统的第一个进程运行并启动操作系统的其余部分，其主要作用是管理系统和服务。

systemd 兼容 SysVinit 和 LSB（Linux Standard Base，Linux 标准基础）初始化脚本，支持并行化任务，按需启动守护进程，基于事务性依赖关系精密控制各种服务，非常有助于标准化 Linux 的管理，能够简化系统管理的流程，提高系统的可靠性和可维护性。

虽然 systemd 功能强大，但是其核心只有一个 systemd 进程（具体运行 /bin/systemd 文件）。Linux 内核启动后，systemd 作为第一个被执行的用户进程，负责启动和管理其他进程和服务。也就是说，systemd 以一个单一进程作为系统的主进程。当某进程占用太多系统资源时，systemd 有权彻底结束该进程，以此保护整个系统不会因资源耗尽而崩溃。systemd 提供超时机制，所有的服务有 5 min 的超时限制，以防系统卡顿。

7.2.2 systemd 单元与单元文件

systemd 使用单元（Unit）这个概念定义和控制系统中的各种服务和进程。与系统启动和运行相关的各种对象被称为不同类型的单元。单元文件是用于配置和管理 systemd 单元的配置文件。每个 systemd 单元都有对应的单元文件，以定义其属性和行为。单元的名称由单元文件的名称决定，某些特定的单元名称具有特殊的含义。systemd 常见的单元类型见表 7-1。

表7-1　systemd常见的单元类型

单元类型	单元文件	说明
service（服务）	.service	定义系统服务。这是最常用的一类，与早期 Linux 版本 /etc/init.d/ 目录下的服务脚本的作用相同
device（设备）	.device	定义内核识别的设备。每一个使用 udev 规则标记的设备都会在 systemd 中作为一个设备单元出现
mount（挂载）	.mount	定义文件系统挂载点
automount（自动挂载）	.automount	用于文件系统自动挂载设备
socket（套接字）	.socket	定义系统和互联网中的一个套接字，标识进程间通信用到的 .socket 文件
timer（定时器）	.timer	用来定时触发用户定义的操作，以取代 atd、crond 等传统的定时服务
target（目标）	.target	用于对其他单元进行逻辑分组，主要用于模拟实现运行级别的概念

systemd 对服务、设备、套接字和挂载点等进行的控制管理，都是由单元文件实现的。例如，一个新的服务要在系统中使用，就需要为其编写一个单元文件以便 systemd 能够管理它。在 deepin 系统中，单元文件主要保存在以下目录中（按优先级由高到低的次序列出）。

- /etc/systemd/system：管理员手动安装的单元文件，包括 tarball 类型的软件安装或自制脚本。
- /run/systemd/system：进程在运行时动态创建的单元文件，一般很少修改。

• /lib/systemd/system：通过软件包安装的单元文件，如 apt 工具管理的 systemd 单元文件。/lib 实际上是指向 /usr/lib 的符号链接文件。

systemd 默认从 /etc/systemd/system 目录读取单元文件，该目录中存放的大部分文件都是指向 /lib/systemd/system 目录的符号链接文件。

虽然 /etc/systemd/system 目录下放置的是管理员安装的单元文件，但是在实际使用过程中，用户可以将自定义的服务单元文件放置在该目录，从而将优先级提高。

7.2.3　systemd 命令行工具

systemd 最重要的命令行工具是 systemctl，主要负责控制和管理 systemd 系统和服务，其基本用法如下：

```
systemctl [选项...] 命令...
```

不带任何选项和参数运行 systemctl 命令将列出系统已启动（加载）的所有单元，包括服务、设备、套接字、目标等。

执行不带参数的 systemctl status 命令将显示系统当前状态。

systemctl 命令的部分选项提供长格式和短格式，如 --all 和 -a。列出单元时，--all（-a）表示列出所有加载的单元（包括未运行的）。显示单元属性时，该选项会显示所有的属性（包括未设置的）。

除了查询操作，其他操作大多需要 root 特权，执行 systemctl 命令时加上 sudo 命令即可。

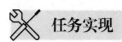
任务实现

任务 7.2.1　考察 systemd 单元文件

单元文件采用普通文本格式，可以用文本编辑器进行编辑。下面以 CUPS 打印服务的单元文件为例，通过查看其内容来了解单元文件的组成。

```
test@deepin-PC:~$ cat /lib/systemd/system/cups.service
[Unit]
Description=CUPS Scheduler
Documentation=man:cupsd(8)
After=sssd.service

[Service]
ExecStart=/usr/sbin/cupsd -l
Type=simple
Restart=on-failure

[Install]
Also=cups.socket cups.path
WantedBy=printer.target
```

单元文件主要包含单元的指令和行为信息。整个文件分为若干节（Section）。每节的第一行是用方括号表示的节名，比如 [Unit]。每节内部是一些定义语句，每个语句实际上是由等号连接的键值对（指令 = 值）。注意等号两侧不能有空格，节名和指令名都是对大小写敏感的。

[Unit] 节通常是单元文件的第一节，用来定义单元的通用选项，配置与其他单元的关系。常用的字段（指令）如下。

- Description：提供简短描述信息。
- Requires：指定当前单元所依赖的其他单元。这是强依赖，当被依赖的单元无法启动时，当前单元也无法启动。
- Wants：指定与当前单元配合的其他单元。这是弱依赖，当被依赖的单元无法启动时，当前单元可以被激活。
- Before 和 After：分别指定当前单元启动的前、后单元。
- Conflicts：定义单元之间的冲突关系。列入此字段中的其他单元如果正在运行，则当前单元就不能运行，反之亦然。

提示　systemd 提供处理不同单元之间依赖关系的能力。在单元文件中使用关键字来描述单元之间的依赖关系。如单元 A 依赖单元 B，可以在单元 A 的定义中用 Requires B 来表示，这样 systemd 就会保证先启动 B 再启动 A。systemd 支持事务完整性，旨在保证多个依赖的单元之间没有循环引用。比如单元 A、B、C 之间存在循环依赖，systemd 将无法启动任意一个服务。为此 systemd 将单元之间的依赖关系分为两种：Requires（强依赖）和 Wants（弱依赖），systemd 将去除 Wants 关键字指定的弱依赖以打破循环。

[Install] 节通常是单元文件的最后一节，用来定义如何启动，以及是否开机自动启动。常用的字段（指令）如下。

- Alias：当前单元的别名。
- Also：当前单元更改开机自动启动设置时，会被同时更改开机自动启动设置的其他单元。
- RequiredBy：指定被哪些单元所依赖，这是强依赖。
- WantedBy：指定被哪些单元所依赖，这是弱依赖。

[Unit] 节和 [Install] 节之外的其他节往往与单元类型有关。例如，[Mount] 节用于挂载点类单元的配置，[Service] 节用于服务类单元的配置。本例的 cups.service 属于服务类型，其 [Service] 节中 ExecStart 字段定义启动进程时执行的命令；Type 字段定义启动类型，值"notify"表示启动结束后会发出通知信号，然后 systemd 启动其他服务；Restart 字段定义了服务退出后的重启方式。

微课7-2.使用 systemd管理服务

任务 7.2.2　使用 systemd 管理服务

服务作为一种常用的 systemd 单元，使用 systemctl 命令进行配置管理非常便捷。systemctl 主要依靠 service 类型的单元文件实现服务管理。用户在任何路径下均可通过该命令实现服务状态的转换，如启动、停止服务。systemctl 实现服务管理的基本用法如下：

```
systemctl [选项...] 命令 [服务名.service...]
```

使用 systemctl 命令管理服务时服务名的扩展名可以写全，也可以省略。

下面简单示范服务的常用管理操作，以 SSH 服务（ssh.service）为例。

查看服务运行状态：

```
test@deepin-PC:~$ systemctl status ssh.service
○ ssh.service - OpenBSD Secure Shell server
      Loaded: loaded (/lib/systemd/system/ssh.service; disabled; vendor preset:
enabled)
      Active: inactive (dead)
        Docs: man:sshd(8)
              man:sshd_config(5)
```

可以发现在 deepin 中默认未启用 SSH 服务。

启动服务：

```
test@deepin-PC:~$ sudo systemctl start ssh.service
```

重启服务：

```
test@deepin-PC:~$ sudo systemctl restart ssh.service
```

重载服务的配置文件而不重启服务（此时服务应处于运行状态）：

```
test@deepin-PC:~$ sudo systemctl reload ssh.service
```

停止服务：

```
test@deepin-PC:~$ sudo systemctl stop ssh.service
```

查看该服务是否能够开机自动启动：

```
test@deepin-PC:~$ systemctl is-enabled ssh.service
disabled
```

可以发现在 deepin 中默认未设置开机自动启动 SSH 服务。

设置服务开机自动启动：

```
test@deepin-PC:~$ sudo systemctl enable ssh.service
Synchronizing state of ssh.service with SysV service script with /lib/
systemd/systemd-sysv-install.
Executing: /lib/systemd/systemd-sysv-install enable ssh
Created symlink /etc/systemd/system/sshd.service  → /lib/systemd/system/
ssh.service.
Created symlink /etc/systemd/system/multi-user.target.wants/ssh.service →
/lib/systemd/system/ssh.service.
```

结果表明，设置开机自动启动就是在当前启动目标的配置文件目录（/etc/systemd/system/multi-user.target.wants）中建立 lib/systemd/system 目录中对应单元文件的软链接文件，即创建启动链接。

取消服务开机自动启动的命令是 systemctl disable，实际上会删除 /etc/systemd/system 目录下相应的软链接文件，即删除启动链接。

微课7-3.比较单元管理与单元文件管理

提示　deepin 仍然支持传统的服务管理命令 service，其用法为：service 服务启动脚本名 {start|stop|status|restart|reload|force-reload}。不过这种用法会使命令自动重定向到相应的 systemctl 命令，例如 service cron status 命令自动重定向到 systemctl status cron.service 命令。

需要注意的是，单元管理与单元文件管理是不同的。执行 systemctl list-units 命令时不加任何选项可以列出所有已加载（Loaded）的单元，结果与不带任何选项的 systemctl 命令相同。systemctl list-units 命令加上 --all 选项可以列出所有单元，包括没有找到配置文件的或者运行失败的单元；加上 --failed 选项可以列出所有运行失败的单元；加上 --state 选项可以列出特定状态的单元。我们可以执行以下命令查看所有已加载的服务单元：

```
test@deepin-PC:~$ systemctl list-units --type=service
UNIT                        LOAD    ACTIVE  SUB      DESCRIPTION
accounts-daemon.service     loaded  active  running  Accounts Service
alsa-restore.service        loaded  active  exited   Save/Restore Sound Card State
bluetooth.service           loaded  active  running  Bluetooth service
```

这里仅列出部分结果，结果中显示服务单元及其当前状态，共有 5 列，其中 UNIT 列表示单元名称；LOAD 列指示单元是否正确加载，即是否加入 systemctl 可管理的列表中，值"loaded"表示已加载，"not-found"表示未发现；ACTIVE 列表示单元激活状态的高级表示形式，来自 SUB 的归纳；而 SUB 列则表示单元激活状态的低级表示形式，其值依赖于单元类型；DESCRIPTION 列给出单元的描述或说明信息。

systemctl list-unit-files 命令用于列出系统中所有已安装的单元文件，也就是列出所有可用的单元，加上 --state 选项则列出指定状态的单元文件。这样，我们还可以执行以下命令查看所有可用的服务：

```
test@deepin-PC:~$ systemctl list-unit-files --type=service
UNIT FILE                          STATE      VENDOR PRESET
accounts-daemon.service            enabled    enabled
acpid.service                      disabled   enabled
alsa-restore.service               static     -
alsa-state.service                 static     -
alsa-utils.service                 masked     enabled
```

其中 STATE 列显示每个单元文件的状态，这些状态决定单元能否启动运行，而不是单元是否正在运行。值 enabled 表示已建立启动链接，将随系统启动而启动，即开机时自动启动；disabled 表示未建立启动链接，即开机时不会自动启动；static 表示无法执行，只能作为其他单元文件的依赖；masked 表示该单元文件被禁止建立启动链接，无论如何都不能启动。

任务 7.2.3 使用 systemd 管理启动目标

deepin 使用 systemd 作为其初始化系统，使用启动目标代替传统的运行级别。启动目标是一组相关的服务单元,当目标单元启动时,相关的服务将被启动。启动目标用来管理系统的不同状态,具体是通过目标单元文件来定义的。deepin 中常见的目标单元如下。

- graphical.target：图形用户界面目标，用于启动桌面环境和相关的服务。
- multi-user.target：多用户目标，用于启动多用户模式下的服务。
- rescue.target：救援目标，用于修复和恢复系统。
- emergency.target：紧急目标，用于进入系统的紧急维护模式。

在 deepin 中，默认的目标是 graphical.target，也就是图形用户界面目标。当系统启动时，systemd 会自动启动与该目标相关的服务。可以执行以下命令进行验证：

```
test@deepin-PC:~$ systemctl get-default
graphical.target
```

通过 systemctl set-default 命令可以更改默认启动目标。例如，执行以下命令将默认目标更改为多用户目标：

```
test@deepin-PC:~$ sudo systemctl set-default multi-user.target
Removed /etc/systemd/system/default.target.
Created symlink /etc/systemd/system/default.target → /lib/systemd/system/
multi-user.target.
```

设置完毕，重新启动系统会启动多用户目标，此时进入文本模式界面，启动后不再加载图形界面。这里执行 sudo systemctl set-default graphical.target 命令将默认启动目标改为图形界面目标，以免影响日常使用。

也可以使用 systemctl isolate 命令临时切换到指定的目标，将系统转移到新的目标状态。不同于设置默认目标，这种切换方式不会影响系统的下一次启动。例如在运行时执行以下命令从当前的图形界面切换到多用户模式：

```
test@deepin-PC:~$ systemctl sudo systemctl isolate multi-user.target
```

命令执行后，出现图 7-1 所示的文本模式界面（控制台为 tty1）。

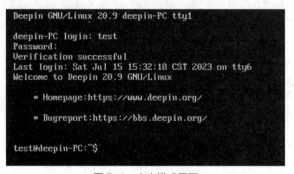

电子活页 7-1.
使用 systemd
管理系统电源

图 7-1　文本模式界面

再次执行 systemctl sudo systemctl isolate graphical.target 命令可以切换回图形用户界面。

另外，使用 systemctl list-units --type=target 命令可以查看当前启动了哪些目标，使用 systemctl list-unit-files --type=target 命令可以查看目前可用的目标。

任务 7.3　计划任务管理

任务要求

与 Windows 系统一样，deepin 也支持计划任务管理，将任务配置为在指定的时间、时间区间，或者系统负载低于特定水平时自动运行。这种自动化任务实现相当于一种例行性安排，通常用于执行定期备份、监控系统、运行指定脚本等运维工作。与多数 Linux 版本一样，deepin 既支持 Cron 等传统的自动化任务实现，又支持 systemd 定时器这种新型的计划任务管理方式。本任务的具体要求如下。

（1）了解 Cron 周期性计划任务管理的实现机制。

（2）了解 systemd 定时器。

（3）学会使用 Cron 实现周期性计划任务管理。

（4）掌握使用 systemd 定时器实现计划任务管理的方法。

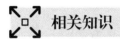
相关知识

7.3.1 Cron 的周期性计划任务管理

Cron 是 deepin 内置的一项系统服务，用于管理周期性重复执行的作业任务计划，非常适合日常系统维护工作。它安排的周期性任务可分为系统级和用户级，系统级又可以进一步细分为全局性和局部性的计划任务管理。

Cron 主要使用配置文件 /etc/crontab 管理系统级任务调度。deepin 默认的 /etc/crontab 配置文件的主要内容如下：

```
SHELL=/bin/sh                              # 默认 Shell 环境
PATH=/usr/local/sbin:/usr/local/bin:/sbin:/bin:/usr/sbin:/usr/bin # 命令执行默认路径
# Example of job definition:              # 任务定义示例
# .--------------- minute (0 - 59)
# |  .------------- hour (0 - 23)
# |  |  .---------- day of month (1 - 31)
# |  |  |  .------- month (1 - 12) OR jan,feb,mar,apr ...
# |  |  |  |  .---- day of week (0 - 6) (Sunday=0 or 7) OR sun,mon,tue,wed,
thu,fri,sat
# |  |  |  |  |
# *  *  *  *  * user-name command to be executed
17 *    * * *   root    cd / && run-parts --report /etc/cron.hourly
25 6    * * *   root    test -x /usr/sbin/anacron || ( cd / && run-parts
--report /etc/cron.daily )
47 6    * * 7   root    test -x /usr/sbin/anacron || ( cd / && run-parts
--report /etc/cron.weekly )
52 6    1 * *   root    test -x /usr/sbin/anacron || ( cd / && run-parts
--report /etc/cron.monthly )
```

任务定义格式如下：

分钟（m）小时（h）日期（dom）月份（mon）星期（dow）用户名（user-name）要执行的命令（command）

前 5 个字段用于表示计划时间，数字取值范围：分钟（0～59）、小时（0～23）、日期（1～31）、月份（1～12）、星期（0～7，0 或 7 代表星期日）。尤其要注意以下几个特殊符号的用途：星号"*"为通配符，表示取值范围中的任意值；连字符"-"表示数值区间；逗号","用于分隔多个数值列表；斜线"/"用来指定间隔频率。在某范围后面加上"/ 整数值"表示在该范围内每跳过该整数值执行一次任务。例如"*/3"或者"1-12/3"用在"月份"字段表示每 3 个月执行一次任务，"*/5"或者"0-59/5"用在"分钟"字段表示每 5 分钟执行一次任务。

第 6 个字段表示执行任务命令的用户身份，例如 root。

最后一个字段就是要执行的命令。Cron 调用 run-parts 命令，定时运行相应目录下的所有脚本。

在 deepin 中，该命令对应的文件为 /bin/run-parts，用于一次运行整个目录的可执行程序。在本例中，4 项任务调度的作用说明如下。

- 第 1 项任务每小时执行一次，在每小时的 17 分时运行 /etc/cron.hourly 下的脚本。
- 第 2 项任务每天执行一次，在每天 6 点 25 分执行。
- 第 3 项任务每周执行一次，在每周第 7 天的 6 点 47 分执行。
- 第 4 项任务每月执行一次，在每月 1 号的 6 点 52 分执行。

以上执行时间可自行修改。后面 3 项比较特殊，会先检测 /usr/sbin/anacron 文件是否可执行，如果不能执行，则调用 run-parts 命令运行相应目录中的所有脚本。实际上，在 deepin 中，/usr/sbin/anacron 是可执行的，这就不会调用后面的 run-parts 命令，但是 anacron 可执行 /etc/cron.daily、/etc/cron.weekly 和 /etc/cron.monthly 目录中的脚本。例如，要配置一个每小时执行一次检查的计划任务，可以为此任务创建一个脚本 check.sh，然后将该脚本放到 /etc/cron.hourly 目录中即可。

提示　如果遇到停机等问题，Cron 就不能保证定期执行计划任务，可能会耽误本应执行的计划任务。假如每周需要执行一项备份任务，默认情况下一旦到周日 6 点 47 分因停机未执行，过期就不会重新执行。系统使用 anacron 来解决这个问题。anacron 并非要取代 Cron，而是要扫除 Cron 的盲区。anacron 只是一个程序而非守护进程，默认情况下 anacron 也是每小时由 systemd 定时器执行一次，anacron 检测相关的计划任务有没有被执行，如果有超期未执行的，就直接执行，当执行完毕或没有需要执行的计划任务时，anacron 就停止执行，直到下一时刻被执行。deepin 通过 anacron 解决每天、每周和每月要定期启动的调度任务，执行的是某个周期的计划任务调度。

/etc/crontab 配置文件适用于全局性的计划任务，如果要为计划任务指定其他时间点，则可以考虑在 /etc/cron.d 目录中添加自己的配置文件，格式同 /etc/crontab 文件，文件名可以自定义。例如，添加一个文件 backup.sh 用于执行备份任务，内容如下：

```
# 每月第 1 天的 4:10AM 执行自定义脚本
10  4  1 * * *  /root/scripts/backup.sh
```

只有 root 用户能够通过 /etc/crontab 文件和 /etc/cron.d 目录定制 Cron 任务调度。而普通用户只能使用 crontab 命令创建和维护自己的 Cron 配置文件。该命令生成的 Cron 配置文件位于 /var/spool/cron 目录中。

deepin 中预设有大量的例行任务，Cron 服务默认开机自动启动。通常 Cron 的监测周期是 1 分钟，也就是说它每分钟会读取配置文件 /etc/crontab 的内容，还有 etc/cron.d 和 /var/spool/cron 目录的内容，根据其具体配置执行任务调度。这样在更改相关的任务调度配置后，不必重新启动 Cron 服务。

7.3.2　systemd 定时器与计划任务管理

systemd 定时器是由定时器类的单元实现的，用来定时触发用户定义的操作，以取代 Cron 等传统的计划任务管理服务。在多数情况下，systemd 定时器可以替代 Cron 服务。它与 Cron 相比，任务更方便调试，每个任务可以与 systemd 管理的服务相结合，充分利用 systemd 的优势。不过，systemd 定时器没有内置邮件通知功能（Cron 具有 MAILTO 功能），也没有内置与 Cron 类似的

RANDOM_DELAY（随机延时）功能来指定一个数字用于定时器延时执行。

以 .timer 为扩展名的 systemd 单元文件封装了一个由 systemd 管理的定时器，用于支持基于定时器的启动。每个定时器单元都必须有一个与其匹配的服务单元，用于在特定的时间启动。具体要计划执行的任务则在服务单元中指定。

与其他单元文件类似，定时器通过相同的路径（默认为 /usr/lib/systemd/system 目录）加载，不同的是该文件中包含 [Timer] 节。该节定义何时以及如何激活定时事件，例如，OnUnitActiveSec 字段设置定时器触发的服务单元成功执行后，间隔多久再运行一次；OnBootSec 字段设置开机启动完成之后多久开始执行服务单元的任务；Unit 字段设置该定时器单元所匹配的单元，也就是要被该定时器启动的单元，默认值是与此定时器单元同名的服务单元（仅单元文件扩展名不同）。

systemd 定时器分为两种类型，一种是单调定时器，即从一个特点的时间点开始后过一段时间触发定时任务；另一种是实时定时器，即通过日历事件（某个特定时间）触发（类似 Cron）定时任务。

每个 .timer 文件所在的目录都要有一个匹配的 .service 文件。.timer 文件用于激活并控制 .service 文件。.service 文件中不需要包含 [Install] 节，因为这个单元由定时器单元接管。必要时可在定时器单元文件的 [Timer] 节中通过 Unit 字段指定一个与定时器不同名的服务单元。

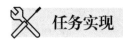 **任务实现**

任务 7.3.1　定制自己的计划任务

用户通常使用 crontab 命令创建和维护自己的 Cron 配置文件，以定制计划任务，该命令的基本用法如下：

```
crontab [-u 用户名] [ -e | -l | -r ]
```

选项 -u 用于指定要定义任务调度的用户名，默认为当前用户；-e 用于编辑用户的 Cron 配置文件；-l 用于显示 Cron 配置文件的内容；-e 用于删除用户的 Cron 配置文件。

crontab 命令生成的 Cron 配置文件位于 /var/spool/cron/crontabs 目录，以用户名命名，语法格式基本同 /etc/crontab 文件，只是少了一个用户名字段。

下面进行示范。

（1）执行以下命令为 test 用户创建 Cron 配置文件。

```
test@deepin-PC:~$ crontab -u test -e
no crontab for test - using an empty one
Select an editor.  To change later, run 'select-editor'.
  1. /bin/nano        <---- easiest
  2. /usr/bin/vim.basic
  3. /usr/bin/vim.tiny
Choose 1-3 [1]:
```

（2）这里选择"1"打开 Nano 文本编辑器，在最后一行输入以下语句，以添加一个任务调度条目。

```
        *    *    *    *    *    (echo '测试 Cron 任务每分钟执行一次；当前时间：';date) >>/home/
test/cron-test.txt
```

（3）保存文件并退出 Nano 文本编辑器，此时返回 "crontab: installing new crontab" 消息，表明 Cron 配置文件创建成功。

（4）实时查看 /home/test/cron-test.txt 文件的内容来测试定制的计划任务。

```
test@deepin-PC:~$ tail -f /home/test/cron-test.txt
测试 Cron 任务每分钟执行一次；当前时间：
2023 年 07 月 27 日 星期四 14:38:02 CST
测试 Cron 任务每分钟执行一次；当前时间：
2023 年 07 月 27 日 星期四 14:39:01 CST
```

结果表明定制的计划任务每分钟执行一次。按 <Ctrl>+<C> 快捷键中断 tail 命令的执行。

（5）执行以下命令删除为 test 用户创建的 Cron 配置文件。

```
test@deepin-PC:~$ crontab -u test -r
```

任务 7.3.2　基于 systemd 定时器实现计划任务管理

微课7-4.基于
systemd定时
器实现计划任
务管理

要使用 systemd 的定时器，关键是要创建一个定时器单元文件和一个配套的服务单元文件，然后启动这些单元。下面以一个定期显示当前时间的任务为例来示范单调定时器的创建和使用。单调定时器适合按照相对时间的任务调度。

（1）编写一个定时器单元文件，本例将其命名为 disptime.timer，保存在 /etc/systemd/system 目录中，其内容如下：

```
[Unit]
Description=Run every 2min and on boot

[Timer]
OnBootSec=1min
OnUnitActiveSec=2min

[Install]
WantedBy=timers.target
```

为便于测试，这里将时间间隔设置得很小，计划系统启动 1 min 后执行任务，成功执行后，每隔 2 min 再次执行该任务。

（2）编写一个配套的服务单元文件来定义计划定时执行的任务，本例将其命名为 disptime.service，保存在 /etc/systemd/system 目录中，其内容如下：

```
[Unit]
Description=Test systemd timer

[Service]
Type=simple
ExecStart=/home/test/disptime.sh
```

（3）编写任务脚本 disptime.sh，将其保存在 /home/test 目录中。这里执行的是一个消息显示的简单任务，仅用于示范（在实际工作中用到的大多是系统维护操作，如定期备份任务），内容如下：

```
#!/bin/bash
(echo -n 'systemd 定时器测试，当前时间：';date) >> /home/test/timer-test.txt;
```

为该脚本赋予执行权限，可执行以下命令来实现：

```
test@deepin-PC:~$ chmod +x disptime.sh
```

（4）由于单元文件是新创建的，执行以下命令可以重新加载单元文件。

```
test@deepin-PC:~$ sudo systemctl daemon-reload
```

（5）执行以下命令使新建的定时器能够开机自动启动，并启动该定时器。

```
test@deepin-PC:~$ sudo systemctl enable --now disptime.timer
Created symlink /etc/systemd/system/timers.target.wants/disptime.timer →
/etc/systemd/system/disptime.timer.
```

这里启动的是 .timer 文件（定时器单元文件）而不是 .service 文件（服务单元文件）。因为配套的 .service 文件由 .timer 文件启动。

提示　使用 systemctl 的 enable、disable、mask 子命令时加上 --now 选项，可以在启用（或禁止）服务的开机自动启动功能的同时启动（或停止）服务，目的是简化操作。例如，systemctl enable --now 相当于同时执行 systemctl enable 和 systemctl start 命令。

（6）执行以下命令列出定时器。

```
test@deepin-PC:~$ systemctl list-timers
NEXT            LEFT       LAST                  PASSED        UNIT          AC
Thu 2023-07-27 15:16:20 CST 53s left    Thu 2023-07-27 15:14:20 CST 1min
6s ago disptime.timer                   disptime.service
```

（7）实时查看 /home/test/timer-test.txt 文件内容来测试定制的计划任务。

```
test@deepin-PC:~$ tail -f /home/test/timer-test.txt
systemd 定时器测试，当前时间：2023 年 07 月 27 日 星期四 15:14:20 CST
systemd 定时器测试，当前时间：2023 年 07 月 27 日 星期四 15:16:34 CST
```

（8）测试完毕，执行以下命令删除上述定时器及其相关文件，恢复实验环境。

```
test@deepin-PC:~$ sudo systemctl disable --now disptime.timer
Removed /etc/systemd/system/timers.target.wants/disptime.timer.
test@deepin-PC:~$ sudo rm /etc/systemd/system/disptime.*
test@deepin-PC:~$ sudo rm /home/test/timer-test.txt
```

任务 7.4　编写 Shell 脚本实现自动化管理

任务要求

　　Shell 脚本是实现 Linux 系统自动化管理和运维的必备工具，Shell 脚本的优势在于能够处理操作系统底层的业务。Linux 内部的很多应用都是使用 Shell 脚本开发的，deepin 也不例外。系统管理员或运维人员都应该能够编写 Shell 脚本。限于篇幅，这里仅给出了部分 Shell 脚本实例，没有详细讲解 Shell 语法知识。编写 Shell 脚本对初学者来说有一定难度，读者需要转变思维方式，加强对编程思维的训练。本任务的基本要求如下。

（1）了解 Shell 脚本的基本知识。

（2）初步掌握管理运维类的 Shell 脚本编写方法。

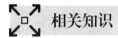 **相关知识**

7.4.1 Shell 脚本的特点

Shell 既是一种命令语言，以交互方式解释和执行用户输入的命令；又可作为程序设计语言。Shell 脚本是指使用 Shell 提供的命令和语句所编写的命令文件，又称 Shell 程序。

Shell 具有很多类似 C 语言和其他程序设计语言的特征，但是又不像程序设计语言那样复杂。Shell 支持绝大多数高级程序设计语言的程序元素，如函数、变量、数组和程序控制结构。

Shell 脚本与批处理文件很相似，可以包含任何从键盘输入的 Linux 命令。Shell 脚本是解释执行的，不需要编译，Shell 解释器从脚本中一行一行读取并执行命令，相当于用户将脚本中的命令一行一行输入到 Shell 提示符下执行。

Shell 脚本基本的功能就是汇集一些在命令行输入的连续命令，以便用户可通过直接执行脚本来执行一连串的命令。如果经常用到相同执行顺序的操作命令，就可以将这些命令写成脚本，以后要进行同样的操作时，只要在命令行输入相应文件名即可。

Linux 系统的配置和管理涉及的配置文件、日志文件、命令输出的内容等都是文本文件，因此可以利用 Shell 脚本整合各种命令，高效地查看和处理这些文本文件，从而实现系统运维自动化。Linux 底层命令都支持 Shell 语句，利用 Shell 脚本再结合其他命令行工具即可达到自动化管理的目的。如果将 Shell 脚本与 Cron 服务或 systemd 定时器结合起来，可以定时执行具有复杂功能的管理运维任务。

7.4.2 Shell 脚本的构成

Shell 脚本本身是一个文本文件，可以使用任何文本编辑器编写。下面通过一个 Shell 脚本实例来说明其基本构成。

```
#!/bin/bash
# 这是一个测试脚本
echo -n "当前日期和时间："
date
echo -n "程序执行路径：""$PATH
echo "当前登录用户名：`whoami`"
echo -n "当前目录："
pwd
#end
```

通常在第 1 行以"#!"开头，指定 Shell 脚本的运行环境，即声明该脚本使用哪个 Shell 运行。常用的 Shell 有 bash、sh、csh、ksh 等，其中 bash 是系统默认的 Shell。本例中第 1 行"#!/bin/bash"用来指定脚本通过 bash 执行。要指定执行的 Shell 时，一定要在第 1 行定义；如果没有指定，则以当前正在执行的 Shell 来执行。

以"#"开头的行是注释行，Shell 在执行时会直接忽略"#"之后的所有内容。养成良好的注释习惯对合作者（团队）和程序设计者自己都是很有益的。

与其他程序设计语言一样，Shell 会忽略空行。空行便于将脚本按功能或任务进行分割。

echo 命令用来显示提示信息，-n 选项表示在显示信息时不自动换行。不加该选项，默认会在命令最后自动加上一个换行符以实现自动换行。

"whoami"字符串左右的反引号（`）用于命令替换（转换），也就是将它引起来的字符串视为命令执行，并将其输出的字符串在原地展开。

与用其他程序设计语言编制的程序一样，Shell 脚本也可以包含外部脚本，将外部脚本的内容合并到当前脚本。合并外部脚本的基本用法如下：

```
. 脚本名
```

或者如下：

```
source 脚本名
```

两种方式的作用一样，简单起见，一般使用点号，但要注意点号和脚本名之间一定要有一个空格。

7.4.3　Shell 脚本的执行

执行 Shell 脚本有多种方式，具体说明见表 7-2。

表7-2　执行Shell脚本的方式

方式	说明	用法
命令行中直接执行脚本	与执行一般的可执行文件的方式基本相同； 将 Shell 脚本的权限设置为可执行	chmod +x 脚本 ./脚本 [参数]
使用指定的 Shell 执行脚本	直接运行 Shell，其参数就是 Shell 脚本的文件名； 脚本无须可执行权限，不必在第 1 行指定 Shell	Shell 脚本 [参数]
使用 source 命令执行脚本	在当前 Shell 环境下读取并执行 Shell 脚本中的代码并依次执行， 不能使用 sudo 命令执行 source 命令； source 命令通常用 "." 命令来替代； 脚本无须可执行权限，不必在第 1 行指定 Shell	source 脚本 . 脚本
将输入重定向到 Shell 脚本	Shell 从指定文件中读入命令行，并进行相应处理； 不要求脚本具有可执行权限； 脚本作为参数，其后不能再带参数	bash < 脚本

直接执行当前目录下的脚本时应在文件名前面加上 "./" 符号，以表明启动当前目录下的脚本。如果不加 "./" 符号，直接使用脚本命令，系统会到命令搜索路径（由环境变量 $PATH 定义）中去查找该脚本，如果脚本位于用户主目录，则显然会找不到。

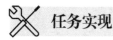
任务实现

任务 7.4.1　编写 Shell 脚本批量添加用户

执行批量管理操作是 Shell 脚本常见的功能。这里编写一个文件名为 usersAdd.sh 的 Shell 脚本，为一个实验小组创建组账户，并批量添加组成员账户，让这些账户成为管理员而非标准用户，代码如下：

```
#!/bin/bash
# 添加一个名为 teamA 的用户组
groupadd teamA
if [ $? -eq 0 ]; then
  echo "成功添加用户组 teamA!"
fi
# 创建 10 个用户，命名为 teamA01 至 teamA10，并将他们加入 teamA 组
for i in 'seq -w 1 10'
do
  useradd -m -G teamA teamA$i
  if [ $? -eq 0 ]; then
    echo "成功添加用户 teamA$i!"
  fi
# 将用户添加到 sudo 组使其成为管理员
  usermod -g sudo teamA$i
# 以非交互方式修改密码将每个用户的初始密码设置为 temppw 加上用户名编号
  echo teamA$i:temppw$i | chpasswd
  if [ $? -eq 0 ]; then
    echo "用户 teamA$i 的初始密码为 temppw$i "
  fi
done
```

代码中使用了条件语句和循环结构。if 条件语句通过判断内部变量返回上个命令的退出状态，来判断命令执行是否成功；for 循环结构用于重复执行创建用户账号的命令，其中还使用了 seq 命令产生一个序号数列，-w 选项表示在每一列数字前加零进行补齐。

创建用户和组账户需要 root 特权，可在使用 bash 命令执行该脚本时加上 sudo，结果如下：

```
test@deepin-PC:~$ sudo bash usersAdd.sh
请输入密码：
验证成功
成功添加用户组 teamA!
成功添加用户 teamA01!
用户 teamA01 的初始密码为 temppw01
成功添加用户 teamA02!
用户 teamA02 的初始密码为 temppw02
...
成功添加用户 teamA10!
用户 teamA10 的初始密码为 temppw10
```

结果表明批量添加用户成功。可以打开用户管理界面进行验证，本例账户列表如图 7-2 所示，可以发现新创建的用户账户。尝试切换用户，以其中一个用户账户（如 teamA02）进行登录，然后查看当前登录的用户以进一步验证，如图 7-3 所示，可以发现该用户可以成功登录。注销该用户，切回 test 用户登录。

还可以根据需要批量删除上述用户账户，编写的脚本名为 usersDel.sh，代码如下：

```
#!/bin/bash
for i in 'seq -w 1 10'
do
  userdel -r teamA$i
  if [ $? -eq 0 ]; then
    echo "成功删除用户 teamA$i!"
```

```
   fi
done
groupdel teamA
if [ $? -eq 0 ]; then
   echo "成功删除用户组 teamA!"
fi
```

图 7-2　查看新创建的用户账户

图 7-3　以新创建的用户登录

执行 userdel 命令（使用 -r 选项），在删除用户账户的同时，会一并删除该用户对应的主目录和邮件目录。执行该脚本，结果如下：

```
test@deepin-PC:~$ sudo bash usersDel.sh
userdel: teamA01 邮件池 (/var/mail/teamA01) 未找到
成功删除用户 teamA01!
...
userdel: teamA10 邮件池 (/var/mail/teamA10) 未找到
成功删除用户 teamA10!
成功删除用户组 teamA!
```

注意，userdel 命令不允许删除正在使用（已经登录）的用户账户。

任务 7.4.2　编写 Shell 脚本自动监控系统性能

微课7-5.编写
Shell脚本自动
监控系统性能

性能监控是一项重要的系统自动化运维工作任务，主要获取 CPU、内存、磁盘、网络、服务和进程等资源的指标，判断是否有问题，以便及时处理，从而保证系统正常运行。本任务要实现的是编写 Shell 脚本完成性能监控任务。

1. 了解系统性能数据的获取方法

在多数情况下，用户可以通过命令或实用工具获取性能数据，如通过 top 命令获取 CPU 和进程数据，通过 free 命令获取内存数据，通过 df 命令获取磁盘空间使用数据。

通过系统的 /proc 伪文件系统监控系统可以兼顾到不同的 Linux 发行版。与其他文件系统不同，/proc 是内存中实时保存的一个特殊目录。这是一种 Linux 内核和内核模块向进程发送信息的机制。用户可以通过该目录下的特定文件获取系统的各类性能数据。下面以 CPU 和内存的数据为例讲解。

/proc/stat 文件提供系统进程整体的统计信息，包含所有 CPU 活动的信息。例如，在笔者的计算机环境中查看该文件的内容如下：

```
test@deepin-PC:~$ cat /proc/stat
cpu  10294 11 10688 1827533 850 0 1906 0 0 0
cpu0 2606 7 2509 456086 238 0 719 0 0 0
cpu1 2436 3 2734 457239 261 0 230 0 0 0
cpu2 2842 0 2590 457150 171 0 635 0 0 0
cpu3 2408 0 2855 457056 177 0 322 0 0 0
intr 3570193 4 1358 0 0 9 0 0 1 0 0 0 29049 0 0 12852 15559 50869 63
...
```

这里仅关心 CPU 活动，可以省略其他信息。查看本例显示的内容，可以得出 CPU 是 4 核的，第 1 行的第 1 个字段值为"cpu"，没有指定 CPU 编号，表示是其他各个 CPU 活动时间的汇总；其他几行的第 1 个字段有 CPU 编号，表示特定编号的 CPU 活动时间。各行有关 CPU 活动的数据共有 10 项，计算 CPU 的使用率只需关心前 7 项（第 2 个字段至第 8 个字段，表 7-3 按顺序给出各项数据的含义），其他几项都是关于虚拟机的。注意，所有的值都是从系统启动开始累计到当前时刻的。

表7-3 /proc/stat文件中主要的CPU数据项

数据项	含义
user	用户态的 CPU 时间
nice	低优先级程序所占用的用户态的 CPU 时间
system	系统态的 CPU 时间
idle	CPU 空闲的时间（不包含 I/O 等待）
iowait	等待 I/O 响应的时间
irq	处理硬件中断的时间
softirq	处理软件中断的时间

其中的时间单位都是 jiffies，1 个 jiffies 等于 0.01 s（10 ms）。

CPU 时间的计算公式为：

```
CPU 时间 = user + nice + system + idle + iowait + irq + softirq
```

计算 CPU 使用率常用的方法是先取两个采样点，然后计算其差值。

```
CPU 使用率 = (idle2-idle1)/(cpu2-cpu1)
```

/proc/meminfo 文件提供系统内存的使用信息，free 命令就是通过它来报告内存使用情况的。例如，在笔者的计算机环境中查看该文件的内容如下：

```
test@deepin-PC:~$ cat /proc/meminfo
MemTotal:       3990508 KB
MemFree:         563056 KB
MemAvailable:   2568040 KB
Buffers:           9892 KB
Cached:         2166160 KB
SwapCached:           0 KB
Active:         1396112 KB
Inactive:       1640688 KB
Active(anon):      1708 KB
Inactive(anon):  870544 KB
```

```
Active(file):     1394404 KB
Inactive(file):    770144 KB
...
```

该文件中的字段非常多，这里仅列出部分常用的字段。

- MemTotal：系统所有可用的内存。
- MemFree：系统尚未使用的内存。
- MemAvailable：系统真正可用的内存。
- Active：经常使用的高速缓冲存储器页面文件大小。
- Inactive：不常使用的高速缓冲存储器文件大小。
- SwapTotal：交换空间总内存。
- SwapFree：交换空间空闲内存。

这些字段的值都是当前值，且单位为 KB。计算内存使用率的公式如下：

```
内存使用率 = (MemTotal - MemFree - Inactive)/ MemTotal
```

2. 编写系统性能监控脚本

根据以上分析，编写文件名为 sysMon.sh 的 Shell 脚本来实现对 CPU 和内存使用率的监控，完整的代码如下：

```bash
#!/bin/bash
# 定义获取 CPU 使用率的函数
function getCpu {
  # grep 'cpu ' 过滤出 CPU 总的使用情况，输出 2~8 列对应的时间
  cpu_time1=$(cat /proc/stat | grep 'cpu ' | awk '{ print $2,$3,$4,$5,$6,$7,$8}')
  # 获取 CPU 空闲的时间（不包含 I/O 等待）
  cpu_idle1=$(echo $cpu_time1 | awk '{print $4}')
  # 合计 cpu_time1 中各列的值
  cpu_total1=$(echo $cpu_time1 | awk '{print $1+$2+$3+$4+$5+$6+$7}')
  # 等 5 s 之后再测下一次 CPU 时间
  sleep 5
  cpu_time2=$(cat /proc/stat | grep 'cpu ' | awk '{print $2,$3,$4,$5,$6,$7,$8}')
  cpu_idle2=$(echo $cpu_time2 | awk '{print $4}')
  cpu_total2=$(echo $cpu_time2 | awk '{print $1+$2+$3+$4+$5+$6+$7}')
  # 计算 CPU 总的空闲时间
  cpu_idle=$(expr $cpu_idle2 - $cpu_idle1)
  # 计算 CPU 总的使用时间
  cpu_total=$(expr $cpu_total2 - $cpu_total1)
  # 计算 CPU 使用率
  cpu_usage='echo "scale=4;($cpu_total-$cpu_idle)/$cpu_total*100" | bc | awk
'{printf "%.2f",$1}''
  }
# 定义获取内存使用率的函数
function getMem {
  mem_info=$(cat /proc/meminfo)
  mem_total=$(echo "$mem_info" | grep "MemTotal" | awk '{print $2}' )
  mem_free=$(echo "$mem_info" | grep "MemFree" | awk '{print $2}' )
  mem_inactive=$(echo "$mem_info" | grep "Inactive:" | awk '{print $2}' )
```

```
    mem_used=$(echo "$mem_total - $mem_free - $mem_inactive "|bc)
    mem_usage=$(echo "scale=4;$mem_used/$mem_total*100"|bc | awk '{printf "%.2f",
$1}')
    }
    # 依次执行以上两个函数
    getCpu;getMem
    # 获取当前时间并采用特定格式
    cur_time=$(date "+%Y-%m-%d %H:%M:%S")
    # 将获取的 CPU 和内存使用率记录到 sysInfo.log 文件
    echo "$cur_time CPU 使用率：$cpu_usage%  内存使用率：$mem_usage%" >> sysInfo.log
    # 取百分比整数部分
    cpu_usage=$(echo $cpu_usage | cut -d. -f1)
    mem_usage=$(echo $mem_usage | cut -d. -f1)
    # 设置百分比限额（实际应用中通常为80%，这里设置一个较小的限额值以便测试）
    limit_value=10
    # CPU 或内存使用率超出限制报警，记录到 sysAlert.log 文件
    if  [ $cpu_usage -ge $limit_value ];  then
        echo "$cur_time CPU 超限 " >> sysAlert.log
    fi
    if  [ $mem_usage -ge $limit_value ];  then
        echo "$cur_time 内存超限 "  >> sysAlert.log
    fi
```

代码中使用函数实现模块化程序设计。为简化实验，本例的报警方式是将信息记录到 sysAlert.log 文件。而实际应用中大多采用邮件报警、短信报警等方式。

为该 Shell 脚本赋予执行权限之后直接执行该脚本，然后查看 sysInfo.log 和 sysAlert.log 文件的内容进行验证。

```
test@deepin-PC:~$ chmod +x sysMon.sh
test@deepin-PC:~$ ./sysMon.sh
test@deepin-PC:~$ cat sysInfo.log
2023-07-29 21:11:30 CPU 使用率：1.85%  内存使用率：44.74%
test@deepin-PC:~$ cat sysAlert.log
2023-07-29 21:11:30 内存超限
```

3. 使用 Cron 服务定时运行监控任务

可以进一步使用 Cron 服务定时运行上述 Shell 脚本，以定期监控系统性能。

执行 crontab -e 命令，进入 Cron 配置文件编辑界面，在最后一行输入以下代码，然后保存并关闭该文件。

```
*/3 * * * * /home/test/sysMon.sh
```

其中前 5 列分别表示分、时、日、月、周，这里第 1 列 "*/3" 表示每 3 min 执行一次；最后一列是要执行的任务。

然后验证监控任务的定时运行，本例任务每 3 min 运行一次。Cron 服务在后台运行，监控的结果无法在前台显示。稍等几分钟之后，检查 sysInfo.log 和 sysAlert.log 文件的内容，发现已经每隔 3 min 更新一次。

```
test@deepin-PC:~$ cat sysInfo.log
2023-07-29 21:11:30 CPU 使用率：1.85%  内存使用率：44.74%
2023-07-29 21:18:06 CPU 使用率：1.55%  内存使用率：55.10%
```

```
2023-07-29 21:21:06 CPU 使用率：0.95%　内存使用率：55.64%
test@deepin-PC:~$ cat sysAlert.log
2023-07-29 21:11:30 内存超限
2023-07-29 21:18:06 内存超限
2023-07-29 21:21:06 内存超限
```

项目小结

作为多进程的操作系统，Linux 运行的每一个程序都是一个进程。进程是一个程序的执行过程，系统中每一个运行的任务都是进程，进程管理是一项必须掌握的管理运维技能。systemd 是新型的 Linux 系统服务管理器，被 deepin 作为第一个进程，用来初始化系统，实施系统和服务管理。我们应当理解 systemd 的概念，掌握使用 systemd 管理系统和服务的方法。计划任务管理是通过进程的调度启动实现的，主要用来实施例行性运维工作。计划任务管理通常涉及任务脚本的编写，掌握 Shell 脚本的编写可以实现系统管理运维的自动化，大大提高管理运维工作效率。

课后练习

补充练习
项目7

1. Linux 进程有哪几种类型？什么是守护进程？
2. 什么是 systemd 单元？
3. systemd 单元文件有何作用？
4. systemd 单元文件有哪些类型？
5. 是否需要区分单元管理与单元文件管理？
6. 通过 Cron 服务安排每周一至周五凌晨 2 点执行某项任务，调度时间如何表示？
7. 普通用户要在每周六 23 点整定期备份自己的主目录到 /tmp 目录下，如何使用 Cron 任务实现？
8. systemd 定时器分为哪两种类型，两种类型的主要区别是什么？
9. systemd 定时器用于计划任务管理有什么优势？
10. 执行 Shell 脚本有哪几种方式？

项目实训

实训 1　在 deepin 中查看和监视进程

实训目的
（1）熟悉 Linux 进程的主要参数。
（2）掌握 ps 命令和 top 命令的使用方法。

实训内容
（1）使用 ps 命令监控后台进程的工作情况，尝试 aux 选项组合的使用。

（2）使用 ps 命令结合管道操作符和 less（more）命令查看进程。

（3）使用 top 命令动态显示系统进程信息。

实训 2　systemd 单元管理操作

实训目的

（1）熟悉 systemd 单元基本知识，了解单元状态。

（2）掌握使用 systemctl 命令管理单元的方法。

实训内容

（1）使用 systemctl list-units 命令查看单元。

（2）使用 systemctl status 命令查看单元状态。

（3）使用 systemctl start 命令转换特定单元的状态。

（4）使用 systemctl list-dependencies 命令查看单元的依赖关系。

实训 3　systemd 单元文件管理操作

实训目的

（1）熟悉单元文件基本知识，了解单元文件状态。

（2）掌握使用 systemctl 命令管理单元文件的方法。

实训内容

（1）使用 systemctl list-unit-files 命令查看单元文件。

（2）使用 systemctl is-enabled 命令查看单元文件的状态。

（3）使用 systemctl enable 命令实现单元文件状态转换。

实训 4　编写一个磁盘使用空间告警的 Shell 脚本

实训目的

（1）熟悉 Shell 基本语法。

（2）初步掌握自动化运维脚本的编写方法。

实训内容

（1）获取主机名。

（2）获取当前磁盘使用率（可使用 df 命令获取磁盘使用空间信息）。

（3）将磁盘使用率大于 80% 的时刻与磁盘使用情况记录到告警日志文件。

（4）配置 Cron 服务使其每 5 min 检查一次。

项目8

系统监控与故障排除

08

在操作系统的使用过程中难免会遇到各种问题，要想排查并解决问题，确保系统正常运行，就涉及系统监控和故障排除。系统监控与故障排除属于基本的运维工作，前面的项目中已有所涉及，这里系统地讲解相关的方法，包括系统资源监控、系统错误排查和启动故障修复。国产自主操作系统的普及和推广离不开系统运维人才，我们应将自己培养成为新时代需要的高技能人才，为推动高质量发展作出贡献。

【课堂学习目标】

☞ 知识目标

➢ 了解系统资源监控。

➢ 了解日志系统及其相关工具。

➢ 了解系统启动过程。

☞ 技能目标

➢ 熟练使用系统监视器。

➢ 学会日志收集工具和 systemd 日志工具的使用。

➢ 学会进入 Live 模式进行系统运维修复和故障排除。

☞ 素养目标

➢ 增强关键技术国产化替代、自主可控的使命感。

➢ 培养分析和解决实际问题的能力。

任务 8.1　系统监控

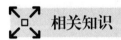

任务要求

　　系统监控主要涉及硬件负载、程序运行和系统服务等系统资源的监测和管控，这是保证系统稳健运行的必要手段。前面在讲解进程管理和 Shell 脚本时已经涉及系统监控。本任务更系统地讲解 deepin 的系统监控工具和方法，基本要求如下。

　　（1）掌握系统状态查询的方法。

　　（2）熟悉系统监视器的使用。

　　（3）学会使用命令行工具查看系统硬件信息。

相关知识

　　除了继承 Debian 系列 Linux 发行版用于系统监控的命令行工具 ps、top、free 等之外，deepin 还预装了深度系统监视器桌面应用。系统监视器直观、易用，与 Windows 的任务管理器有些类似，可以实时监控处理器状态、内存占用率、网络上传和下载速度；还可以管理系统进程和应用进程，支持搜索进程和强制结束进程。

任务实现

任务 8.1.1　系统状态查询

　　了解基本的系统信息是一项基本的运维工作。打开控制中心，单击"系统信息"，其中"关于本机"部分显示的就是基本的系统信息，包括计算机名、产品名称、版本号、版本、类型、内核版本、处理器和内存，如图 8-1 所示。

图 8-1　查看系统信息

　　也可以通过命令行工具 uname 显示当前操作系统的详细信息。uname 通常与不同的选项一起使用以获取特定的系统信息。该命令不加任何选项会显示操作系统的内核名称这与 -s 选项效果相同，加上 -r 选项会显示内核版本号，加上 -m 选项会显示硬件名称，加上 -a 选项会显示操作系统的所有详细信息，包括内核名称、主机名、版本号、发行版等。下面进行简单的示范。

```
test@deepin-PC:~$ uname
Linux
test@deepin-PC:~$ uname -r
5.15.77-amd64-desktop
test@deepin-PC:~$ uname -a
Linux deepin-PC 5.15.77-amd64-desktop #2 SMP Thu Jun 15 16:06:18 CST 2023
x86_64 GNU/Linux
```

使用 hostname 命令查看主机名。

```
test@deepin-PC:~$ hostname
deepin-PC
```

该命令也可以用来临时更改主机名。但要永久性修改主机名，则可以修改 /etc/hostname 配置文件，或者使用 hostnamectl set-hostname 命令。

有时还需要了解用户登录信息。使用 who 命令可查看当前系统上有哪些用户登录；使用 last 命令可查看系统的历史登录情况，例如：

```
test@deepin-PC:~$ who
test     tty1          2023-07-29 18:30 (:0)
test@deepin-PC:~$ last
teamA02  tty2          :1                Sat Jul 29 18:31 - 18:33   (00:02)
test     tty1          :0                Sat Jul 29 18:30    gone - no logout
teamA02  tty1          :0                Sat Jul 29 18:26 - 18:30   (00:03)
```

lastlog 命令用于显示系统上所有用户最近一次登录的信息，列出所有用户的登录时间、登录设备和登录来源等信息。

```
test@deepin-PC:~$ lastlog
用户名            端口      来自              最后登录时间
root                                        ** 从未登录过 **
daemon                                      ** 从未登录过 **
bin                                         ** 从未登录过 **
...
test             tty1                       三 7月 26 21:33:58 +0800 2023
zhong            tty5                       六 7月 15 15:32:09 +0800 2023
zxp              tty2                       二 7月 18 19:58:09 +0800 2023
wang                                        ** 从未登录过 **
```

任务 8.1.2　使用系统监视器

系统监视器是 deepin 预装的一个对硬件负载、程序运行、系统服务进行监测、查看和管理的系统工具。

通过启动器打开系统监视器，如图 8-2 所示，默认进入"程序进程"页面，左边显示基本的硬件监控信息，右边列出当前正在运行的应用程序。

1．硬件监控

在系统监视器"程序进程"页签中，单击⋯按钮，从"视图"子菜单中选择"舒展"或"紧凑"模式，展示本机的处理器（最近一段时间的运行负载情况）、内存（内存总量和当前占用量，交换空间大小和当前占用量）、网络（当前网络上传和下载速度）和磁盘（当前磁盘读取与写入速度）等相关信息。默认为紧凑模式，参见图 8-2。

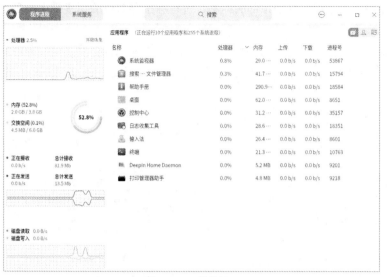

图 8-2　系统监视器

单击左侧的处理器、内存、网络或磁盘区域，右侧展示对应项的详细信息。例如，处理器的详细信息如图 8-3 所示。单击 按钮展开下拉菜单，从中选择命令可以查看内存、网络或磁盘的详细信息；单击 按钮可以查看处理器的总体利用率和个体利用率状态；单击"隐藏详情"链接会关闭详情页面。

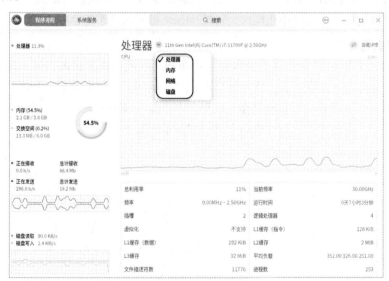

图 8-3　处理器详细信息

2. 程序进程管理

在"程序进程"页签中单击右上角的图标 、 和 ，可以分别切换到相应的页面，查看应用程序、我的进程和所有进程，默认为"应用程序"页面。

例如，通常会切换到"所有进程"页面，对进程进行管理。如图 8-4 所示，进程列表默认仅显示名称、处理器、内存、上传、下载、进程号等列，右键单击进程列表顶部的标签，可以取消勾选标签来隐藏对应的标签列，再次勾选可以恢复显示。这里再勾选"用户"和"优先级"两列。可以调整进程排序，单击进程列表顶部的标签，进程会按照对应的标签排序，多次单击可以切换升序和降序。

可以根据需要对某个进程进行管理操作，如图 8-5 所示，右键单击需要管理的进程，从弹出的菜单中选择要操作的命令，如结束进程、暂停进程、继续进程、改变优先级、强制结束进程等。

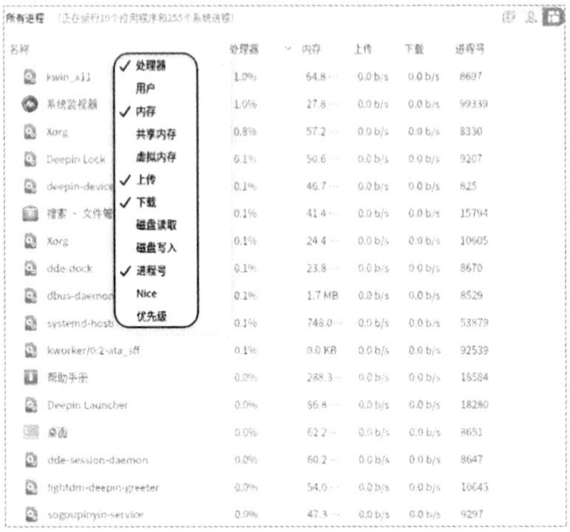

图 8-4　所有进程列表 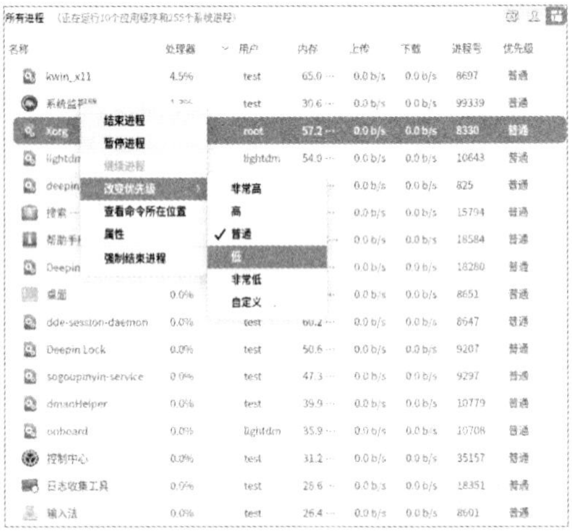　　　　　　　　　　　　图 8-5　进行进程管理操作

用户还可以使用系统监视器来关闭桌面上图形化的进程。单击 ⊙ 按钮，选择"强制结束应用程序"命令，根据屏幕提示在桌面上单击要关闭的应用窗口，在弹出的对话框中单击"强制结束"按钮，确认结束该应用。如果要中止操作，可按 <Esc> 键返回到系统监视器界面。

3. 系统服务管理

用户可以通过系统监视器管理系统服务。切换到"系统服务"页面，显示当前的系统服务列表，如图 8-6 所示，与进程列表一样，可以增减要显示的列，对系统服务列表进行排序；更重要的是，可以对某系统服务进行管理操作，右键单击需要管理的系统服务，从菜单中选择相应的命令来启动、停止、重新启动、设置启动方式、刷新系统服务进程。

图 8-6　管理系统服务

任务 8.1.3　使用命令行工具查看系统硬件信息

项目 2 介绍过使用预装的设备管理器查看和管理系统硬件设备，这里讲解查看系统硬件信息的命令行工具。

1. 使用 lsusb 命令查看 USB 设备信息

直接执行 lsusb 命令会列出连接到计算机上的 USB 设备信息，显示 USB 控制器、设备厂商和产品信息等，例如：

```
test@deepin-PC:~$ lsusb
Bus 001 Device 001: ID 1d6b:0002 Linux Foundation 2.0 root hub
Bus 002 Device 003: ID 0e0f:0002 VMware, Inc. Virtual USB Hub
Bus 002 Device 002: ID 0e0f:0003 VMware, Inc. Virtual Mouse
Bus 002 Device 001: ID 1d6b:0001 Linux Foundation 1.1 root hub
```

每个 USB 设备都显示为一行记录，以 "Bus" 和 "Device" 进行编号。"ID" 后面是十六进制的厂商 ID 和产品 ID，用于标识设备厂商和产品。其他信息可能包括设备类型、设备名称等。

该命令加上 -tv 选项可以以树状结构显示 USB 设备的详细信息，例如：

```
test@deepin-PC:~$ lsusb -tv
/:  Bus 02.Port 1: Dev 1, Class=root_hub, Driver=uhci_hcd/2p, 12M
    |__ Port 1: Dev 2, If 0, Class=Human Interface Device, Driver=usbhid, 12M
    |__ Port 2: Dev 3, If 0, Class=Hub, Driver=hub/7p, 12M
/:  Bus 01.Port 1: Dev 1, Class=root_hub, Driver=ehci-pci/6p, 480M
```

每个 USB 设备都作为一个节点显示，并显示其父设备和子设备。每个 USB 设备都以 "/" 符号开头，并显示其端口、类别、驱动程序等信息。父设备和子设备用垂直线连接在一起，显示了设备之间的层次关系。

2. 使用 lshw 命令获取系统硬件信息

lshw 命令用于提供关于计算机硬件（如 CPU、内存、磁盘、网络适配器等）的详细信息。最好以 root 特权执行该命令，例如：

```
test@deepin-PC:~$ sudo lshw
deepin-pc
    description: Computer
    product: VMware Virtual Platform
    vendor: VMware, Inc.
    version: None
    serial: VMware-56 4d 96 78 6f 62 06 8f-e1 84 3e 63 ac 0b fa 9f
    width: 64 bits
    capabilities: smbios-2.7 dmi-2.7 smp vsyscall32
    configuration: administrator_password=enabled boot=normal frontpanel_
password=unknown keyboard_password=unknown power-on_password=disabled uuid=
564D9678-6F62-068F-E184-3E63AC0BFA9F
    *-core
        description: Motherboard
        product: 440BX Desktop Reference Platform
        vendor: Intel Corporation
        physical id: 0
```

lshw 命令用于显示 CPU、内存和网络适配器的信息，包括描述、厂商、版本、物理 ID、总线信息、尺寸、配置等。lshw 命令以详细的层次结构形式展示硬件之间的关系，帮助用户更好地了解计算机的硬件配置。

3. 使用 dmidecode 命令查看和解码 DMI 数据

DMI（Desktop Management Interface，桌面管理界面）是一种提供有关系统硬件和配置信息的特定标准，可以让用户获取关于计算机硬件的详细信息。用户最好以 root 特权执行 dmidecode 命令。

直接执行 dmidecode 命令将显示与系统相关的 DMI 信息，如 BIOS、主板、内存、处理器、通道等，输出的详细信息可能会很长，不便于查看和分析。通常通过选项限制显示特定的信息，如仅显示 BIOS 信息，包括厂商、版本、发布日期等。

```
test@deepin-PC:~$ sudo dmidecode -t bios
# dmidecode 3.2
Getting SMBIOS data from sysfs.
SMBIOS 2.7 present.
Handle 0x0000, DMI type 0, 24 bytes
BIOS Information
        Vendor: Phoenix Technologies LTD
        Version: 6.00
        Release Date: 11/12/2020
        Address: 0xEA480
        Runtime Size: 88960 bytes
        ROM Size: 64 KB
        Characteristics:
                ISA is supported
                PCI is supported
                PC Card (PCMCIA) is supported
                PNP is supported
```

执行以下命令可仅显示系统信息。

```
test@deepin-PC:~$ sudo dmidecode -t system
# dmidecode 3.2
Getting SMBIOS data from sysfs.
SMBIOS 2.7 present.
Handle 0x0001, DMI type 1, 27 bytes
System Information
        Manufacturer: VMware, Inc.
        Product Name: VMware Virtual Platform
        Version: None
        Serial Number: VMware-56 4d 96 78 6f 62 06 8f-e1 84 3e 63 ac 0b fa 9f
        UUID: 78964d56-626f-8f06-e184-3e63ac0bfa9f
        Wake-up Type: Power Switch
        SKU Number: Not Specified
        Family: Not Specified
Handle 0x01A1, DMI type 15, 29 bytes
System Event Log
```

任务 8.2　系统错误排查

任务要求

系统运行过程中可能会出现各种问题，如应用程序无响应、卡顿甚至崩溃。通常我们通过查看系统的各种日志来排查和定位问题，然后通过修改配置文件或修改代码等手段解决问题。日志的收集与分析是进行系统错误排查的重要手段。本任务的具体要求如下。

（1）了解 Linux 日志基本知识。

（2）掌握日志收集工具的使用方法。

（3）掌握使用 journalctl 命令查看日志的方法。

相关知识

Linux 提供多种日志文件，以实现系统审计、监测追踪和事件分析，有助于系统错误排查。deepin 既支持传统的系统日志服务 syslog，又支持新型的 systemd 日志。

一直以来 syslog 都是 Linux 标配的日志记录工具，负责采集日志并分类存放。其日志不仅可以保存在本地，还可以通过网络发送到另一台计算机上。rsyslog 是 syslog 的多线程增强版，也是 deepin 默认的系统日志服务，其中 rsyslog 进程负责写入日志，logrotate 进程负责备份和删除旧日志，以及更新日志文件。

systemd 日志是一种改进的日志管理服务，具体由 systemd-journald 守护进程实现。该守护进程可以收集来自内核、启动过程早期阶段的日志，系统守护进程在启动和运行过程中的标准输出和错误信息，以及 rsyslog 的日志。对于有些 rsyslog 工具无法收集的日志，systemd-journald 也能够记录下来。systemd 统一管理所有单元的启动日志，这样只用一个 journalctl 命令就可查看所有的系统日志。

systemd 将日志数据存储在带有索引的结构化二进制文件中。此数据包含与日志事件相关的额外信息，如原始消息的设备和优先级。日志是经历过压缩和格式化的二进制数据，所以查看和定位的速度很快。

deepin 预装的日志收集工具是负责收集程序运行时所产生日志的桌面应用，具有直观、易用的优点，特别适合普通用户使用。该工具可以收集操作系统和应用程序在启动、运行等过程中的相关信息。用户可以通过分析详细日志信息，快速地找到故障原因并解决问题。

任务实现

任务 8.2.1　使用日志收集工具辅助故障排除

通过启动器打开日志收集工具，如图 8-7 所示，左侧给出各类日志的分类导航，右侧显示相应的日志列表。除了可以按关键字搜索日志外，还可以通过周期、级别、状态、应用列表或事件类型来筛选日志，不过不同的日志类型，用于筛选的标准不一样。

图 8-7　日志收集工具

如图 8-8 所示，默认进入的是"系统日志"界面，选中某条日志后，可查看该日志的详细信息，包括进程、时间、主机名、进程号、级别等。还可以按照事件的级别高低进行日志筛选，可用的级别选项包括全部、紧急、严重警告、严重、错误、警告、注意、信息、调试，默认选项为"信息"。

图 8-8　查看系统日志

查看内核日志和启动日志都需要 root 特权，因此需要认证。内核日志涉及时间、主机名、进程和信息。启动日志涉及主机名、状态，如图 8-9 所示。可以按状态筛选启动日志，选项包括全部、OK（正常）、Failed（失败），默认选项为"全部"。

dpkg 日志记录的是安装包管理工具 dpkg 执行的操作记录，例如安装、升级和移除软件包的时间戳、软件包的名称和版本信息，以及操作的结果状态。该日志文件就是 /var/log/dpkg.log。如图 8-10 所示，我们可以通过日志收集工具直观地查看 dpkg 日志，了解系统上包管理操作的历史记录，以及发现可能出现的错误或警告信息。

Xorg 是用于 X Window 系统的图形服务器，负责显示和管理图形界面。Xorg 日志记录了 Xorg 服务器的启动和运行过程中的详细信息，包括设备检测、驱动加载、分辨率设置、错误和警告信息等。在 deepin 中，该日志文件为 /var/log/Xorg.0.log。如图 8-11 所示，我们可以通过日志收集工具直观地查看 Xorg 日志，了解与图形显示相关的问题，帮助进行故障排除和解决方案查找。
Xorg 日志也就是桌面日志，桌面崩溃、进程退出、桌面黑屏等故障，可以通过此日志来排查。

图 8-9　查看启动日志

图 8-10　查看 dpkg 日志

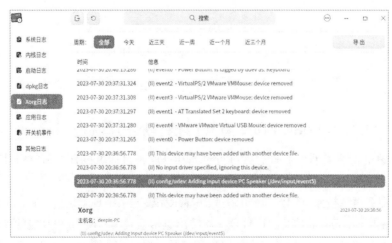

图 8-11　查看 Xorg 日志

应用日志记录的是各桌面应用的事件。如图 8-12 所示，我们可以通过日志收集工具直观地查看应用日志，以诊断和解决与特定应用程序相关的问题，以及跟踪系统事件和错误。应用日志可以按应用列表筛选（默认为当前第 1 个应用程序），还可以按时间级别筛选。

图 8-12　查看应用日志

在日志收集工具界面单击"其他日志"，以文件列表方式展示日志文件的名称、修改日期，选中某个文件后，可查看该文件的详细内容，如图 8-13 所示。注意，其中多数日志文件需要 root 特权才能查看其内容。

图 8-13　查看其他日志

任务 8.2.2　使用 journalctl 命令查看内核和应用日志

使用 journalctl 命令查看所有日志并进行过滤和排序，包括内核日志和应用日志。它还提供了丰富的选项，以便轻松查看和管理日志。

journalctl 命令默认按照从旧到新的时间顺序显示完整的系统日志条目。它以加粗文本突出显示级别为 notice 或 warning 的信息，以红色文本突出显示级别为 error 或更高级的信息。要利用日志进行故障排除和审核，就要加上特定的选项和参数，按特定条件和要求来搜索并显示 systemd

日志条目。默认情况下，journalctl 会显示最近一个工作日的日志记录。

使用 -p 选项指定日志过滤级别，以下命令用于显示指定错误级别 err 和比它更高级别的条目：

```
test@deepin-PC:~$ sudo journalctl  -p err
7 月 04 15:04:56 deepin-PC pulseaudio[40722]: ALSA 提醒我们在该设备中写入新数据，但实际上没有什么可以写入的！
7 月 04 15:04:56 deepin-PC pulseaudio[40722]: 这很可能是 ALSA 驱动程序 'snd_ens1371' 中的一个 bug。请向 ALSA 开发人员报告这个问题。
7 月 04 15:04:56 deepin-PC pulseaudio[40722]: 我们因 POLLOUT 被设置而唤醒 -- 但结果是 snd_pcm_avail() 返回 0 或者另一个小于最小可用值的数值。
...
```

注意使用 sudo 命令获取 root 特权以显示系统级的日志信息。

使用 -k 选项只查看内核日志（不显示应用日志）：

```
test@deepin-PC:~$ sudo journalctl  -k
9 月 13 20:25:38 deepin-PC kernel: Linux version 5.15.77-amd64-desktop
(deepin@wh-k8snode-70) (gcc (Uos 8.3.0.6-1+dde) 8.3.0, GNU ld (GNU Binut
9 月 13 20:25:38 deepin-PC kernel: Command line: BOOT_IMAGE=/vmlinuz-
5.15.77-amd64-desktop root=UUID=ed07ceb1-c828-43f3-ae7f-95342274b879 ro sp
9 月 13 20:25:38 deepin-PC kernel: KERNEL supported cpus:
...
```

可以组合成多个选项进行查询。例如，查询某个时间以来的与 systemd 单元 cups.service 相关的所有日志条目：

```
test@deepin-PC:~$ sudo journalctl _SYSTEMD_UNIT=cups.service --since
"2023-06-25 00:00:00"
7 月 14 11:03:55 deepin-PC hp[70081]: io/hpmud/musb.c 1151: unable to open
hp:/usb/HP_LaserJet_Professional_P1108?serial=000000000Q83JK4NPR1a
7 月 14 11:03:55 deepin-PC hp[70081]: prnt/backend/hp.c 1031: ERROR: open
device failed stat=12: hp:/usb/HP_LaserJet_Professional_P1108?serial
...
```

当遇到故障时，通常会使用 journalctl -xe 命令来解析日志记录。-x 选项表示添加日志额外的消息解释，-e 选项表示跳转到日志分页的末尾，例如：

```
test@deepin-PC:~$ sudo journalctl -xe
9 月 17 15:10:15 deepin-PC startdde[4277]: session.go:1254: [setDPMSMode]
on : true
...
9 月 17 15:10:24 deepin-PC deepin-authentication[2883]: <warning> text.
go:171: open /home/test/.config/locale.conf: no such file or directory
9 月 17 15:10:24 deepin-PC deepin-authenticate/authcommon[2883]: text.
go:171: open /home/test/.config/locale.conf: no such file or directory
9 月 17 15:10:24 deepin-PC sudo[143486]:      test : TTY=pts/0 ; PWD=/home/
test ; USER=root ; COMMAND=/usr/bin/journalctl -xe
9 月 17 15:10:24 deepin-PC sudo[143486]: pam_unix(sudo:session): session
opened for user root by (uid=0)
lines 1905-1933/1933 (END)
```

使用 -xe 选项显示最新的系统日志信息，将日志记录分解为易于阅读和理解的部分，并提供有关日志记录的更多信息，特别有助于我们了解系统发生的问题，并找出解决问题的方法。

可以使用 --grep 或 --regex 选项通过 grep 和正则表达式查找具有特定单词和短语的日志条目。例如,执行 journalctl --grep="error" 命令将显示包含单词 "error" 的所有日志记录。

另外,使用 -f 选项可以实时地跟踪日志,实时地输出最新日志信息,特别适合监视系统日志,以便及时掌握有关任何系统异常的信息。

任务 8.3 系统启动过程分析与故障排除

 **任务要求**

了解操作系统启动过程有助于进行相关设置,诊断和排除故障。就 deepin 启动过程来看,管理员可配置的有两个环节,一是启动引导程序配置,二是 systemd 相关配置。管理员还可以通过 deepin 启动盘进入 Live 模式开展系统救援,对系统进行运维修复和故障排除。本任务的具体要求如下。

(1)了解 deepin 的系统启动过程。

(2)了解 GRUB 配置文件。

(3)掌握进入 Live 模式修复和排除故障的方法。

相关知识

8.3.1 系统启动过程

deepin 系统启动过程主要包括以下 4 个阶段。

(1)BIOS 或 UEFI 引导。计算机启动时首先加载 BIOS 或 UEFI,此阶段涉及硬件初始化和自检,然后 BIOS 或 UEFI 会找到一个可引导的设备。引导设备可以是软盘、CD-ROM、硬盘、U 盘等。deepin 系统通常从硬盘上引导。

(2)运行启动引导程序。默认情况下,deepin 使用 GRUB 作为默认的启动引导程序,由该程序继续引导操作系统。

在这两个阶段,BIOS 与 UEFI 引导过程有所不同。

BIOS 完成加电自检(POST)之后,初始化一些必要的硬件以准备引导,比如硬盘和键盘等。选择引导设备之后,就读取该设备的 MBR 引导扇区。MBR 接管之后,引导位于某个分区上的第二阶段引导程序,即启动引导程序,deepin 使用 GRUB。

UEFI 不仅能读取分区表,而且能自动支持文件系统。它不像 BIOS,完全用不到 MBR。UEFI 从 EFI 系统分区(分区表上的一个特殊分区)中加载 UEFI 程序(启动引导程序)。每个操作系统或者提供者都可以维护自己的 EFI 系统分区中的文件,同时不影响其他系统,因此 UEFI 对多重启动的支持非常容易,只需简单地运行不同的 UEFI 程序,以对应于特定操作系统的引导程序。

UEFI 完成加电自检之后,UEFI 固件被加载,由该固件初始化那些启动要用到的硬件。固件读取其引导管理器以确定从何处（如哪个硬盘及分区）加载哪个 UEFI 程序。固件按照引导管理器中的启动项目，加载 UEFI 程序（启动引导程序）。

（3）加载内核。GRUB 载入 Linux 系统内核并运行，初始化设备驱动程序，以只读方式来挂载根文件系统（Root File System）。

（4）系统初始化。内核在完成核内引导以后，执行第一个用户进程 systemd（进程号为 1），开始系统初始化过程。systemd 的任务是运行其他用户进程、挂载文件系统、配置网络、启动守护进程等。

在 deepin 中，使用 systemd 代替传统 Linux 的 init 程序来开始系统初始化过程，验证如下：

```
test@deepin-PC:~$ ls -l /sbin/init
lrwxrwxrwx 1 root root 20 5月  19  2022 /sbin/init -> /lib/systemd/systemd
```

可以发现，/sbin/init 是指向 /lib/systemd/systemd 文件的符号链接文件。在启动过程中 systemd 主要的功能就是准备系统运行环境，包括系统的主机名、网络设置、语言处理、文件系统格式及其他系统服务和应用服务的启动等。所有的这些任务都会通过 systemd 的默认启动目标（/etc/systemd/system/default.target）来进行配置。

systemd 依次执行相应的各项任务来完成系统的最终启动。例如，systemd 首先执行 initrd.target 所有单元，包括挂载 /etc/fstab，最后执行 graphical 所需的服务以启动图形用户界面来让用户以图形用户界面登录。如果系统的 default.target 指向 multi-user.target，那么此步骤就不会执行。

8.3.2 GRUB 及其配置

GNU GRUB 简称 GRUB，是一个来自 GNU 开源项目的启动引导程序（启动加载器），可以载入操作系统的内核和初始化操作系统，或者将引导权交给操作系统来完成引导。管理员可以对 GRUB 进行配置管理，以实现对系统启动选项的控制，干预系统的启动过程。

1. GRUB 简介

GRUB 是多启动规范的实现，它允许用户在计算机内同时安装多个操作系统，并在计算机启动时选择希望运行的操作系统。GRUB 还可用于选择操作系统分区上的不同内核，也可用于向这些内核传递启动参数。除了硬盘外，GRUB 还可以安装到光盘、软盘和 U 盘等移动存储介质中。早期的 GRUB 版本被称为 GRUB Legacy 或 GRUB1。新的 GRUB2 版本针对 Linux 系统进行了很多优化，支持更多的功能，如动态地载入模块。deepin 所用的是 GRUB2，为便于叙述，统一简称 GRUB。

GRUB 实际上是一个微型的操作系统，可以识别到一些常用的文件系统。GRUB 运行时会读取其配置文件 /boot/grub/grub.cfg。在 deepin 中该配置文件是由 /etc/grub.d 目录中的模板和 /etc/default/grub 文件中的设置自动生成的。因此，我们不要直接去修改 /boot/grub/grub.cfg 文件，如果确有必要修改 GRUB 配置，可以通过修改 /etc/default/grub 文件中的设置和 /etc/grub.d 目录中的模板，再执行 update-grub 命令生成配置文件 /boot/grub/grub.cfg。

2. /etc/default/grub 配置文件

默认情况下 /etc/default/grub 文件的内容如下：

```
DEEPIN_GFXMODE_DETECT=1       # 确定系统的最佳图形模式或分辨率
GRUB_BACKGROUND=/boot/grub/themes/deepin-fallback/background.jpg # GRUB 背景
GRUB_CMDLINE_LINUX=""                      # 手动添加到菜单条目中的内核启动参数
```

```
GRUB_CMDLINE_LINUX_DEFAULT="splash quiet "   # 启动时使用的默认内核参数和启动选项
    GRUB_DEFAULT=0    # 默认启动项，按启动菜单条目顺序，比如要默认从第 4 个菜单项启动，数字
改为 3，如果改为 saved，则默认为上次启动项
    GRUB_DISTRIBUTOR="`/usr/bin/lsb_release -d -s 2>/dev/null || echo UOS 20`"
#GRUB 发布者名称
    GRUB_GFXMODE=3840x2400,3840x2160,2880x1800,2560x1600,2560x1440,1920x1440,
2196x1228,1856x1392,1792x1344,1920x1200,1920x1080,1600x1200,1680x1050,1400x10-
50,1280x1024,1440x900,1280x960,1360x768,1280x800,1152x864,1280x768,1280x720,10
24x768,auto #用于图形界面的屏幕分辨率
    GRUB_THEME=/boot/grub/themes/deepin-fallback/theme.txt # 系统的主题设置
    GRUB_TIMEOUT=1      # 进入默认启动项的等待时间（如果改为 -1，每次启动时需手动确认才可以）
```

GRUB_CMDLINE_LINUX_DEFAULT 设置仅在引导过程中生效，而 GRUB_CMDLINE_LINUX 设置会一直生效。系统启动后，内核先启用 GRUB_CMDLINE_LINUX 参数，再启用 GRUB_CMDLINE_LINUX_DEFAULT 参数。如果是恢复模式，则只有 GRUB_CMDLINE_LINUX 生效。其中的内核参数 quiet 用于屏蔽内核消息的输出，splash 用于启动屏幕画面，如果不提供就可能导致屏幕一片空白。

修改该配置文件后，要使之生效，则需执行 update-grub 命令。

3. /etc/grub.d 目录下的脚本

/etc/grub.d 目录中有很多以数字开头的脚本，按照从小到大的顺序执行，下面列出其中几个主要的脚本。

• 00_header 主要用于配置初始的显示项目，如默认选项、时间限制等。

• 10_linux 用于配置不同的内核，自动搜索当前系统，建立当前系统启动菜单，主要针对实际的 Linux 内核的启动环境来启用配置。

• 30_os_prober 用于设置其他分区中的系统（适合硬盘中有多个操作系统的情形）。

• 40_custom 和 41_custom 用于用户自定义配置。通常在 40_custom 文件中手动加上启动菜单项。

修改这些文件后，要使之生效，也要执行 update-grub 命令。

✕ 任务实现

任务 8.3.1　进入 Live 模式执行系统运维修复任务

deepin（包括统信 UOS）1031 之前的版本支持在系统启动过程中通过动态修改 GRUB 启动参数进入单用户模式，获取 root 特权，以便执行系统运维修复和故障排除任务。从 1031 版本开始，deepin（包括统信 UOS）不再支持在启动过程中进入单用户模式，而是需要通过 deepin 安装镜像进入 Live 模式来实现特权操作。Live 模式又称 LiveCD 模式，是一种与 Windows PE 类似的系统救援模式。系统启动、使用过程中的异常问题导致无法进入桌面、文本模式（tty2 模式），或者进入文本模式但无法获取 root 特权时，可以考虑进入 Live 模式对系统进行运维修复和故障排除。

1. 进入 Live 模式

下面以 deepin 20.9 为例示范进入 Live 模式的方法。

（1）获取 deepin 20.9 安装镜像文件，制作该安装镜像的启动盘（可以是 U 盘，也可以是光盘）。

（2）将制作好的启动盘插入需要维护或排除故障的计算机，启动该计算机，选择从 U 盘或光盘启动，进入系统安装界面。

本例在 VMware Workstation 虚拟机上进行操作。关闭运行 deepin 的虚拟机，将安装镜像文件挂载到该虚拟机的光驱中，选择"虚拟机"→"电源"→"打开电源时进入固件"命令，启动该虚拟机并进入 BIOS 设置界面，如图 8-14 所示，在"Boot"（启动）设置中将"CD-ROM Drive"调到"Hard Drive"的上面，按 <F10> 键，单击"Yes"按钮进入图 8-15 所示的系统安装界面（显示启动菜单）。

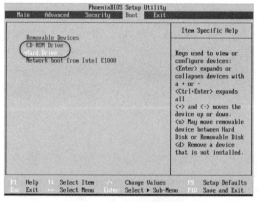

图 8-14　BIOS 设置界面

图 8-15　系统安装界面

（3）根据提示按 <Tab> 键（有的计算机上可能提示按 <e> 键）进入图 8-16 所示的启动菜单编辑模式。

（4）找到".linux"开头的行，删除其中的"livecd-installer"参数，按 <Enter> 键（有的计算机上可能需要按 <F10> 或者 <Ctrl>+<X> 快捷键）进入 Live 模式。

本例在 VMware Workstation 虚拟机上操作，进入 Live 模式时选择"普通模式"进入桌面，然后根据需要调整屏幕显示分辨率。

（5）进入 Live 模式后，打开终端窗口验证 Live 模式，可以发现当前是以 uos 用户账户登录名为 UOS 的计算机，如图 8-17 所示。

图 8-16　进入启动菜单编辑模式

图 8-17　进入 Live 模式

在 Live 模式下遇到锁屏或需要输入登录密码而查不到密码的情况时，可以按 <Ctrl>+<Alt>+<F2> 快捷键进入文本模式，执行 sudo -i 命令切换到 root 用户身份，然后执行 passwd uos 命令，根据提示修改 uos 账户密码。修改密码之后，再按 <Ctrl>+<Alt>+<F1> 快捷键切换到图形登录界面，使用修改后的密码登录系统即可。

2. 备份数据

当无法修复系统需要重装系统时，可以将用户数据备份到移动存储介质之后再进行重装。

进入 Live 模式之后，打开文件管理器，就可以看到计算机上的硬盘各个分区，如图 8-18 所示。其中数据盘中 home 目录中用户名目录下存放的即用户数据，如图 8-19 所示，可以将这些数据复制到移动存储介质中进行备份。

图 8-18　查看计算机上硬盘分区

图 8-19　备份用户数据

目前 deepin（包括统信 UOS）在重装系统时，如果选择"保留用户数据"，则重装系统后计算机中的数据也将自动保留下来。

3. 破解用户登录密码

在实际工作中可能遇到遗忘登录密码导致无法进入系统的问题，目前的 deepin 版本需要进入 Live 模式修改用户登录密码。下面示范操作步骤。

（1）进入 Live 模式。

（2）在桌面环境中打开终端窗口。

（3）执行以下命令创建用于挂载原系统（相对于当前 Live 系统的待修复系统）根目录的挂载点：

```
uos@UOS:~$ sudo mkdir /mnt/systmp
```

（4）执行以下命令列出系统上所有可用的块设备信息，以判断原系统根目录所在分区：

```
uos@UOS:~$ lsblk -f
NAME    FSTYPE  FSVER LABEL   UUID                                FSAVAIL FSUSE% MOUNTPOINTS
...
sda
├─sda1 ext4    1.0   Boot    e9a807c8-c69e-404b-b52b-23078fb0f5ed
├─sda2
├─sda3 ext4    1.0   Backup  07814d73-948e-404b-b121-2d9d2db4a40e
```

```
├─ sda4 swap    1      SWAP      f47ba936-f4e1-42a8-9560-c6419ba48397
├─ sda5 ext4    1.0    Roota     ed07ceb1-c828-43f3-ae7f-95342274b879
├─ sda6 ext4    1.0    Rootb     9d2d70f0-4f9c-4676-9756-e7acb3df5b87
└─ sda7 ext4     1.0    _dde_data 876dea53-867c-4eca-831a-7ab99256f786
51.4G   20% /media/uos/_dde_data
...
```

根据本例显示的信息，判断原系统根目录挂载的应当是 /dev/sda5 分区。

（5）执行以下命令将 /dev/sda5 分区挂载到 /mnt/systmp 目录：

```
uos@UOS:~$ sudo mount -t ext4 /dev/sda5 /mnt/systmp
```

（6）执行以下命令将当前根目录更改为 /mnt/systmp：

```
uos@UOS:~$ sudo chroot /mnt/systmp
root@UOS:/#
```

系统当前根目录就切换到原系统的根目录。chroot 用于创建一个新的根目录，使得当前进程和它的子进程只能在这个新的根目录下运行。这种操作通常被称为 "Change Root"。

（7）执行以下命令修改用户密码：

```
root@UOS:/# passwd test
新的 密码：
重新输入新的 密码：
passwd：已成功更新密码
```

如果不知道原系统中的用户账户，则可以在新的根目录下通过命令查看 /etc/passwd 文件来获取。

（8）退出新的根目录，删除该用户的密钥环文件。

```
root@UOS:/# exit
exit
uos@UOS:~$ sudo rm /media/uos/_dde_data/home/test/.local/share/keyrings/
login.keyring
```

如果不删除该用户的密钥环文件，重新登录原系统会要求用户输入密码（这是原来的密码）以解锁登录密钥环。注意，本例在 Live 模式下访问用户主目录的路径时，前面应加上 /media/uos/_dde_data 路径（具体可以在 Live 模式下通过文件管理器查看数据盘中的用户主目录，以获取该路径）。

（9）执行以下命令重启系统：

```
uos@UOS:~$ sudo reboot -f
```

（10）移除启动盘，重启系统后即可以新的登录密码进行登录。

任务 8.3.2　进入 Live 模式修复系统启动故障

deepin 系统启动过程中可能会发生一些故障，导致系统无法正常启动，大都是 GRUB 启动错误引起的，可以通过重装 GRUB 来解决。下面进行简单的示范。本例在 VMware Workstation 虚拟机上操作，采用传统的 BIOS 引导模式。

（1）使用系统启动盘引导计算机启动，进入 Live 模式，在桌面环境中打开终端窗口。

（2）执行 lsblk -f 命令确认原系统（待修复的系统）的根分区和引导分区，本例分别为 /dev/

sda5 和 /dev/sda1（参见任务 8.3.2）。

（3）执行以下命令将原系统的根分区挂载到 /mnt 目录：

```
uos@UOS:~$ sudo mount /dev/sda5 /mnt
```

（4）本例中原系统创建有单独的引导分区，执行以下命令将原系统的引导分区挂载到 /mnt/boot 目录：

```
uos@UOS:~$ sudo mount /dev/sda1 /mnt/boot
```

（5）将 Live 系统的 /dev、/proc 和 /sys 目录同时挂载到 /mnt 目录下相应的子目录。

```
uos@UOS:~$ sudo mount --bind /dev /mnt/dev
uos@UOS:~$ sudo mount --bind /proc /mnt/proc
uos@UOS:~$ sudo mount --bind /sys /mnt/sys
```

（6）执行以下命令将 Live 系统的当前根目录切换到 /mnt，以便操作原系统：

```
uos@UOS:~$ sudo chroot /mnt
root@UOS:/#
```

（7）执行以下命令安装并刷新 GRUB 设置（针对主板为 BIOS 引导的情形）：

```
root@UOS:/# grub-probe -t device /boot/grub
/dev/sda1
root@UOS:/# sudo grub-install /dev/sda
正在为 i386-pc 平台进行安装。
安装完成。没有报告错误。
root@UOS:/# sudo grub-install --recheck /dev/sda
正在为 i386-pc 平台进行安装。
安装完成。没有报告错误。
root@UOS:/# update-grub
正在生成 grub 配置文件 ...
找到主题：/boot/grub/themes/deepin-fallback/theme.txt
Found background image: /boot/grub/themes/deepin-fallback/background.jpg
找到 Linux 镜像：/boot/vmlinuz-5.15.77-amd64-desktop
找到 initrd 镜像：/boot/initrd.img-5.15.77-amd64-desktop
找到 initrd 镜像：/boot/deepin-ab-recovery/initrd.img-5.15.77-amd64-desktop
11_deepin_ab_recovery back grub args: splash quiet DEEPIN_GFXMODE=$DEEPIN_
GFXMODE
...
```

（8）退出新的根目录，执行以下命令重启系统：

```
root@UOS:/# exit
exit
uos@UOS:~$ sudo reboot -f
```

（9）移除启动盘，重启系统后系统能够正常启动。

如果故障计算机的主板为 UEFI 引导，则操作步骤不尽相同，具体如下：

单独的引导分区通常挂载到 /boot/efi 目录。

```
sudo mount /dev/sda1 /boot/efi
```

需要重新安装 grub-efi 包。

```
sudo apt install --reinstall grub-efi
```

将启动引导程序安装到 /boot/efi 目录中，并在计算机 NVRAM（非易失性随机存储器）中创建一个适当的条目。

```
sudo grub-install  /dev/sda
```

更新 GRUB 配置文件，重新创建一个基于磁盘分区模式的 GRUB 配置文件。

```
sudo update-grub
```

将 efi 分区挂载到 /boot/efi，安装 grub-efi 包。

```
sudo grub-install --target=x86_64-efi --efi-directory=/boot/efi --bootloader-id=Deepin
sudo grub-mkconfig -o /boot/grub/grub.cfg
```

修复完成之后，重启系统使故障修复生效。

项目小结

通过对本项目的学习，读者应当掌握系统监控和故障排除的基本方法，能够完成日常的监控和常见的故障修复任务。系统监视器的功能与命令行工具 top 的基本相同，只是更加直观、易用，在使用 deepin 时可以使用系统监视器全面监控系统资源。deepin 提供多种日志系统和工具，便于用户排查系统错误。当系统中发生程序崩溃或异常终止时，可以通过配置生成核心转储文件，并使用 coredumpctl 工具进行管理和调试，以便排查应用程序错误。就系统启动故障排除来说，目前的 deepin 版本不再支持从启动过程中进入单用户模式，而是要求用户通过系统启动盘进入 Live 模式进行操作等。

课后练习

1. 什么是 DMI 数据？如何使用 dmidecode 命令解码 DMI 数据？
2. 简述 systemd 日志。
3. systemd 实现系统的最终启动需要完成哪些任务？
4. 什么是 GRUB？如何实现 GRUB 配置？

补充练习
项目8

项目实训

实训 1 熟悉系统监视器的使用

实训目的

掌握 deepin 系统监视器的使用操作。

实训内容

（1）启动系统监视器，尝试各种系统资源监控操作。

（2）打开终端窗口运行 top 命令以进行系统监控。

（3）将两者的监控结果进行对比。

（4）在系统监视器中尝试程序进程管理操作。

实训 2　熟悉日志收集工具的使用

实训目的

（1）掌握 deepin 日志收集工具的使用操作。

（2）掌握 journalctl 命令的使用操作。

实训内容

（1）启动日志收集工具。

（2）打开终端窗口准备运行 journalctl 命令以查看日志。

（3）主要完成以下日志查看任务，并对比查看结果。

- 查看不同级别的系统日志。

- 查看内核日志。

- 查看关于不同状态的启动日志。

（4）使用日志收集工具查看开关机日志。

（5）使用日志收集工具查看应用日志。

（6）使用 journalctl 命令查看 systemd 单元的日志。

（7）使用 journalctl 命令查看日志分析最新的问题。

实训 3　破解用户登录密码

实训目的

掌握 deepin 的 Live 模式系统运维修复方法。

实训内容

（1）准备 deepin 系统启动盘（或安装镜像文件）。

（2）尝试进入 Live 模式。

（3）创建用于挂载原系统根目录的挂载点，并将原系统的根分区挂载到该目录。

（4）使用 chroot 命令将 Live 系统的当前根目录切换到原系统根目录。

（5）修改用户登录密码。

（6）删除用户登录的密钥环文件。

（7）重启系统验证用户登录密码的破解。

项目9

部署开发工作站

09

作为基于 Linux 系统的优秀国产自主操作系统，deepin 支持通过多种程序设计语言和图形库进行软件开发。深度科技建立以统信 UOS 为核心，以深度开发套件 DTK 为基础的开发生态圈，为自主操作系统提供更多优秀的桌面应用。开发人员无论是使用 C/C++、Java，还是使用 Python、Node.js，都可以通过 deepin 轻松部署开发环境，开发适合国人习惯的传统应用程序和 Web 应用程序。在 Linux 系统上开发各类程序是替代 Wintel 体系、为国产自主操作系统提供软件、打造国产软件生态环境的重要途径。本项目将通过 3 个典型任务，带领读者掌握建立和使用 C/C++ 程序的编译和调试环境、搭建桌面应用开发环境、部署 Web 开发环境的方法。本项目讲解的重点不是如何使用程序设计语言编写这些应用程序，而是如何建立应用程序开发环境，基于 deepin 完成开发工作站的部署。

【课堂学习目标】

☞ 知识目标

➤ 了解 C/C++ 程序的编译和调试。
➤ 了解深度桌面应用开发套件 DTK。
➤ 了解 LAMP 平台与 PHP 开发环境。

☞ 技能目标

➤ 掌握 GCC 编译器的基本使用方法。
➤ 初步掌握使用 Autotools 生成 Makefile 文件的方法。
➤ 学会部署 DTK 桌面应用开发环境。
➤ 学会部署 PHP 开发环境。

☞ 素养目标

➤ 学习软件工程思想。
➤ 培养严谨的逻辑思维能力。
➤ 养成自主探究的学习习惯。

任务 9.1　编译和调试 C/C++ 程序

　　C 和 C++ 是 Linux 基本的程序设计语言，Linux 系统为此提供了相应的程序设计工具，包括编辑器、编译器和调试器，便于程序员选择使用。Linux 系统本身就是用 C 语言编写的，大量的开源软件一般采用 C 或 C++ 语言实现。deepin 属于 Linux 操作系统，在 deepin 中进行软件开发时，可以使用标准的 Linux 开发工具，如 GCC、make 和 GDB 等。本任务旨在让读者了解 C/C++ 程序开发流程，掌握 C 语言程序的编译和调试方法，不涉及具体的程序编写。本任务的基本要求如下。

　　（1）了解 C/C++ 程序开发的一般过程。

　　（2）了解 C/C++ 程序编译和调试。

　　（3）初步掌握 GCC 编译器和 GDB 调试器的使用方法。

　　（4）了解 make 自动化编译。

　　（5）学会使用 Autotools 工具自动产生 Makefile 文件。

⤢ **相关知识**

9.1.1　程序编写

　　程序代码本身是文本文件，可以使用任何文本编辑器编写。在文本模式下，传统的 Linux 程序员往往首选经典的编辑器 Vi（Vim）或 Emacs。Emacs 不仅是功能强大的文本编辑器，而且是功能全面的集成开发环境，可以用来编写代码、编译程序、收发邮件。

　　在 Linux 桌面环境中，简单的源程序编写可以直接使用图形用户界面编辑器，更复杂的源程序可以考虑跨平台的 Visual Studio Code，这是一款功能强大的轻量级免费代码编辑器，具有各种集成工具。

　　考虑到开发效率和便捷性，建议初学者在掌握基本的编译知识之后，选用集成开发环境，如 Anjuta、Qt Creater、Eclipse IDE for C/C++ Developers 来开发 C 或 C++ 程序。

9.1.2　程序编译

　　用高级语言编写的源程序在计算机中不能直接执行，必须先翻译成机器语言程序。

1. 编译方式与解释方式

　　源程序翻译方式可以分为编译和解释两种类型。

　　编译方式是指将高级语言源程序整个编译成目标程序，然后通过连接程序将目标程序连接成可执行程序。采用这种方式，可执行程序可以脱离源程序和编译程序（编译器）而单独执行，执行效率高，速度快。

　　解释方式是指将源程序逐句翻译、逐句执行，解释过程不产生目标程序，边翻译边执行。采用这种方式执行时，源程序和解释程序（解释器）必须同时参与才能运行，由于不产生目标文件和可执行文件，执行效率相对较低，速度慢，但是解释方式的优点是程序设计的灵活性强、编程效率更高。

2. GCC 编译的 4 个阶段

C/C++ 程序需要编译，这里主要以主流的编译工具 GCC 为例进行讲解。GCC 是由 GNU 开发的编译器，可以在多种软硬件平台上编译可执行程序，原本只支持 C 语言，后来支持 C++，再后来又支持 Pascal、Java、Ada 等程序设计语言，以及各类处理器架构上的汇编语言。作为开源软件，GCC 现已被当作 Linux 标准的编译器。使用 GCC 编译并生成可执行文件需要经历 4 个阶段，如图 9-1 所示。

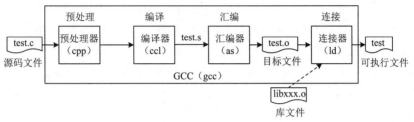

图 9-1　GCC 编译过程

（1）预处理（Preprocessing）。GCC 首先执行 cpp（预处理器）命令对源码文件进行预处理。在此阶段，将对源码文件中的包文件和宏定义进行展开和分析，获得预处理过的源码。此阶段一般无须产生结果文件（.i），如果需要结果文件分析预编译语句，可以在执行 cpp 命令或 gcc 命令时加上 -E 选项。

（2）编译（Compilation）。此阶段执行 cll（编译器）命令将每个文件编译成汇编代码。编译器取决于源码的程序设计语言。此阶段通常无须产生结果文件（.s），如果需要结果文件，可在执行 cll 命令或 gcc 命令时加上 -S 选项。所生成的 .s 文件是汇编源码文件，具有可读性。

（3）汇编（Assembly）。此阶段执行 as（汇编器）命令针对汇编语言进行处理，将每个文件转换成目标代码。扩展名为 .s 的汇编语言文件经过预编译和汇编之后一般都会生成扩展名为 .o 的目标文件。目标文件包含用于程序调试或连接的额外信息。可以在执行 gcc 命令时加上 -c 选项，以仅生成目标文件而不进行连接。通常对每个源文件都应该生成一个对应的中间目标文件（在 Linux 中为 .o 文件，在 Windows 中为 .obj 文件）。

（4）连接（Linking）。当所有的目标文件都生成之后，GCC 就执行 ld 命令完成最后的关键性工作，即将所有的目标文件和库合并成可执行文件，结果是接近目标文件格式的二进制文件。在连接阶段，所有的目标文件被置于可执行程序中，同时所调用的库函数也从各自所在的库中连接到合适的位置。

3. 静态连接与动态连接

连接分为静态连接和动态连接。

通常对函数库的连接是在编译时完成的。将所有相关的目标文件与所涉及的函数库（Library）连接合成一个可执行文件。由于所需的函数都已合成到程序中，所以程序在运行时就不再需要这些函数库，这样的函数库被称为静态库（Static Library）。静态库文件在 Linux 中的扩展名为 .a，称为归档文件（Archive File），文件名通常采用 libxxx.a 的形式；而在 Windows 中的扩展名为 .lib，称为库文件（Library File）。

在 Linux 中将静态库文件称为归档文件，是因为源文件多会导致编译生成的中间目标文件多，而在连接时需要显式地指出每个目标文件名很不方便，而将目标文件打包（类似归档）生成静态库更方便。可以使用 ar 命令创建一个静态库文件。

如果将函数库的连接推迟到程序运行时来实现，就要用到动态连接库（Dynamic Link Library）。Linux 中的动态连接库文件的扩展名为 .so，文件名通常采用 libxxx.so 的形式；Windows 中对应的则是 .dll 文件。

动态连接库的函数具有共享特性，连接时不会将它们合成到可执行文件中。编译时编译器只会进行一些函数名之类的检查。在程序运行时，被调用的动态连接库函数被临时置于内存中某一区域，所有调用它的程序将指向这个代码段，因此这些代码必须使用相对地址而非绝对地址。编译时需通知编译器这些目标文件要用作动态连接库，使用位置无关代码（Position Independent Code，PIC，也译为浮动地址代码），在具体使用 GCC 编译器时加上 -fPIC 选项。下面给出一个创建动态连接库的示例。

```
gcc -fPIC -c file1.c
gcc -fPIC -c file2.c
gcc -shared libtest.so file1.o file2.o
```

首先使用 -fPIC 选项生成目标文件，然后使用 -shared 选项建立动态连接库。

提示　使用静态连接的好处是，依赖的动态连接库较少，对动态连接库的版本不会很敏感，具有较好的兼容性，缺点是生成的程序比较大。而使用动态连接的好处是，生成的程序比较小，占用的内存较少。

9.1.3　程序调试

调试是软件开发不可缺少的环节。所谓程序调试，是指将编制的程序投入实际运行前，用手工或编译程序等方法进行测试，修正语法错误和逻辑错误的过程。程序员通过调试跟踪程序执行过程，还可以找到解决问题的方法。

运行一个带有调试程序的程序与直接执行不同，因为调试程序可保存源码信息（如行数、变量名等）。它还可以在预先指定的位置，即被称为断点（Breakpoint）的位置暂停执行，并提供有关已调用的函数以及变量的当前值的信息。

GDB（GNU Debugger）是 GNU 发布的调试工具，可通过将它与 GCC 配合使用，为基于 Linux 的软件开发提供一个完善的调试环境。

9.1.4　make 与自动化编译

一个软件项目（工程）包括的源文件非常多，如果每次都要使用 GCC 编译器进行手动编译，那么程序员的工作量太大了。为此 Linux 提供 make 工具基于 Makefile 文件实现整个项目的完全自动化编译，从而提高软件开发的效率。了解 make 和 Makefile 文件有助于更深刻地理解、编译安装和使用 Linux 应用软件。

1. Makefile 文件

Makefile 是一种描述文件，用于定义整个软件项目的编译规则，理顺各个源文件之间的相互依赖关系。一个软件项目中的源文件通常按类型、功能、模块分别存放在若干个目录中，使用 Makefile 文件可定义一系列规则以指定哪些文件需要先编译，哪些文件需要后编译，哪些文件需要重新编译，以及其他更复杂的功能操作。Makefile 这种项目描述文件可以使用任何文本编辑器编写。Windows 程序员往往通过集成开发环境实现整个项目的自动编译，一般不会用到 Makefile 文件。

Makefile 文件一般以 Makefile 或 makefile 作为文件名（不加任何扩展名），对于这两个文件名任何 make 命令都能识别。Linux 还支持以 GNUmakefile 作为其文件名。如果以其他文件名命名 Makefile 文件，则在使用 make 进行编译时需要使用 -f 选项指定文件的名称。

Makefile 文件通过若干条规则定义文件依赖关系。每条规则包括目标（target）、条件（prerequisites）和命令（command）三大要素，基本语法格式如下：

```
目标 ... : 条件 ...
命令
...
...
```

其中，"目标"项是一个目标文件，可以是目标代码文件，也可以是可执行文件，还可以是一个标签（Label）；"条件"项就是要生成目标所需的文件，可以是源码文件，也可以是目标代码文件；"命令"项就是 make 要执行的命令，可以是任意的 Shell 命令，可以有多个命令。"目标"和"条件"项定义的是文件依赖关系，要生成的目标依赖于条件中所指定的文件；"命令"项定义的是生成目标的方法，即如何生成目标。

Makefile 文件中的命令必须要以制表符 <Tab> 开始，不能使用空格开头。制表符之后的空格可以忽略。

Makefile 文件支持语句续行，以提高可读性。续行符使用反斜线，可以出现在条件语句和命令语句的末尾，指示下一行是本行的延续。

可以在 Makefile 文件中使用注释，以"#"符号开头的内容被视为注释。

Makefile 文件支持转义符，使用反斜线进行转义。例如，要在 Makefile 文件中使用"#"字符，可以使用"\#"表示。

这里给出一个简单的示例，便于读者快速了解 Makefile 文件的结构和内容。

```
# 第 1 部分
textedit : main.o input.o output.o command.o files.o tools.o
cc -o textedit main.o input.o output.o command.o \
files.o utils.o
# 第 2 部分
main.o : main.c def.h
cc -c main.c
input.o : input.c def.h command.h
cc -c input.c
output.o : output.c def.h buffer.h
cc -c output.c
command.o : command.c def.h command.h
cc -c command.c
files.o : files.c def.h buffer.h command.h
cc -c files.c
utils.o : tools.c def.h
cc -c tools.c
# 第 3 部分
clean :
rm textedit main.o input.o output.o
```

```
rm command.o files.o tools.o
```

这个示例项目包括 6 个源码文件（.c）和 3 个头文件（.h），分为 3 个部分，通过规则定义形成了文件依赖关系链，如图 9-2 所示。

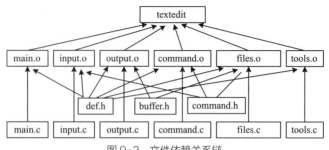

图 9-2　文件依赖关系链

第 1 部分表示要生成可执行文件 textedit，需要依赖 main.o 等 6 个目标代码文件（.o），命令的内容表示要将这 6 个目标代码文件编译成可执行文件 textedit，这里使用了换行符将较长的行分成两行。在 UNIX 中 cc 指的是 CC 编译器，而在 Linux 中调用 cc 时，实际上指向 gcc，也就是说 cc 是 gcc 的一个链接（相当于快捷方式）。-o 选项用于指定输出文件名。

第 2 部分为每一个目标代码文件定义所依赖的源码文件和头文件，命令的内容表示将源码文件编译成相应的目标代码文件。本例命令中的 cc 有一个 -c 选项，表示只进行编译，不连接成为可执行文件，编译器只是由源码文件生成以 .o 为扩展名的目标文件，通常用于编译不包含主程序的子程序文件。

第 3 部分比较特殊，没有定义依赖文件。"clean"不是一个文件，而是一个动作名称，像 C 语言中的标签一样，冒号后面没有定义依赖文件，make 不能自动获取文件的依赖性，也就不会自动执行其后所定义的命令。要执行此处的命令，就要在 make 命令中显式指定此标签。就本例来说，执行 make clean 命令将删除可执行文件和所有的中间目标文件。此类应用还可用于程序打包、备份等，只需要在 Makefile 文件中定义与编译无关的命令即可。

2. make 工具

在 Linux 中 make 是一个重要的编译工具。它主要的功能就是通过 Makefile 文件维护源程序，实现自动编译。make 可以只对程序员在上次编译后修改过的部分进行编译，对未修改的部分则跳过编译步骤，然后进行连接。对于自己开发的软件项目，需要使用 make 命令进行编译；对于以源码包形式发布的应用软件，则需要使用 make install 命令进行安装，项目 6 中已经涉及这种用法。实际上多数集成开发环境也会提供 make 命令。

make 命令的基本用法如下：

```
make [选项] [目标名]
```

参数"目标名"用于指定 make 要编译的目标，允许同时指定编译多个目标，按照从左向右的顺序依次编译指定的目标。目标可以是要生成的可执行文件，也可以是要完成特定功能的标签（通常 Makefile 文件中定义有 clean 目标，可用来清除编译过程中的中间目标文件）。如果 make 命令行参数中没有指定目标，则系统默认指向 Makefile 文件中的第 1 个目标文件。

make 命令提供的选项比较多，这里列举几个主要选项。

• -f：其参数为描述文件，用于指定 make 编译所依据的描述文件。在 Linux 中，如果没有指定此选项，则 make 命令在当前工作目录中按照 GNUmakefile、makefile、Makefile 的顺序搜索 Makefile 描述文件。

• -n：只显示生成指定目标的所有执行命令，但并不实际执行。通常用来检查 Makefile 文件中的错误。

• -p：表示输出 Makefile 文件中所有宏定义和目标文件描述（内部规则）。

• -d：使用 Debug（调试）模式，输出有关文件和检测时间的详细信息。

• -c：其参数为目录，指定在读取 Makefile 文件之前切换到指定的目录。

3. make 基于 Makefile 的编译机制

可使用 make 命令解析 Makefile 文件内容，根据具体的定义进行自动编译。如果该项目没有编译过，也就是没有生成过目标，就根据所给的条件生成目标，所有源文件都要编译并进行连接。如果该项目已经编译过，已经生成目标，一旦条件发生变化，则需要重新生成目标。

这里结合前面的示例代码讲解 make 如何基于 Makefile 进行编译。

（1）make 首先在当前目录下查找名为 Makefile 或 makefile 的文件。

（2）如果找到，接着查找该文件中第一个目标，示例中将 textedit 作为最终的目标文件。

（3）如果 textedit 文件不存在，或者它所依赖的文件的修改时间要比 textedit 文件的新，那么会执行后面所定义的命令来生成 textedit 文件。

（4）如果 textedit 文件所依赖的源码文件不存在或还没有被编译成 .o 文件，则 make 会查找 Makefile 文件以确定如何创建这些 .o 文件。如果找到，就会执行它们来编译源码文件生成所需的 .o 文件。

（5）make 通过 .c 文件和 .h 文件生成 .o 文件，然后基于 .o 文件生成可执行文件 textedit。

make 一层一层地去查找文件的依赖关系，直到最终编译出第一个目标文件。在查找过程中，如果出现错误，比如最后被依赖的文件找不到，那么 make 就会直接退出，并报错。而对于所定义的命令的错误，或是编译不成功，make 则会忽略。

示例中像 clean 这种情况，没有被第一个目标文件直接或间接关联，那么它后面所定义的命令将不会被自动执行。不过，可以要求 make 执行，即执行 make clean 命令来清除所有的目标文件，以便重新编译。

如果整个项目已被编译过，如修改源文件 file.c，那么根据依赖性，目标 file.o 就会被重新编译，file.o 文件的修改时间要比 textedit 文件的新，于是 textedit 文件也会被重新连接。

4. Makefile 的高级特性

除了前面介绍的规则和注释外，Makefile 还具有支持隐式规则、变量定义、文件包含等高级特性。

make 功能很强大，可以自动推导文件以及文件依赖关系后面的命令，这就是 Makefile 的隐式规则（又称隐含规则或隐晦规则）。make 支持的隐式规则非常多，可以通过 -p 选项来查看所支持的全部隐式规则。

在 Makefile 中可以定义一系列变量，变量一般都是文本字符串，有点类似 C/C++ 语言中的宏，当 Makefile 被解析时，其中的变量都会自动被扩展到相应的引用位置上。变量可以用在目标、条件、命令等要素中，以及 Makefile 的其他部分。

前面的示例中提到过一个名为 "clean" 的目标，这是一个伪目标。伪目标并不是一个文件，只是一个标签，因而 make 无法生成它的依赖关系和决定它是否要执行。只有通过指明这个目标才能让其生效。当然，伪目标的命名不能和文件名重名。

make 支持通配符 "*" "?" "[...]"，用于代替一系列的文件。如 "*.c" 表示所有扩展名为 .c 的文件。

在一个 Makefile 文件中可以引用另一个 Makefile 文件，就像 C 语言中的 include 一样。被包含的文件会放在当前文件的包含位置。

✕ 任务实现

任务 9.1.1　使用 GCC 编译器

deepin 预装 C 语言编译环境，包括标准的 Linux 开发工具 GCC 和 make，能够满足 C 源码包编译安装的需求，但是未安装 C++ 编译器。deepin 可以直接安装 G++，不过多数情况下通过 build-essential 软件包部署完整的 C/C++ 编译环境。build-essential 包含编译 C 和 C++ 程序所需的工具，可以通过执行 sudo apt install build-essential 命令进行安装。

1. 了解 GCC 编译器的用法

gcc 命令的基本用法如下：

```
gcc ［选项］［源文件］
```

（1）编译输出选项

默认使用 gcc 命令可以直接生成可执行文件，但有时也需要生成中间文件，如汇编代码、目标代码。gcc 命令提供多个编译输出选项来满足这种需求，例如：

- -E：对源文件进行预处理，生成的结果输出到标准输出（屏幕），不会生成输出文件。
- -o：指定生成的输出文件。
- -S：对源文件进行预处理和编译，也就是编译成汇编代码。如果不指定输出文件，将生成扩展名为 .s 的同名文件，汇编代码文件可以用文本编辑器查看。
- -c：对源文件进行预处理、编译和汇编，也就是生成目标文件。如果不指定输出文件，将生成扩展名为 .o 的同名目标文件。

（2）编译优化选项

同一条语句可以翻译成不同的汇编代码，执行效率却不大一样。GCC 编译器提供了优化选项供程序员选择生成经过特别优化的代码。共有 3 个级别的优化选项，从低到高分别是 -O1、-O2 和 -O3。级别越高优化效果越好，但编译时间越长。通常 -O2 选项是比较折中的选择，既可以基本满足优化需求，又比较安全、可靠。另外，-O0 选项表示不进行优化处理。

（3）其他常用选项

- -g：生成带有调试信息的二进制形式的可执行文件。
- -Wall：编译时输出所有的警告信息，建议编译时启用此选项。
- -I：此选项后跟目录路径参数，将该路径添加到头文件的搜索路径中，gcc 会在搜索标准头文件之前先搜索该路径。
- -L：此选项后跟库文件参数，用来指定连接可执行文件所用的库文件。

2. 编译 C 程序

首先需要编写程序代码，可以使用任何文本编辑器进行编码，在保存源文件时将扩展名设置为 .c。这里给出一个例子，在主目录中建立一个名为 testgcc.c 的源文件，其代码如下：

```
#include <stdio.h>
int main(void)
{
    printf("Hello World!\n");
    return 0;
}
```

然后执行以下命令对 testgcc.c 进行预处理、编译、汇编并连接形成可执行文件：

```
test@deepin-PC:~$ gcc -o test_gcc test_gcc.c
```

其中 -o 选项用于指定输出可执行文件的文件名。如果没有指定输出文件，则默认输出文件名为 a.out。

完成编译和连接后，即可在命令行中执行，本例中执行结果如下：

```
test@deepin-PC:~$ ./test_gcc
Hello World!
```

3. 编译 C++ 程序

gcc 命令可以用来编译 C++ 程序，当编译扩展名为 .cpp 的文件时，就会编译成 C++ 程序。但是 gcc 命令不能自动与 C++ 程序使用的库连接，所以通常要使用 g++ 命令来完成连接。为便于操作，一般编译和连接都改用 g++ 命令。实际上，在编译阶段使用 g++ 命令时会自动调用 gcc 命令，二者等价。g++ 是 GNU 的 C++ 编译器，对于 .c 文件，gcc 当作 C 程序进行处理，而 g++ 当作 C++ 程序处理；对于 .cpp 文件，gcc 和 g++ 均当作 C++ 程序进行处理。g++ 命令的基本用法如下：

```
g++ [选项] [源文件]
```

g++ 命令的选项与 gcc 的有些类似，在此不赘述。

这里给出一个示例，在主目录中建立一个名为 test_g++.cpp 的源文件，其代码如下：

```
#include <stdio.h>
#include <iostream>
int main()
{
    std::cout << "Hello World!" << std::endl;
    return 0;
}
```

然后使用 g++ 命令对 C++ 源程序进行预处理、编译、汇编并连接形成可执行文件，在 Ubuntu 中的命令如下：

```
test@deepin-PC:~$ g++ -o test_g++ test_g++.cpp
```

完成编译和连接后，即可在命令行中执行，本例中执行结果如下：

```
test@deepin-PC:~$ nano test_g++.cpp
test@deepin-PC:~$ ./test_g++
Hello World!
```

4. 编译多个源文件

如果有多个源文件需要编译，使用 GCC 有两种编译方法。

一种方法是将多个文件一起编译。例如，使用以下命令将 test1.c 和 test2.c 分别编译后连接成 test 可执行文件。当源文件有变动时，还需要将所有文件重新编译。

```
gcc test1.c  test2.c  -o  test
```

另一种方法是分别编译各个源文件，再对编译后输出的目标文件进行连接。下面的命令示范了这种方法，当源文件有变动时，可以只重新编译修改的文件，未修改的文件不用重新编译。

```
gcc  -c  test1.c
gcc  -c  test2.c
gcc  -o test  test1.o  test2.o
```

任务 9.1.2　使用 GDB 调试器

deepin 没有预装 GDB 调试器，可以执行 sudo apt install gdb 命令进行安装。

1.　生成带有调试信息的目标代码

为了进行程序调试，必须在程序编译时包含调试信息，调试信息包含程序里的每个变量的类型，还包含在可执行文件里的地址映射以及源码的行号，GDB 正是利用这些调试信息来关联源码和机器码。

默认情况下，GCC 在编译时没有将调试信息插入所生成的二进制代码中，如果需要在编译时生成调试信息，可以使用 gcc 命令的 -g 或者 -ggdb 选项。例如，执行下面的命令将生成带有调试信息的二进制文件 test-cgdb。

```
test@deepin-PC:~$ gcc -o test_cgdb -g test_gcc.c
```

类似编译优化选项，GCC 在产生调试信息时同样可以进行分级，通过在 -g 选项后面附加数字 1、2 或 3 来指定在代码中加入调试信息的多少。默认的级别是 2（-g2），此时产生的调试信息包括扩展的符号表、行号、局部或外部变量信息。值得一提的是，使用任何一个调试选项都会使最终生成的二进制文件的大小增加，同时增加程序在执行时的开销，因此调试选项通常仅在软件的开发和调试阶段使用。

2.　使用 gdb 命令进行调试

获得含有调试信息的目标代码后，即可使用 gdb 命令进行调试。在命令行中直接执行 gdb 命令，或者将要调试的程序作为 gdb 命令的参数，例如：

```
test@deepin-PC:~$ gdb test_cgdb
GNU gdb (Deepin 10.1-1.7) 10.1.90.20210103-git
...
For help, type "help".
Type "apropos word" to search for commands related to "word"...
Reading symbols from test_cgdb...
(gdb)
```

进入 GDB 交互界面后即可执行具体的 gdb 子命令，可以执行 help 子命令查看具体的 gdb 子命令。gdb 子命令可以使用简写形式，如 run 简写为 r，list 简写为 l。下面继续示范调试，依次执行查看源码、设置断点、运行程序等调试操作。

```
(gdb) list                                            # 查看源码
1       #include <stdio.h>
2       int main(void)
3       {
4           printf("Hello World!\n");
5           return 0;
```

```
6          }
7
(gdb) break 4                                          # 设置断点
Breakpoint 1 at 0x401126: file test_gcc.c, line 4.
(gdb) run                                              # 运行程序
Starting program: /home/test/test_cgdb
Breakpoint 1, main () at test_gcc.c:4
4          printf("Hello World!\n");
(gdb) next                                             # 执行下一步
Hello World!
5          return 0;
(gdb) quit                                             # 退出调试环境
```

任务 9.1.3　使用 Autotools 工具辅助编译构建软件

源码编译安装涉及 configure、make 和 make install 这 3 个基本步骤，这是 Linux 的惯例，被广泛使用。在 Linux 系统中编译一个项目需要先调用 configure 脚本，以降低 Makefile 的编写和维护的难度，提高开发效率，大部分 Linux 开源项目都使用 GNU 的 Autotools 编译架构生成 configure 脚本，执行 configure 脚本产生 Makefile 文件，为下一步编译做准备，随后调用 make 进行编译。Autotools 是用来从源码生成用户可以使用的目标的自动化工具，目标可以包括库、可执行文件，或者生成的脚本等。Autotools 是 GNU 程序的标准构建系统。接下来以一个简单的项目为例，讲解使用 Autotools 工具生成 Makefile 文件，然后完成源码编译安装，最后制作安装包的操作过程。

微课9-1.使用
Autotools工具
辅助编译构建
软件

1. 安装 Autotools 工具

Autotools 是系列工具，主要由 autoconf、automake、Perl 语言环境和 m4 等组成。它所包含的命令有 5 个：aclocal、autoscan、autoconf、autoheader 和 automake。这一系列工具最终的目标是生成 Makefile 文件。首先使用 automake --version 命令确认当前系统是否已经安装，deepin 没有预装该工具，可以执行 sudo apt install automake 命令进行安装。

2. 使用 Autotools 工具生成 Makefile 文件

一个 Autotools 项目至少需要一个名为 configure 的配置脚本和一个名为 Makefile.in 的 Makefile 模板文件。项目的每个目录中有一个 Makefile.in 文件。Autotools 项目还使用其他文件，这些文件并不是必需的，有的还是自动产生的，大多是通过容易编写的模板文件生成的。

这里在用户主目录下创建一个名为 hello_auto 的项目目录，并在其中准备 3 个简单的源码文件。

（1）准备源码。main.c 的源码如下：

```
#include <stdio.h>
#include "common.h"
int main()
{
    hello_method();
    return 0;
}
```

hello.c 的源码如下：

```
#include <stdio.h>
```

```
#include "common.h"
void hello_method()
{
    printf("Hello World!\n");
}
```

另有一个头文件 common.h 用于定义函数，源码如下：

```
void hello_method();
```

（2）将当前目录切换到项目目录，执行 autoscan 命令扫描该目录生成 configure.scan 文件。由于在主目录下的子目录中，此时不需要 root 特权，也就不需要使用 sudo 命令。

```
test@deepin-PC:~$ cd hello_auto
test@deepin-PC:~/hello_auto$ autoscan
test@deepin-PC:~/hello_auto$ ls                        # 列出项目目录内容
autoscan.log  common.h  configure.scan  hello.c  main.c
test@deepin-PC:~/hello_auto$ cat configure.scan        # 查看 configure.scan
文件的内容
#                                                    -*- Autoconf -*-
# Process this file with autoconf to produce a configure script.
AC_PREREQ([2.69])
AC_INIT([FULL-PACKAGE-NAME], [VERSION], [BUG-REPORT-ADDRESS])
AC_CONFIG_SRCDIR([hello.c])
AC_CONFIG_HEADERS([config.h])
# Checks for programs.
AC_PROG_CC
# Checks for libraries.
# Checks for header files.
# Checks for typedefs, structures, and compiler characteristics.
# Checks for library functions.
AC_OUTPUT
```

在 configure.scan 文件中，以 "#" 符号开头的行是注释行，其他都是 m4 宏命令，这些宏命令的主要作用是检测系统。

（3）将 configure.scan 文件重命名为 configure.ac，再修改其内容。

```
test@deepin-PC:~/hello_auto$ mv configure.scan configure.ac
```

这里共改动 3 处，修改了宏 AC_INIT，添加了宏 AM_INIT_AUTOMAKE 和 AC_CONFIG_FILES（配置文件中宏的解释见表 9-1）。configure.ac 文件修改后的主要内容如下：

```
AC_PREREQ([2.71])
AC_INIT([hello], [1.0], [test@abc.com])
AC_CONFIG_SRCDIR([hello.c])
AC_CONFIG_HEADERS([config.h])
AM_INIT_AUTOMAKE

# Checks for programs.
AC_PROG_CC
...
AC_CONFIG_FILES([Makefile])
AC_OUTPUT
```

表9-1　autoconf常用的宏

宏	说明
AC_PREREQ	声明 autoconf 要求的版本号
AC_INIT	定义软件名称、版本号、作者联系方式
AM_INIT_AUTOMAKE	automake 必需的宏，手动添加。原来版本的参数为软件名称和版本号，新的版本无须参数
AC_CONFIG_SRCDIR	侦测所指定的源码文件是否存在，以确定源码目录的有效性
AC_CONFIG_HEADERS	用于生成 config.h 文件，以便 autoheader 命令使用
AC_PROG_CC	指定编译器，如果不指定，默认为 GCC
AC_CONFIG_FILES	生成相应的 Makefile 文件，不同目录下的 Makefile 文件可以通过空格分隔。例如 AC_CONFIG_FILES([Makefile src/Makefile])
AC_OUTPUT	用来设置 configure 所要产生的文件，如果是 Makefile，configure 会把它检查出来的结果带入 makefile.in 文件产生合适的 Makefile。使用 automake 时还需要一些其他的参数，这些额外的宏用 aclocal 命令产生

（4）在项目目录下执行 aclocal 命令，扫描 configure.ac 文件生成 aclocal.m4 文件。

```
test@deepin-PC:~/hello_auto$ aclocal
test@deepin-PC:~/hello_auto$ ls
aclocal.m4  autom4te.cache  autoscan.log  common.h  configure.ac  hello.c
main.c
```

aclocal.m4 文件主要用于处理本地的宏定义。aclocal 命令根据已经安装的宏、用户定义的宏和 acinclude.m4 文件中的宏，将 configure.ac 文件所需的宏集中定义到 aclocal.m4 文件中。

（5）在项目目录下执行 autoconf 命令生成 configure 脚本。该命令将 configure.ac 文件中的宏展开，生成 configure 脚本。这个过程可能要用到 aclocal.m4 中定义的宏。查看其中的目录内容，可以发现生成了名为 configure 的文件。

```
test@deepin-PC:~/hello_auto$ autoconf
test@deepin-PC:~/hello_auto$ ls
aclocal.m4  autom4te.cache  autoscan.log  common.h  configure  configure.
ac  hello.c  main.c
```

提示

按照 Linux 惯例，这个 Shell 脚本被命名为 configure。configure 脚本旨在让程序能够在各种不同类型的计算机上运行。在使用 make 编译源码之前，configure 会根据自己所依赖的库而在目标计算机上进行匹配。

（6）在项目目录下执行 autoheader 命令生成 config.h.in 文件。

```
test@deepin-PC:~/hello_auto$ autoheader
test@deepin-PC:~/hello_auto$ ls
aclocal.m4  autom4te.cache  autoscan.log  common.h  config.h.in  configure
configure.ac  hello.c  main.c
```

如果用户需要附加一些符号定义，可以创建 acconfig.h 文件，autoheader 命令会自动从 acconfig.h 文件中复制符号定义。

（7）在项目目录下创建 Makefile.am 文件，供 automake 工具根据 configure.in 中的参数将 Makefile.am 文件转换成 Makefile.in 文件。Makefile.am 文件非常重要，定义了一些生成 Makefile

文件的规则。本例创建的 Makefile.am 文件的内容如下：

```
AUTOMARK_OPTIONS = foreign
bin_PROGRAMS = hello
hello_SOURCES = main.c hello.c common.h
```

其中 AUTOMAKE_OPTIONS 指定为 automake 命令提供的选项。GNU 对自己发布的软件有严格的规范，如必须附带许可证声明文件 COPYING 等，否则 automake 执行时会报错。automake 提供了 3 个软件等级——foreign、gnu 和 gnits 供用户选择，默认级别是 gnu。本例使用了最低的等级 foreign，这样只需检测必需的文件。

bin_PROGRAMS 定义要生成的可执行文件名，如果要生成多个可执行文件，每个文件名用空格隔开。

要生成的可执行文件所依赖的源文件也要使用 file_SOURCES 定义，其中 file 表示可执行文件名，本例中为 hello_SOURCES。如果要生成多个可执行文件，每个可执行文件需要分别定义对应的源文件。

提示　实际项目中所使用的 Makefile.am 文件更复杂。例如编译成可执行文件过程中连接所需的库文件需要使用 file_LDADD 定义，还有数据文件需要定义，安装目录需要定制，涉及的静态库文件也需要定义。

（8）在项目目录下执行 automake 命令生成 Makefile.in 文件。通常要使用 --add-missing 选项让 automake 自动添加一些必需的脚本。

```
test@deepin-PC:~/hello_auto$ automake --add-missing
configure.ac:10: installing './compile'
configure.ac:8: installing './install-sh'
configure.ac:8: installing './missing'
Makefile.am: installing './INSTALL'
Makefile.am: error: required file './NEWS' not found
Makefile.am: error: required file './README' not found
Makefile.am: error: required file './AUTHORS' not found
Makefile.am: error: required file './ChangeLog' not found
Makefile.am: installing './COPYING' using GNU General Public License v3 file
Makefile.am:     Consider adding the COPYING file to the version control system
Makefile.am:         for your code, to avoid questions about which license your
project uses
Makefile.am: installing './depcomp'
```

本例中由于没有准备 README 等文件，可以通过执行 touch 命令来创建，然后再次执行 automake 命令即可。

```
test@deepin-PC:~/hello_auto$ touch NEWS  README  AUTHORS  ChangeLog
test@deepin-PC:~/hello_auto$ automake
test@deepin-PC:~/hello_auto$ ls
aclocal.m4     autoscan.log  compile     configure.ac  hello.c     main.c
missing
AUTHORS         ChangeLog      config.h.in   COPYING          INSTALL
Makefile.am  NEWS
autom4te.cache  common.h      configure      depcomp       install-sh
Makefile.in  README
```

至此，使用 autotools 工具完成了源码编译的准备。

（9）在项目目录下执行 ./configure 脚本，基于 Makefile.in 生成最终的 Makefile 文件。该脚本将一些配置参数添加到 Makefile 文件中。

```
test@deepin-PC:~/hello_auto$ ./configure
checking for a BSD-compatible install... /usr/bin/install -c
...
checking that generated files are newer than configure... done
configure: creating ./config.status
config.status: creating Makefile
config.status: creating config.h
config.status: executing depfiles commands
```

提示　configure 脚本运行时会扫描当前系统环境，生成一个名为 config.status 的子脚本，子脚本再将 Makefile.in 文件转换为适应于当前系统环境的 Makefile 文件。

3. 编译并安装程序

（1）在项目目录下执行 make 命令，基于 Makefile 文件编译源码文件并生成可执行文件。

```
test@deepin-PC:~/hello_auto$ make
make  all-am
make[1]: 进入目录"/home/test/hello_auto"
gcc -DHAVE_CONFIG_H -I.     -g -O2 -MT main.o -MD -MP -MF .deps/main.Tpo
-c -o main.o main.c
mv -f .deps/main.Tpo .deps/main.Po
gcc -DHAVE_CONFIG_H -I.     -g -O2 -MT hello.o -MD -MP -MF .deps/hello.Tpo
-c -o hello.o hello.c
mv -f .deps/hello.Tpo .deps/hello.Po
gcc  -g -O2   -o hello main.o hello.o
make[1]: 离开目录"/home/test/hello_auto"
```

（2）在项目目录下执行 make install 命令将编译后的软件包安装到系统中。默认设置会将软件包安装到 /usr/local/bin 目录，需要 root 特权，这里需要使用 sudo 命令。

```
test@deepin-PC:~/hello_auto$ sudo make install
请输入密码:
验证成功
make[1]: 进入目录"/home/test/hello_auto"
 /usr/bin/mkdir -p '/usr/local/bin'
  /usr/bin/install -c hello '/usr/local/bin'
make[1]: 对"install-data-am"无须做任何事。
make[1]: 离开目录"/home/test/hello_auto"
```

（3）运行所生成的可执行文件进行测试。

```
test@deepin-PC:~/hello_auto$ hello
Hello World!
```

对自动产生的 Makefile 文件进行操作时要设计主要的目标，如执行 make uninstall 命令用于将安装软件从系统中卸载；执行 make clean 命令可以清除已编译的文件，包括目标文件和可执行文件。若没有指定具体目标，执行 make 命令将会默认执行的是 make all 命令。

（4）如果要对外发布，可以在项目目录下执行 make dist 命令将程序和相关的文件打包为一个压缩文件。本例中生成的打包文件名为 hello-1.0.tar.gz。

```
test@deepin-PC:~/hello_auto$ make dist
make  dist-gzip am__post_remove_distdir='@:'
...
tardir=hello-1.0 && ${TAR-tar} chof - "$tardir" | eval GZIP= gzip --best
-c >hello-1.0.tar.gz
make[1]: 离开目录"/home/test/hello_auto"
if test -d "hello-1.0"; then find "hello-1.0" -type d ! -perm -200 -exec
chmod u+w {} ';' && rm -rf "hello-1.0" || { sleep 5 && rm -rf "hello-1.0"; };
else :; fi
```

提示　　在 deepin 上进行软件开发时，可以将应用打包为通用的 deb 软件包进行发布。通常使用 dpkg-deb 工具打包和发布代码。打包完成后，可以将生成的 .deb 文件上传到 deepin 的软件源中，以便其他用户安装和使用该软件。

任务 9.2　搭建桌面应用开发环境

任务要求

目前 Linux 与 Windows 系统的差别主要体现在桌面应用方面。国产自主操作系统的推广和普及需重点加强图形用户界面（GUI）应用的开发，为广大用户提供更多优秀的桌面应用。随着信创产业的迅速发展，国产软硬件适配的需求日益增加，但国内 CPU 架构种类繁多、底层代码质量不同、代码实现风格不统一等问题造成自研操作系统的应用开发门槛高，应用生态严重缺失。为解决这些问题，统信软件专门推出一款帮助开发人员快速实现跨平台、跨架构的开发套件 DTK，可以有效满足桌面应用开发需求，提升开发效率，让开发人员畅享跨平台、跨架构的开发体验。本任务的具体要求如下。

（1）了解主流的 GUI 开发工具和框架。

（2）了解 DTK 开发套件。

（3）掌握 DTK 开发环境的部署方法。

（4）体验简单的 DTK 桌面应用开发。

相关知识

9.2.1　主流的 GUI 开发工具和框架

GTK 和 Qt 是跨平台的 GUI 开发工具和框架，由于源码开放，现已成为 Linux 平台主流的 GUI 应用程序开发框架。这些开发框架也都可以在 deepin 中用于开发桌面应用。GNOME、LXDE 等采用 GTK+ 开发，KDE 采用 Qt 开发。

1. GTK+

GTK+ 是一套跨多种平台的开源 GUI 工具包，目前主要使用的是 GTK+3.0，而最新版本已将 "+" 去掉，改称为 GTK 4。

GTK+ 类似 Windows 上的 MFC 和 Win32 API、Java 上的 Swing 和 SWT。GTK+ 目前已发展为一个功能强大、设计灵活的通用图形函数库。随着 GNOME 使用 GTK+ 开发，GTK+ 逐渐成为 Linux 下 GUI 应用程序的主流开发工具之一。

GTK+ 可以用来进行跨平台 GUI 应用程序的开发。GTK+ 虽然是用 C 语言编写的，但是程序员可以通过熟悉的程序设计语言来使用 GTK+，如 C++（GTKmm）、Perl、Ruby、Java、Python（PyGTK），以及所有的 .NET 程序设计语言。GTK+ 最早应用于 X Window System，如今已移植到 Windows 等平台。

GTK+ 开发套件基于 3 个主要的库：Glib、Pango 和 ATK。开发人员只需关心如何使用 GTK+，由 GTK+ 自己负责与这 3 个库交互。GTK+ 及相关的库按照面向对象设计思想实现。它的每一个 GUI 元素都是由一个或多个 "widgets" 对象构成的。所有的 "widgets" 对象都从基类 GtkWidget 派生。以 Gtk 开头的所有对象都是在 GTK+ 中定义的。

GNOME 桌面环境以 GTK+ 为基础，为 GNOME 编写的程序使用 GTK+ 作为其工具箱。GTK+ 提供了基本工具箱和窗口小部件（如按钮、标签和输入框），用于构建 GUI 应用程序。GTK+ 也可以运行在 KDE 中。Firefox 浏览器、GIMP 图像处理程序等都是用 GTK+ 开发的开源软件，可以运行于 Linux、Windows 等多种平台上。

2. Qt

与 GTK+ 相比，Qt 不仅是 GUI 库，而且具有程序设计语言的功能，拥有更好的开发环境和工具。Qt 既可以用于开发 GUI 程序，也可用于开发非 GUI 程序。

Qt 起初是一个跨平台的 C++ GUI 应用程序开发库，其设计思想是同样的 C++ 代码无须修改就可以在 Windows、Linux、macOS 等平台上使用。它使开发人员专注于构建软件的核心价值，而不是维护 API。

目前 Qt 发展为一套跨平台的开发框架和工具集，旨在实现将同一套代码部署于嵌入式、桌面、移动端等所有目标平台。

除了 C++ 之外，Qt 还可以使用 Python、Ruby、Perl 和其他社区支持的语言绑定，也就是说开发人员可以使用脚本语言开发基于 Qt 的程序。

Qt 的设计工具 Qt Design Studio 具备现成 UI 组件的可视化 2D/3D 编辑器，涵盖从原型设计到产品开发各阶段。

Qt 的开发工具 Qt Creator 是响应性强、直观的跨平台 IDE（集成开发环境），拥有各种简化开发者工作的工具，具备语法功能完善的代码编辑器，以及可视化的调试和分析工具。Qt Creator 不仅可以帮助编写代码，还可以帮助完成构建、编译、测试、本地化等任务。

Qt 的开发框架 Qt Framework 包含一整套高度直观、模块化的 C++ 库类，拥有丰富的 API 可简化应用程序的开发。

新版本 Qt 6 旨在成为打造面向未来生产力平台的基石。Qt 6 更加注重可扩展性，既可以在超低成本硬件上部署类似智能手机的用户界面，又可以在超级计算机上部署高级 GUI 应用。

9.2.2　DTK——基于 Qt 的通用开发框架

深度工具套件 DTK（目前已由 deepin tool kit 改称 Development ToolKit）是统信软件基于 Qt 开发的一整套简单且实用的通用开发框架，处于统信 UOS 中的核心位置。DTK 从开发者的角度出发，融合现代化的开发理念，提供丰富的开发接口与支持工具，逐步形成自己的开发生态圈。

作为基于 Qt 开发的 UI 图形库，DTK 可以用来编写风格统一的系列应用。deepin 和统信 UOS 预装的浏览器、音乐、邮件等 40 余款原生应用全部都是使用 DTK 开发的。

DTK 具有统一的体验，具体表现在以下几个方面：

· 具有丰富的表现力，覆盖 50 多个 Qt 控件、10 多个自定义控件，能够提供现代化 UI 高级特性，统一样式。

· 提供跨平台架构，支持 3 种操作系统（统信 UOS、Windows、macOS）、4 种 CPU 架构、7 个 CPU 品牌，满足研发人员"一次研发，多平台、多架构复用"的需求，提升开发效率。

· 提供统一的开发工具，可以快速生成项目模板，支持常用代码调试手段，具备性能剖析和反向调试功能。

DTK 提供功能强大的接口，包含 3 个核心模块、180 多个类、2000 多个函数接口，同时无缝融合 Qt 的 14 个辅助功能模块。

DTK 支持扩展，提供 10 多个应用和桌面扩展接口模块，可以满足日常图形应用、业务应用、系统定制应用的开发需求。

DTK 生态开放，其代码开源，对所有开发者、合作伙伴以及新技术保持开放和欢迎的态度，提供丰富的 DTK 文档支持，做到真正的"开源共享，开放融合"。目前，DTK 已被迁移到多个 Linux 发行版。

　任务实现

任务 9.2.1　部署 DTK 开发环境并进行测试

微课9-2.部署
DTK开发环境
并进行测试

随着 deepin V20 的开发，DTK 迎来了 DTK5.0 时代。DTK5.0 与 Qt 结合得很好，可以很轻松地配置使用，能够开发出更适配 deepin 和统信 UOS 的桌面应用。

1. 部署 DTK 开发环境

部署 DTK 开发环境需要安装基础开发库和安装 IDE。为方便开发人员开发 DTK 应用，deepin 和统信 UOS 的应用商店提供 DTK 一键安装开发工具包，搜索 "DTKIDE" 即可找到 "DTK IDE- 深度工具套件" 软件包进行安装，如图 9-3 所示。

该软件包已经集成了 DTK 应用开发所需的软件包，包括 libdtkwidget-dev、libdtkgui-dev、libdtkcore-dev、cmake、qtcreator、qtcreator-template-dtk、qt5-default、G++、Git 等。安装该软件包即可自动部署 DTK 开发环境。建议初学者采用这种部署方式。

如果需要进一步了解 DTK 开发环境，则可以考虑手动部署。下面简单讲解手动部署步骤。

（1）安装 DTK 基础开发库

基础开发库主要包括 Qt 库和 DTK 库。

目前的 DTK 版本是基于 Qt 5 开发的，可以执行 sudo apt install qt5-default 命令安装 Qt 库。

图 9-3　DTK IDE-深度工具套件

dtkcommon 是所有模块的基础，deepin 默认已经安装。除此之外，DTK 库还包括以下 3 个基本库：

• dtkcore：核心库，包含所有与图形不相关的实现，其定位与 Qt 5 的 QtCore 类似，提供用于应用程序基础功能开发的组件和工具类，如获取系统信息、监听文件系统、日志框架等工具类。

• dtkgui：图形库，实现与图形相关且与具体的 UI 控件无关的基础功能，如主题和颜色定义等。该库还封装了与窗口管理器交互的功能，提供一些与图形相关的工具类。

• dtkwidget：控件库，提供各种 DTK 基础控件，方便开发风格统一的应用。dtkwidget 在 dtkgui 基础之上构建，一方面对 Qt 已有控件提供符合 deepin 设计的样式，另一方面对 Qt 更底层的部分进行覆盖。

可以执行 sudo apt install libdtkcore-dev libdtkgui-dev libdtkwidget-dev 命令一次性安装这 3 个库的开发包。

（2）安装 IDE

IDE 就是 Qt Creator，建议执行 sudo apt install qtcreator 命令安装。

（3）安装其他软件包

要开发 DTK 应用，一般应在 Qt Creator 中增加 DTK 应用模板，可以执行 sudo apt install qtcreator-template-dtk 命令安装。

qmake 和 CMake 都是用于生成 Makefile 文件的自动化构建工具。qmake 是为 Qt 量身打造的，使用起来非常方便，安装 Qt Creator 时已安装该工具。CMake 功能强大，更适合复杂的项目，使用起来不如 qmake 简单、直接，可以执行 sudo apt install cmake 命令安装 CMake。

Git 是一个开源的分布式版本控制系统，可以有效、高速地实现项目版本管理。它采用分布式版本库的方式，具有出色的合并跟踪能力。可以执行 sudo apt install git 命令安装该软件。

提示

开发人员有时需要下载 Qt 源码或 DTK 源码来学习和参考，在 deepin 中修改 /etc/apt/sources.list 文件，删除 deb-src 前面的"#"符号以屏蔽代码源的注释。执行 sudo apt update 命令更新软件源之后，就可以使用 apt-source 命令下载源码包。如果使用的是统信 UOS 而不是 deepin 来部署 DTK 开发环境，应当先开启开发者模式，具体方法是打开控制中心，选择"通用"→"开发者模式"→"进入开发者模式"，激活开发者模式成功后，重启系统。

2. 测试 DTK 开发环境

接下来创建一个简单的 DTK 项目来测试 DTK 开发环境。

（1）打开 Qt Creator，从"文件"菜单中选择"新建文件或项目"命令，启动项目创建向导。

（2）出现图 9-4 所示的界面，选择项目模板。这里从"项目"列表中选择"Application"类型，再在中间窗格中选择"Dtk Widgets Application"子类型。这是一个 DTK 桌面应用程序。

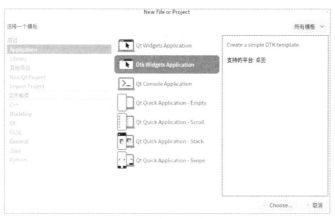

图 9-4　选择项目模板

（3）单击"Choose"（选择）按钮，出现图 9-5 所示的界面，设置项目名称和创建路径（项目文件存放位置），这里将项目命名为"Hello"，采用默认的创建路径。

（4）单击"下一步"按钮，出现图 9-6 所示的界面，选择项目构建系统。本例选择"qmake"，这是 Qt 自己的构建系统。

如果选择跨平台的 CMake 工具，则在向项目中添加文件时需要处理其组态文档 CMakeLists.txt，比较麻烦。

图 9-5　设置项目名称和创建路径

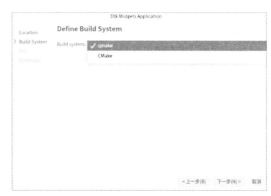

图 9-6　选择项目构建系统

（5）单击"下一步"按钮，出现图 9-7 所示的界面，选择项目构建套件，这里使用默认项"桌面"。

（6）单击"下一步"按钮，出现图 9-8 所示的界面，显示项目摘要，还可以根据需要将项目添加到版本控制系统，为简化实验，这里没有将该项目添加到版本控制系统。

（7）单击"完成"按钮完成项目创建，Qt Creator 中将出现图 9-9 所示的项目管理界面。可以发现，已经基于"Dtk Widgets Application"模板生成了应用代码。

图 9-7　选择项目构建套件

图 9-8　项目摘要

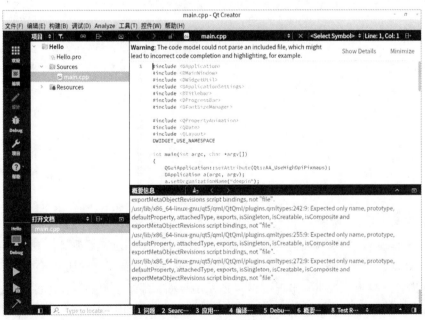

图 9-9　项目管理界面

至此，完成了项目的创建。接下来运行该项目进行简单的测试。

（8）单击界面左下角的运行按钮（绿色三角形）或者从"构建"菜单中选择"运行"命令，编译并运行该程序。

正常运行时会弹出图 9-10 所示的窗口，这是一个进度条的演示程序，具有典型的 deepin 桌面应用风格。单击标题栏中的 ⊙ 按钮弹出下拉菜单，从中选择命令可以切换到浅色主题、深色主题，或者跟随系统的主题。例如，切换到深色主题，将呈现图 9-11 所示的外观。为便于后续实验，建议重新切换到默认的跟随系统的主题。

图 9-10　进度条的演示程序

图 9-11　选用深色主题的效果

任务 9.2.2　开发一个简单的 DTK 桌面应用

微课9-3.开发一个简单的DTK桌面应用

DTK 开发环境搭建好之后，就可以开发 deepin 风格的桌面应用了。为简化任务操作，我们在前面所创建的 Hello 项目基础上通过修改模板代码，开发一个能够在窗口界面中显示 Hello World 的简单应用。下面在 Hello 项目的基础上继续操作，先新建一个 C++ 类。

（1）在 Hello 项目界面中右键单击项目名称"Hello"，选择"Add new"命令，弹出图 9-12 所示的界面，选择"C++ Class"。

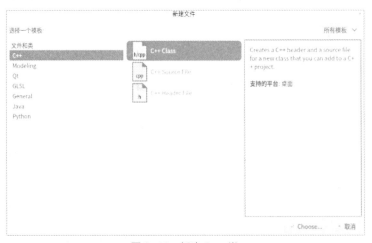

图 9-12　新建 C++ 类

（2）单击"Choose"按钮，在"C++ Class"界面中定义该类，在"Class name"文本框中将类名设置为 Hello，从"Base class"下拉列表中选择默认的 <Custom> 项并在下面的文本框中输入 DMainWindow，以将基类设置为 DTK 的 DMainWindow，其他保持默认设置，如图 9-13 所示。

（3）单击"下一步"按钮，出现图 9-14 所示的界面，显示项目摘要，还可以根据需要将项目添加到版本控制系统，为简化实验，这里没有将该项目添加到版本控制系统。

（4）单击"完成"按钮，出现图 9-15 所示的项目管理界面，展开项目结构，可以发现，完成了 Hello 类的添加，同时添加了头文件 hello.h 和源文件 hello.cpp。

图 9-13　定义类　　　　　　　　　　　　图 9-14　项目摘要

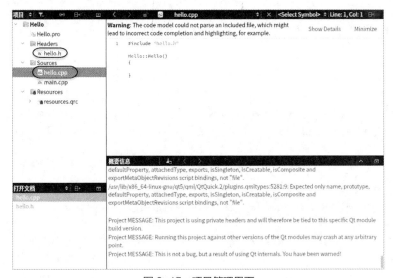

图 9-15　项目管理界面

接下来修改代码。

（5）对头文件 hello.h 进行修改。修改后的代码如下：

```
#ifndef HELLO_H
#define HELLO_H

#include <DMainWindow>

class Hello : public DTK_WIDGET_NAMESPACE::DMainWindow  //基类为DMainWindow
{
    Q_OBJECT
public:
    Hello();

private:
    void initGUI();
};



#endif // HELLO_H
```

（6）修改源文件 hello.cpp。修改后的代码如下：

```cpp
#include "hello.h"

#include <DLabel>
#include <DWidget>
#include <DFontSizeManager>

#include <QVBoxLayout>

DWIDGET_USE_NAMESPACE            // 添加 DWidget 的命名空间，使用 DTK 前需加入此行

Hello::Hello()
    : DMainWindow()              //Hello 类继承 DMainWindow 基类，用作程序的主窗口
{
    initGUI();
}

void Hello::initGUI()
{
    auto centerWidget = new DWidget;              // 创建 DWidget 对象
    auto centerWidgetLayout = new QVBoxLayout;    // 创建 QVBoxLayout 对象用于
布局管理
    auto hello = new DLabel(tr("Hello,World"));   // 通过标签控件显示信息
    centerWidgetLayout->addWidget(hello,0,Qt::AlignCenter); // 标签居中定位
    DFontSizeManager::instance()->bind(hello,DFontSizeManager::T1);// 标签
字体绑定为 T1，以保证系统显示比例调整后字体大小自动同步调整
    centerWidget->setLayout(centerWidgetLayout);
    setCentralWidget(centerWidget);    // 将其作为主窗口的中心控件
}
```

注意，一定要引用宏 DWIDGET_USE_NAMESPACE，否则源程序无法正确编译。只要使用了 DTK 控件，就一定要进行宏 DWIDGET_USE_NAMESPACE 的引用。

（7）修改项目主文件 main.cpp，该文件中 main 函数是整个应用程序的入口函数。修改后的代码如下：

```cpp
#include "hello.h"

#include <DApplication>

#include <DWidgetUtil>
#include <DApplicationSettings>
#include <DTitlebar>

#include <QLayout>

DWIDGET_USE_NAMESPACE            // 添加 DWidget 的命名空间，使用 DTK 前需加入此行

int main(int argc, char *argv[])
{
    QGuiApplication::setAttribute(Qt::AA_UseHighDpiPixmaps);
    DApplication a(argc, argv); // 创建 DApplication 对象
```

```
        a.loadTranslator();                            // 加载翻译（显示简体中文）
        a.setOrganizationName("deepin");               // 设置组织名称
        a.setApplicationName("dtk-hello");             // 设置应用名称
        a.setApplicationVersion("1.0");                // 设置应用版本
        a.setProductIcon(QIcon(":/images/logo.svg"));  // 设置应用图标
        a.setProductName("DTK 演示程序 ");              // 设置项目名称
        a.setApplicationDescription(" 这是使用 DTK 开发的简单演示程序 "); // 设置应用描
述（简介）

        DApplicationSettings as;
        Q_UNUSED(as)          // 保存程序的窗口主题设置

        Hello w;              // 初始化主窗口，w 是窗口的用户区，也是所有窗口中控件的容器
        w.titlebar()->setIcon(QIcon(":/images/logo.svg")); // 设置窗口图标
        w.titlebar()->setTitle("Hello");    // 设置窗口标题，宽度不够会隐藏标题文字
        w.setMinimumSize(QSize(600, 300));// 设置窗口最小尺寸
        w.show();

        Dtk::Widget::moveToCenter(&w);       // 把窗口移动到屏幕中居中显示

        return a.exec();
    }
```

（8）编译并运行该程序。程序正常运行时会弹出图 9-16 所示的窗口，主窗口在屏幕中居中显示，其中居中显示 "Hello,World"。单击标题栏中的⊙按钮弹出下拉菜单，从中选择 "关于"，会弹出图 9-17 所示的对话框，其中显示了该应用的基本信息。可以发现，这是一个典型的 deepin 桌面应用。

图 9-16　新开发的桌面应用

图 9-17　显示应用信息

提示　　我们也可以在 deepin 中使用 Qt Creator 创建原生的 Qt 桌面应用，利用 Qt 集成的 UI 设计器完成 GUI 的可视化设计。

任务 9.3　部署 Web 开发环境

任务要求

2024 年是我国全功能接入国际互联网 30 周年，30 年来中国网民数量节节攀升，人民群众获得

感、幸福感、安全感更加充实、更有保障、更可持续，共同富裕取得新成效。这些离不开以互联网为基础的应用开发，尤其是 Web 应用开发。deepin 非常适用于 Web 应用的开发。PHP 具有简单易学、免费开源、跨平台性强、功能强大、应用广泛和安全性高等特点，作为低成本的 Web 开发技术方案，特别适用于 Linux 开源环境。本任务以使用 Eclipse 建立 PHP 开发环境为例示范 Web 开发环境的部署，具体要求如下。

（1）了解 LAMP 平台和 PHP 集成开发工具。

（2）学会搭建 LAMP 平台。

（3）掌握 PHP 开发环境的部署方法。

（4）体验简单的 PHP 应用开发。

✕ 相关知识

9.3.1　LAMP 平台

LAMP 是一个缩写，最早用来指代 Linux 操作系统、Apache 网络服务器、MySQL 数据库和 PHP（Perl 或 Python）脚本语言的组合，名称由这 4 种技术的首字母组成。后来 M 也指代数据库软件 MariaDB。这些产品共同组成了一个强大的 Web 应用程序平台。

Apache 是 LAMP 架构最核心的 Web 服务器软件，开源、稳定、模块丰富是 Apache 的优势。作为 Web 服务器，它也是运行 PHP 应用程序的最佳选择。

Web 应用程序通常需要后台数据库支持。MySQL 是一款高性能、多线程、多用户、支持 SQL（结构查询语言）、基于 C/S（客户 / 服务器）架构的关系数据库软件，在性能、稳定性和功能方面是首选的开源数据库软件。MariaDB 是 MySQL 的一个分支，主要由开源社区维护，采用 GPL 授权许可，完全兼容 MySQL，也是目前使用较多的开源关系数据库。

PHP 全称为 PHP:Hypertext Preprocessor，是一种跨平台的服务器端嵌入式脚本语言。它借用了 C、Java 和 Perl 的语法，同时创建了一套自己的语法，便于程序设计人员快速开发 Web 应用程序。PHP 程序执行效率非常高，支持大多数数据库，并且是完全免费的。Perl 和 Python 在 Web 应用程序开发中不如 PHP 普及，因而 LAMP 平台中大多选用 PHP 作为开发语言。

LAMP 所有组成产品均为开源软件，是比较成熟的架构。与 Java/J2EE 架构相比，LAMP 具有 Web 资源丰富、轻量、快速开发等特点；与 .NET 架构相比，LAMP 具有通用、跨平台、高性能、低价格的优势。因此 LAMP 无论是在性能、质量还是在价格方面，都是企业搭建网站的首选平台，很多流行的商业应用都采用这个架构。

9.3.2　PHP 集成开发工具

与其他脚本语言一样，使用通用的文本编辑器即可开发 PHP 应用程序，但要提高开发效率，应首选集成开发工具。deepin 中可用的 PHP 集成开发工具比较多，其应用商店直接提供 Eclipse 和 PhpStorm。

Eclipse 是比较全面的开发工具，其 Eclipse IDE for PHP Developers 版本提供 PHP 开发支持，具有简洁、高效的优点。该软件支持调试工具 Xdebug 和 Zend Debugger。程序员使用该软件能够快速编写和调试 PHP 脚本和页面。本任务中使用该软件构建 PHP 开发环境。

PhpStorm 是 JetBrains 公司开发的一款商业的轻量级 PHP 集成开发工具。PhpStorm 使用便捷，可随时帮助用户对其编码进行调整，运行单元测试或者提供可视化调试功能。PhpStorm 完美支持 Symfony、Laravel、Drupal、WordPress、Zend Framework、CakePHP、Yii 等各种主流框架。PhpStorm 涵盖前端开发技术，内建开发者工具，包含 WebStorm 的所有功能，完全支持 PHP，并且增加了对数据库和 SQL 的支持。

微课9-4.基于
XAMPP搭建
LAMP平台

🛠 任务实现

任务 9.3.1　基于 XAMPP 搭建 LAMP 平台

由于要运行 PHP 应用进行测试，这就需要提供 LAMP 平台。为简化搭建步骤，建议使用集成软件包来安装 LAMP。XAMPP 是一个非常易于安装的 Apache 发行版，适用于 Linux、Solaris、Windows 和 mac OS。该软件包包括 Apache、MySQL、PHP、Perl、FTP 服务器和 phpMyAdmin，可以非常便捷地部署网站服务器。

1. 安装 XAMPP 集成环境

（1）从 XAMPP 的官方网站下载所需的版本，本例下载的是 XAMPP for Linux 8.0.28。所下载的软件包文件名是 xampp-linux-x64-8.0.28-0-installer.run。

这是 .run 二进制软件包。此类软件包可以通过命令行运行安装文件，或者在文件管理器中双击该软件包执行，前提是为该软件包文件赋予可执行权限。

（2）修改该软件包文件的权限。

```
test@deepin-PC:~$ cd Downloads
test@deepin-PC:~/Downloads$ chmod +x xampp-linux-x64-8.0.28-0-installer.run
```

（3）使用 sudo 命令执行该软件包文件，启动图 9-18 所示的安装向导。

```
test@deepin-PC:~/Downloads$ sudo ./xampp-linux-x64-8.0.28-0-installer.run
```

（4）单击"前进"按钮，出现图 9-19 所示的界面，选择要安装的组件，这里保持默认设置。

图 9-18　XAMPP 安装向导

图 9-19　选择安装组件

（5）单击"前进"按钮，出现图 9-20 所示的界面，提示安装目录为 /opt/lampp。

（6）单击"前进"按钮，出现图 9-21 所示的界面，提示准备安装。

图 9-20　安装目录

图 9-21　准备安装 XAMPP

（7）单击"前进"按钮，开始安装过程，安装完毕会出现图 9-22 所示的界面，默认勾选"Lauch XAMPP"复选框。

（8）单击"Finsh"按钮，打开图 9-23 所示的 XAMPP 管理器，可以通过此管理器对 XAMPP 集成环境进行配置管理。

图 9-22　安装完毕

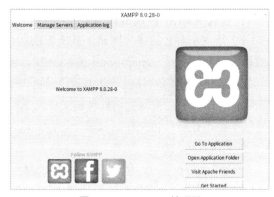

图 9-23　XAMPP 管理器

（9）打开浏览器，访问 http://localhost 进行测试，结果如图 9-24 所示，可以发现能够访问 XAMPP 的仪表板（dashboard），表明 XAMPP 集成环境安装成功。

图 9-24　XAMPP 的仪表板

2. 配置管理 XAMPP 集成环境

可以通过 XAMPP 管理器完成基本的配置管理。切换到"Manage Servers"选项卡，如

图 9-25 所示,这里可以管理服务器,默认仅启动了 Apache Web Server。选中该服务器,可以通过 XAMPP 管理器提供的一组按钮启动、停止、重启和配置该服务器。

这里单击"Configure"按钮,弹出图 9-26 所示的窗口,配置 Apache 服务器,包括端口设置、打开访问日志、打开错误日志、打开配置文件。

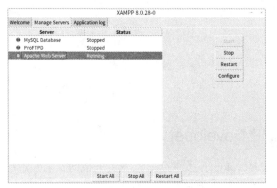

图 9-25　管理服务器　　　　　　　　　　　图 9-26　配置 Apache 服务器

数据库服务器对于绝大多数 Web 应用是必不可少的。XAMPP 集成的 phpMyAdmin 工具便于用户以 Web 方式在线管理 MySQL 数据库。在本例环境中启动 MySQL Database 服务器,然后通过浏览器访问 XAMPP 的仪表板,单击"phpMyAdmin"链接,可以打开 phpMyAdmin,如图 9-27 所示,对 MySQL 数据库进行在线管理。

图 9-27　phpMyAdmin 主界面

值得一提的是,XAMPP 没有为其管理器提供桌面文件。用户可以通过以下步骤来打开 XAMPP 管理器。

(1)打开终端窗口。

(2)切换到 XAMPP 安装目录。

```
test@deepin-PC:~$ cd /opt/lampp
```

（3）执行以下命令打开 XAMPP 管理器。

```
test@deepin-PC:~$ sudo ./manager-linux-x64.run
```

另外，我们也可以通过命令行来管理 XAMPP。例如，执行以下命令查看服务器当前状态。

```
test@deepin-PC:~$ sudo /opt/lampp/lampp status
Version: XAMPP for Linux 8.0.28-0
Apache is running.
MySQL is running.
ProFTPD is not running.
```

执行 sudo /opt/lampp/lampp stop 命令停止 XAMPP 的所有服务器；执行 sudo /opt/lampp/lampp start 命令启动 XAMPP 的所有服务器。

任务 9.3.2　安装 Eclipse IDE for PHP Developer

Eclipse 官网提供专门的 Eclipse IDE for PHP Developers 安装包，只需将下载的安装包解压缩。这种安装方式通常需创建快捷方式，便于通过启动器启动该工具。而通过 deepin 应用商店安装 Eclipse IDE for PHP Developer 就要简单得多，本例采用这种方式，在应用商店搜索到该工具后安装即可。

安装完毕时，通过启动器启动该工具，首次运行它将弹出图 9-28 所示的提示窗口，设置工作空间（Workspace），即软件项目要存放的位置。本例勾选"Use this as the default and do not ask again"复选框，将当前指定的路径作为默认工作空间，下次运行时将不再提示设置工作空间。

单击"Launch"按钮将打开图 9-29 所示的欢迎界面，给出常见操作的快捷方式。

图 9-28　设置工作空间

图 9-29　Eclipse 欢迎界面

可以从此界面中启动创建项目向导，也可以单击左上角"Welcome"右边的关闭按钮关闭该欢迎界面，进入主界面。

任务 9.3.3　使用 Eclipse IDE for PHP Developer 开发 PHP 应用

PHP 是服务器脚本语言，需要在 Web 服务器上运行，但是 Eclipse 默认并没有自动关联到 Apache 服务器上，因而在其中运行或调试 PHP 应用时需要先进行一些配置。

1. 配置 PHP 应用开发环境

首先配置要运行 PHP 应用的 Web 服务器。从菜单栏中选择"Window"→"Preferences"打开相应的窗口，展开"PHP"节点，单击"Servers"项，可以看到 Eclipse 默认定义了一个名为"Default PHP Web Server"的 PHP 服务器，对应该服务器根目录的 URL 为"http://localhost"，如图 9-30 所示。本机上安装有 Apache 服务器，这里保持默认设置即可。如果要到其他 PHP 服务器上运行，应进行修改，或者新建一个 PHP 服务器配置项。

然后配置访问 PHP 应用的 Web 浏览器。从菜单栏中选择"Window"→"Preferences"打开相应的窗口，展开"General"节点，单击"Web Browser"项，默认选中"Use external web browser"选项，并在下面的列表中勾选"Default system web browser"复选框，如图 9-31 所示，表示使用默认的系统 Web 浏览器。

图 9-30　配置 PHP 服务器

图 9-31　配置 Web 浏览器

2. 创建 PHP 项目

Eclipse IDE for PHP Developer 提供了 PHP 项目创建向导，使用起来非常方便。从菜单栏中选择"File"→"New"→"PHP Project"启动向导。如图 9-32 所示，设置新项目的基本信息。在"Project name"文本框中输入项目名称，Eclipse 会使用该名称区分不同的开发项目，通常不加空格。在"Contents"区域选中"Create new project in workspace"选项，其他保持默认设置即可。单击"Finish"按钮完成项目的创建。在界面左侧的"PHP"树中会显示当前创建的项目及其结构，如图 9-33 所示。

为便于测试，这里创建一个 PHP 文件。在 PHP 项目树中选中刚创建的项目，从菜单栏中选择"File"→"New"→"PHP File"，启动 PHP 文件创建向导。如图 9-34 所示，设置新文件的基本信息。单击"Finish"按钮完成文件的创建。

如图 9-35 所示，在该文件中编写测试代码，并保存。

图 9-32　创建 PHP 项目向导

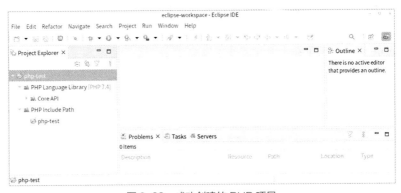

图 9-33　成功创建的 PHP 项目

图 9-34　创建 PHP 文件

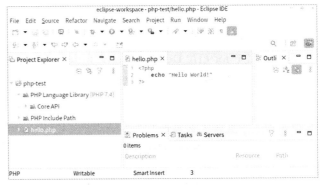

图 9-35　编写 PHP 代码

3. 测试 PHP 项目

选中刚创建的测试文件，从菜单栏中选择"Run"→"Run As"→"PHP Web Application"，

此时，可能会出现 Error 404 错误，提示"找不到对象"，这是因为 Eclipse 没有自动关联到 Apache 服务器，而且 PHP 源码没有存放在默认的 Web 根目录下。解决方法是添加相关的虚拟目录。

在 XAMPP 管理器中切换到"Manage Servers"选项卡，选中"Apache Web Server"，单击 "Configure"按钮，弹出"Configure Apache"窗口（见图 9-26），单击"Open Conf File"按钮，打开相应的配置文件 httpd.conf，在其末尾添加以下语句并保存：

```
Include etc/extra/php-test.conf
```

创建配置文件 /opt/lampp/etc/extra/php-test.conf，并在其中添加以下语句：

```
Alias /php-test /home/test/eclipse-workspace/php-test
<Directory /home/test/eclipse-workspace/php-test>
    Options Indexes FollowSymLinks
    AllowOverride None
    Require all granted
</Directory>
```

虚拟目录名称和工作空间中的 PHP 项目目录名称最好保持一致，其中工作空间目录根据具体的用户环境来定，本例中为 /home/test/eclipse-workspace。

在 XAMPP 管理器中重启 Apache Web Server。

再次运行该 PHP 文件进行测试，本例出现 Error 403 错误，提示"禁止访问！"通过在 XAMPP 管理器中打开"Configure Apache"窗口（见图 9-26），单击"Open Err Log"按钮，查看 Apache 错误日志，发现"权限不够"问题，并提示"because search permissions are missing on a component of the path"，这是目录权限导致的问题。Apache 要求 PHP 文件的所有上级目录（从根目录开始到该文件的上级目录）必须全部具有执行权限。本例中 /home/test 目录没有执行权限，执行以下命令为其赋予执行权限。

```
test@deepin-PC:~$ sudo chmod +x /home/test
```

再次运行该 PHP 文件，显示"Hello World!"信息，如图 9-36 所示，表明测试结果正常。

图 9-36 测试 PHP 项目成功

提示　Eclipse IDE for PHP Developer 可以与 Xdebug 和 Zend Debugger 调试工具搭配使用，让程序员全面洞察应用程序中每一步情况，方便程序员调试 PHP 脚本和页面文件。

项目小结

本项目旨在让读者掌握基于 deepin 部署软件开发环境的基本方法。deepin 是开源的 Linux 操作系统，我们在 deepin 中编写、编译、调试和发布代码时，需要遵循一定的步骤，以确保代码能够正常运行和发布。了解 C/C++ 程序的编译和调试，有助于我们进一步了解 Linux 系统及其应用软件，更深入地理解并掌握源码编译安装。国内信创产业的发展刺激了 GUI 应用开发需求，除了基于跨平台的 GUI 开发工具和框架 GTK 和 Qt 开发桌面应用外，在 deepin 中我们还可以基于深度工具套件 DTK 开发具有 deepin 风格的桌面应用，加速推进国产自主操作系统的普及。Web 应用更适合互联网，而且开发大多选择脚本语言，本项目中以 PHP 应用开发为例示范 Web 应用开发环境的搭建。限于篇幅，对于 Python 和 Node.js 等脚本语言的应用开发环境没有一一讲解。脚本语言拥有丰富的开源资源和良好的软件生态，我们要加以充分利用，在增强自主创新能力的同时，坚持交流互鉴，努力建设具有全球竞争力的开放创新生态。

课后练习

补充练习
项目9

1. 简述 GCC 编译的各个阶段。
2. 为什么要使用动态连接？
3. 简述 make 命令的功能。
4. 简述 Makefile 基本语法格式。
5. 为什么要使用 Autotools？
6. 深度工具套件 DTK 能够解决国内自主应用开发的哪些痛点？
7. Linux 主流的 GUI 应用开发框架有哪些？它们各有什么优点？
8. LAMP 平台的优势体现在哪些方面？

项目实训

实训 1　使用 Autotools 生成 Makefile 并制作源码包

实训目的

（1）熟悉 Autotools 工具的使用。

（2）初步掌握源码包的制作方法。

实训内容

（1）参照任务 9.1.3 准备源码文件。

（2）使用 Autotools 工具基于源码文件生成 Makefile 文件。

（3）完成源码编译和安装。

（4）将程序和相关的文件打包为安装包文件。

实训 2　部署 DTK 开发环境并进行测试

实训目的

（1）掌握 DTK 开发环境的部署方法。

（2）初步掌握基于桌面应用开发的流程。

实训内容

（1）了解 DTK 的特点和应用场景。

（2）参照任务 9.2.1 手动部署 DTK 开发环境。

- 安装 DTK 基础开发库，包括 Qt 库和 DTK 库。
- 安装 Qt Creator。
- 安装其他软件包，包括 DTK 应用模板和 Git 工具。
（3）创建一个简单的 DTK 项目测试 DTK 开发环境。

实训 3　部署 PHP 应用开发环境并进行测试

实训目的

（1）学会搭建 LAMP 平台。
（2）掌握 PHP 应用开发环境的部署方法。

实训内容

（1）了解 LAMP 平台。
（2）基于国产软件 PhpStudy 搭建 LAMP 平台。
（3）学习 PhpStudy 的基本配置和使用，测试 phpMyAdmin。
（4）手动安装 Eclipse IDE for PHP Developer（从 Eclipse 官网下载软件包进行安装）。
（5）配置 PHP 应用开发环境。
（6）创建 PHP 项目。
（7）测试 PHP 项目。

项目10
部署和管理统信服务器

算力已经成为智慧时代的新质生产力。服务器是各类数据中心等算力基础设施的基本单元和核心，我国服务器整机研发制造在全球已经具有较强的实力，但基础软件和配套芯片仍处于薄弱环节。研发国产服务器操作系统是打赢关键核心技术攻坚战、实现高水平科技自立自强的重要举措。统信服务器操作系统是统信 UOS 产品中面向服务器端运行环境的一款用于构建信息化基础设施环境的平台级软件。该产品着重满足用户在信息化基础建设过程中，服务端基础设施的安装部署、运行维护、应用支撑等需求。统信服务器操作系统引入全球多个开源社区优势特性，提供永久免费使用授权模式，大大方便了用户的部署使用、学习研究和测试实验。本项目将通过 3 个典型任务，带领读者掌握统信服务器操作系统的安装、远程管理和基本运维，让读者具备部署和配置服务器的实操能力。

【课堂学习目标】

☞ 知识目标

- ➢ 了解统信服务器操作系统。
- ➢ 了解服务器的远程管理方案。
- ➢ 理解逻辑卷管理实现机制。
- ➢ 了解服务器系统安全。

☞ 技能目标

- ➢ 学会统信服务器操作系统的安装和基本配置。
- ➢ 掌握远程管理服务器的方法。
- ➢ 掌握统信服务器的基本运维方法。

☞ 素养目标

- ➢ 培养部署和运维服务器的实战能力。
- ➢ 培养触类旁通的学习钻研能力。
- ➢ 树立国产化替代的自信心。

任务 10.1　统信服务器操作系统的安装与配置

任务要求

作为一个免费的、开源的、可以重新分发的 Linux 服务器操作系统，CentOS 在国内服务器操作系统市场的占有率非常高，涉及各个行业。但在 2021 年 12 月 31 日，CentOS 8 就已停止维护，CentOS 7 也于 2020 年第 4 季度停止更新，并定于 2024 年 6 月 30 日停止维护。国内大量服务器应用软件与云平台基于 CentOS 开发和适配，CentOS 停服后影响范围较大，系统升级和补丁安装无法得到官方支持，系统安全漏洞风险加剧。为此，统信软件为行业用户提供包含系统迁移与安全接管在内的解决方案，帮助用户在保持原有硬件、应用环境不变的情况下平滑完成 CentOS 到统信服务器操作系统的迁移替换工作，降低用户系统迁移成本。统信服务器操作系统即 UOS 服务器版，具有极高的可靠性、持久的可用性、优良的可维护性，能够体现当代主流 Linux 服务器操作系统的发展水平。本任务的基本要求如下。

（1）了解服务器的概念。

（2）了解统信服务器操作系统。

（3）掌握统信服务器操作系统的安装方法。

（4）学会统信服务器的基本配置和软件包管理。

相关知识

10.1.1　什么是服务器

服务器（Server）是指在网络环境中为用户计算机提供各种服务的计算机，承担网络中数据的存储、转发和发布等关键任务，是网络应用的基础和核心；使用服务器所提供服务的用户计算机就是客户机（Client）。

服务器大都采用部件冗余技术、RAID（Redundant Array of Independant Disks，独立磁盘冗余阵列）技术、内存纠错技术和管理软件。高端的服务器采用多处理器、支持双 CPU 以上的对称处理器结构。在选择服务器硬件时，除了考虑档次和具体的功能定位外，需要重点了解服务器的主要参数和特性，包括处理器架构、可扩展性、服务器结构、I/O 能力、故障恢复能力等。根据应用层次或规模档次划分，服务器可分为入门级、工作组级、部门级和企业级。

10.1.2　统信服务器操作系统

统信软件推出的统信服务器操作系统 V20 汲取国内外主流社区技术栈优势，深入技术底层，结合国内外设计标准与规范以及各类用户业务应用需求进行技术创新，全面支持国内外主流 CPU 架构和处理器厂商，是一款构建信息化设施环境的基础软件产品。

统信服务器操作系统 V20 采用多模态、模块化的设计理念，全面支持在物理、云或超融合环境中构建生产环境，并通过连接传统和新基础设施简化用户 IT 环境，为金融、电信、能源、交通、电力、制造和教育等关键行业提供强有力的信息服务支撑。

1. 主要特性

• 具有强安全性。该操作系统充分继承 Linux 安全特性，构建系统内核、系统应用、主动防御以及安全合作等全方位的企业级系统安全防护体系，提供安全审计、可信计算、国密算法、多因子认证等强安全机制。

• 具有高可用性。该操作系统提供多种高可用集群解决方案和多种高可用机制，为资源转移、数据备份、失效节点恢复等服务予以有效支撑，最大限度减少业务系统服务中断时间，将因软件、硬件等故障造成的影响降至最低。

• 具有高稳定性。该操作系统采用稳定版 Linux 内核，结合服务器产品的功能需求和特性，对内核、编译器、系统软件进行合理的定制和优化，注重提高系统的整体性能，配合系统所提供的多种企业级高可用集群解决方案及机制，充分提升操作系统的稳定性。

• 具有高性能。该操作系统重视系统性能的调校，通过引进国内外知名且成熟的技术与工具，在人工智能、大数据、云计算、Web 服务、容器等应用场景中各项性能数据分析的基础上，优化、提升系统性能。目前其 UnixBench 等性能测试全面领先。

• 具有易维护性。该操作系统基于多款开源运维工具进行功能扩展，向服务器运维人员提供可视化运维支持，提供服务器迁移软件和服务器运维监管平台。

• 具有泛兼容性。该操作系统兼容主流服务器设备，提供对主流中间件和数据库软件产品的适配支持，为用户构建软硬件系统架构提供更多的组合选择。其历史版本兼容性超过 98%。

• 生态丰富。该操作系统全面打通上、下游产业各类服务器端应用环节。

2. 主要应用场景

• 国产化服务。包括党政机关国产化 OA 应用、电子公文系统、电子签章系统，以及国产中间件和数据库等领域。

• 虚拟化平台。包括基于 KVM（Kenerl-based Virtual Machine，基于内核的虚拟机）/QEMU（Quick Emulator，快速仿真器）的虚拟化服务器管理平台和 OpenStack 架构的云计算数据中心。

• 容器平台。以 Kubernetes 等为基础、以应用为中心打造企业级云原生容器 PaaS（平台即服务）平台，融合微服务、DevOps 开发运维一体化等，快速构建开发运行环境、自动化测试和持续集成、应用自动化部署和发布。

• 高可用集群。物理机数据中心通过裸机集群的高可用软件，持续提供应用服务，保证系统的高可用性和持续服务时间。

• 跨架构平台迁移。包括各种物理硬件架构平台系统的替代方案迁移，各种虚拟化环境（VMware、Citrix、Hyper-V 等）相同平台系统的平滑迁移。

3. 主要版本

统信服务器操作系统目前的版本为 V20（1060），针对 AMD64、ARM64、LoongArch 硬件架构发布了不同的版本。AMD64 架构版本支持 Intel、海光、兆芯的 CPU；ARM64 架构版本支持鲲鹏、飞腾的 CPU；LoongArch 架构版本支持龙芯（LoongArch64）的 CPU。

AMD64 和 ARM64 架构版本又分为 a 和 e 两个子版本，a 代表兼容龙蜥技术路线，e 代表兼容欧拉技术路线。例如，AMD64 架构的两个子版本的镜像文件分别为 uos-server-20-1060a-amd64.iso 和 uos-server-20-1060e-amd64.iso。

Red Hat公司宣布社区版CentOS停服时，国内出现了两个开源操作系统上游社区——openEuler（欧拉）与OpenAnolis（龙蜥）。openEuler社区由华为领衔，秉承开放、开源的原则，旨在构建统一和开放的操作系统，推动软硬件应用生态繁荣发展。OpenAnolis社区由阿里云领衔，联合开发Anolis OS社区版以替代CentOS，并实现对CentOS 8系统生态100%兼容。统信软件参与这两个社区建设，推动上游社区蓬勃发展，以满足广大企业业务应用需求，为用户多样系统提供更多选择，因此所开发的产品就有欧拉和龙蜥两条技术路线。

4．安装要求和方式

统信服务器操作系统V20（1060）最低硬件配置要求如下。

• CPU：Intel Xeon Gold、Kunpeng 920、Hygon C86 7185、Phytium S2500、Phytium FT-2000+、LoongArch 3C5000L 或 LoongArch 3B5000。

• 内存：4 GB（建议不小于8 GB）。

• 硬盘：为了使用户获得更好的应用体验，建议不小于120 GB。

该操作系统支持光盘、USB、网络、镜像引导4种安装方式；支持Legacy和UEFI两种系统引导模式。

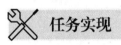

微课10-1.安装统信服务器操作系统

任务10.1.1 安装统信服务器操作系统

安装统信服务器操作系统非常便捷，通常可以在半小时内完成安装，并能够使该操作系统立即运行。建议初学者在虚拟机中安装，待熟悉之后再在物理机中安装。读者可以到统信官方网站下载服务器版的ISO镜像文件，根据需要刻录成光盘或者制成U盘启动盘。这些安装包可以任意复制，在任意多台计算机上安装。

下面以在VMware Workstation虚拟机（本例虚拟机配置如图10-1所示）上安装为例示范安装过程，所使用的安装包是兼容欧拉操作系统的uos-server-20-1060e-amd64.iso。

（1）启动虚拟机（实际装机大多是将计算机设置为从光盘或U盘启动），引导成功时会出现图10-2所示的安装界面。

图10-1 VMware Workstation 虚拟机配置

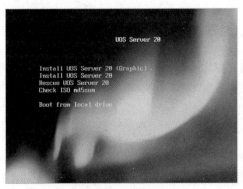

图10-2 安装界面

其中的菜单除启动安装程序外还提供一些选项。可以使用键盘中的"↑"和"↓"方向键选择安装选项，并在选项为高亮状态时按 <Enter> 键。这里选择"Install UOS Server 20 (Graphic)"，使用图形用户界面模式安装。

（2）进入图 10-3 所示的界面，设置安装过程中使用的语言，保持默认设置值"中文"。

（3）单击"继续"按钮，进入图 10-4 所示的安装设置主界面，显示安装信息摘要。用户可以进行时间、语言、安装源、网络、安装位置等相关设置。

图 10-3　设置安装过程中所用的语言

图 10-4　安装设置主界面

部分配置项会有警告标记，完成该选项配置后，警告标记消失。当界面上不存在警告标记时，用户才能单击"开始安装"按钮进行系统安装。接下来进行部分必要的设置。

（4）选择"安装目的地"，弹出图 10-5 所示的界面，可以看到计算机中的本地可用存储设备，还可以添加指定的附加设备或者网络设备。这里选中本地存储设备，并在"存储配置"区域选中"自动"以便对系统进行自动分区（只有对性能或者对设备中数据有特殊要求时才有必要进行手动分区）。完成设置后，单击左上角的"完成"按钮。

（5）回到安装设置主界面，选择"根密码"，弹出图 10-6 所示的界面，为 root 用户设置密码，单击左上角的"完成"按钮。

图 10-5　磁盘选择与分区设置

图 10-6　设置 root 用户密码

所设置的 root 用户密码需要满足密码复杂度要求（密码长度至少 8 个字符，至少包含大写字母、小写字母、数字和特殊字符中的任意 3 种，不能包含用户名），否则会导致密码设置或用户创建失败。

（6）回到安装设置主界面，选择"选择授权类型"，弹出图 10-7 所示的界面，选择需要的授权模式，这里选择"免费使用授权"，单击左上角的"完成"按钮。

选择"免费使用授权"，用户可以无限制体验统信 UOS 服务器的产品功能，以后可以通过购买授权或订阅升级到商业版（商业使用授权）以满足业务需求。

（7）回到安装设置主界面，选择"软件选择"，弹出图 10-8 所示的界面，指定需要安装的软件包。用户可以根据实际的业务需求，在左侧"基本环境"中选择一个安装选项，然后在右侧选择安装环境所需的额外软件或者服务；在下方"内核选择"中选择安装的内核版本。本例保持默认设置，选择"带 DDE 的服务器"和"4.19"内核。完成设置后，单击左上角的"完成"按钮。

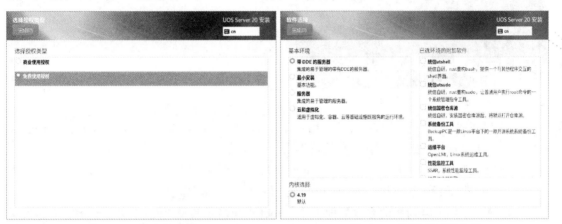

图 10-7　选择授权类型　　　　　　　　图 10-8　选择要安装的软件

（8）回到安装设置主界面，如图 10-9 所示，完成所需的选项设置后，单击"开始安装"进行操作系统的安装。

（9）系统开始安装并显示安装进度，如图 10-10 所示，当出现"完成！"提示时，单击"重启系统"按钮，系统将会重启。

图 10-9　完成选项设置

图 10-10　安装完成

（10）系统重启后，进入启动菜单，如图 10-11 所示。默认选中第 1 项，直接进入操作系统。如果选中第 2 项，则启动后会进入 Live 模式。

（11）首次完成重启后，需要勾选使用许可协议。在"初始设置"界面单击"许可信息"按钮，如图 10-12 所示。

图 10-11　启动菜单

图 10-12　初始设置

（12）出现图 10-13 所示的界面，显示用户许可协议的内容，勾选"我同意许可协议"复选框。单击左上角的"完成"按钮，退出许可协议界面。

　为便于测试，本例再创建一个名为 gly 的普通用户，具体过程不示范。

（13）在"初始设置"界面单击"结束配置"按钮，结束系统配置。

（14）进入图 10-14 所示的登录界面，输入 root 用户名及其密码并按 <Enter> 键，即可登录统信服务器操作系统桌面。

图 10-13　许可信息

图 10-14　登录服务器

任务 10.1.2　服务器基本配置

完成统信服务器操作系统的安装之后，可以根据需要对服务器进行一些基本配置。本例安装有 DDE，可以像在 deepin 系统上一样，通过控制中心实现可视化系统配置（见图 10-15），通过启动器启动桌面应用（见图 10-16）。

图 10-15　统信服务器操作系统的控制中心

图 10-16　统信服务器操作系统的启动器

安装统信服务器操作系统时的多数默认配置已经能满足用户的基本需求。下面示范通过命令行更改主机名和网络连接配置。本例使用 root 用户登录，系统配置更改操作无须使用 sudo 命令。

为方便识别，通常要更改主机名，这里执行以下命令将主机名更改为 uos-SRV：

```
[root@localhost ~]# hostnamectl set-hostname uos-SRV
[root@localhost ~]# bash                              # 重新执行 Shell 使配置生效
```

统信服务器操作系统默认的网络服务由 NetworkManager 提供，这是一个动态控制和配置网络的守护进程，用于保持当前网络设备及连接处于工作状态，同时支持传统的 ifcfg 类型的配置文件。NetworkManager 的优势在于一个设备可以对应多个配置文件，但是同一时间只能有一个配置文件生效，这对于频繁切换网络环境是非常方便的，不用反复去修改网络配置文件。NetworkManager 提供命令行工具 nmcli，可以用来查询网络连接的状态，也可以用来管理网络连接配置，其基本用法为：

```
nmcli [OPTIONS] OBJECT { COMMAND | help }
```

其中 OPTIONS 表示选项，OBJECT 表示操作对象，COMMAND 表示操作命令，如果使用 help 命令将显示帮助信息。OBJECT 和 COMMAND 可以用全称，也可以用简称，最少可以只用一个字母，建议用前 3 个字母。

使用最多的对象就是设备（device）和连接（connection），在配置之前需要了解这两个对象的区别和联系。device 是网络接口（网卡），是物理设备；connection 侧重于逻辑设置。多个连接可以应用到同一个设备，但同一时间只能启用其中一个连接。

本例修改网络连接配置的操作如下：

```
[root@uos-SRV ~]# nmcli connection show              # 获取当前的网络连接信息
NAME     UUID                                  TYPE       DEVICE
ens160   c0f601a1-e7db-49fc-b71a-0836e110dc32  ethernet   --
[root@uos-SRV ~]# nmcli con modify ens160 ipv4.addr 192.168.10.11/24
ipv4.gateway 192.168.10.2  connection.autoconnect yes ipv4.method manual ipv4.
dns "192.168.10.2  114.114.114.114"                  # 修改网络连接配置
[root@uos-SRV ~]# nmcli con up ens160                # 激活网络连接使配置生效
连接已成功激活（D-Bus 活动路径：/org/freedesktop/NetworkManager/ActiveConnection/3)
```

这里将 IP 地址设置为 192.168.10.11，默认网关设置为 192.168.10.2，DNS 服务器地址设置为 192.168.10.2 和 114.114.114.114，网络连接开机后自动建立，IP 地址为手动分配。

任务 10.1.3　软件包安装与管理

目前统信服务器操作系统 V20（1060）版本的 a 和 e 两个子版本都是兼容 CentOS 的，离线软件包采用 rpm 格式，在线安装工具是 dnf 或 yum。注意，更早的 d 子版本（如 V20 1050d）和 deepin 一样，采用的是 Debian 技术路线，离线软件包采用 rpm 格式，在线安装工具是 apt。

1. 了解 rpm 软件包及其管理工具

rpm 是由 Red Hat 公司提出的一种软件包管理标准，可用于软件包的安装、查询、更新、校验、卸载，以及生成 rpm 格式的软件包等。

获得 rpm 软件包后，可以直接使用 rpm 命令进行离线安装，无须联网。这种传统的软件安装方式，最大的困难是要自行处理软件依赖问题。rpm 命令的基本用法为：

```
rpm [ 选项 ] [ 安装包 ]
```

选项 -i 表示安装软件包，-U 表示更新软件包，-q 表示查询软件包，-e 表示卸载软件包。

dnf 是用于管理 rpm 软件包的工具。通过 dnf 可以查询软件包信息，从指定软件库获取软件包，自动处理依赖关系以安装或卸载软件包，以及更新系统到最新可用版本。dnf 与传统的 yum 工具完全兼容，提供了与 yum 兼容的命令行，常用的命令见表 10-1。

表10-1　dnf 常用命令

命令及参数	功能说明
dnf install <rpm 软件包 >	安装软件包
dnf update <rpm 软件包 >	更新已安装的软件包
dnf remove <rpm 软件包 >	删除软件包
dnf check–update	检查更新
dnf download <rpm 软件包 >	下载软件包
dnf info <rpm 软件包 >	显示软件包信息
dnf list <rpm 软件包 >	列出软件包清单
dnf search	搜索软件包
dnf repolist	显示软件源的配置
dnf upgrade	更新所有已安装的软件包

2. 配置软件源

在完成统信服务器操作系统的安装后，首先对软件源进行配置并升级。软件源的配置一般有两种方式，一种是直接修改配置文件 /etc/dnf/dnf.conf，另一种是在 /etc/yum.repos.d 目录中增加 .repo 文件。

查看本例 /etc/dnf/dnf.conf 文件的内容，显示的配置如下：

```
[root@uos-SRV ~]# cat /etc/dnf/dnf.conf
[main]
gpgcheck=1                    # 是否进行 GPG 校验，默认值为 1，表示需要进行校验
installonly_limit=3           # 设置安装软件包的数量
clean_requirements_on_remove=True   # 删除在 dnf remove 期间不再使用的依赖项
best=True                     # 更新包时尝试安装最新版本，默认值为 True
```

```
skip_if_unavailable=False
```

在 /etc/yum.repos.d 目录中通过 .repo 文件定义定制化的软件源仓库，注意各个仓库的名称不能相同，否则会引起冲突。本例操作系统版本为 AMD 架构的 V20（1060），提供 5 个默认的 .repo 文件，可以查看目录内容进行验证：

```
[root@uos-SRV ~]# ls /etc/yum.repos.d
UnionTechOS-everything-x86_64.repo    UnionTechOS-kernel510-x86_64.
repo  UnionTechOS-modular-x86_64.repo    UnionTechOS-update-x86_64.repo
UnionTechOS-x86_64.repo
```

这 5 个 .repo 文件分别代表全量源（包含所有软件包）、内核 5.10 的源、模块化源、升级源和标准源。只有全量源和标准源的 .repo 文件中的 enabled 选项值为 1，表示软件源启用。可以执行以下命令进一步验证可用的软件源：

```
[root@uos-SRV ~]# dnf repolist
repo id                            repo name
UnionTechOS-Server-20              UnionTechOS-Server-20-1060
UnionTechOS-Server-20-everything   UnionTechOS-Server-20-1060-everything
```

其他 3 个软件源的 .repo 文件中的 enabled 选项值为 0，表示软件源关闭，要启用只需将其值改为 1 即可。

提示　随着《中华人民共和国密码法》《中华人民共和国网络安全法》和《中华人民共和国数据安全法》等法律法规的颁布实施，密码应用新需求不断被提出，国密算法在基础软硬件中的应用直接关系到国家网络空间安全。为此，统信服务器操作系统 V20（1060）完成部分开源软件的国密改造以提升系统安全性。统信软件提供了相应的国密源，便于用户安装和更新相关国密算法软件。安装并启用国密源只需依次执行 dnf install UnionTech-repos-GM、dnf clean all 和 dnf makecache 命令。

任务 10.2　远程管理统信服务器

任务要求

生产性服务器部署在专门的场所，管理员平常不会直接在服务器上操作，而是远程管理维护，一般都是通过远程登录实现的。远程登录指将用户计算机连接到服务器，作为其仿真终端远程控制和操作该服务器，与直接在服务器上操作一样。本任务的具体要求如下。

（1）了解 SSH 协议。

（2）掌握通过 SSH 远程登录服务器的方法。

（3）学会远程连接服务器桌面。

（4）掌握基于 Web 界面管理服务器的方法。

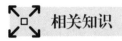 相关知识

10.2.1 SSH 协议

互联网发展初期，许多用户采用 Telnet 方式来访问互联网，将自己的计算机连接到高性能的大型计算机上，作为大型计算机上的一个远程仿真终端，使其具有与大型计算机本地终端相同的计算能力。一般将 Telnet 译为远程登录。

Telnet 本身存在许多安全问题，其中最突出的就是 Telnet 协议以明文的方式传送所有数据（包括用户账户和密码），数据在传输过程中很容易被入侵者窃听或篡改。因此，它适合在对安全要求不高的环境下使用，或者在建立安全通道的前提下使用。因此，通常使用安全性更高的 SSH 来进行远程登录。

SSH 是一种在应用程序中提供安全通信的协议，通过 SSH 可以安全地访问服务器，因为 SSH 基于成熟的公钥加密体系，将所有传输的数据加密，保证数据在传输时不被恶意破坏、泄露和篡改。SSH 还使用了多种加密和认证方式，解决了传输中数据加密和身份认证的问题，能有效防止网络嗅探和 IP 欺骗等攻击。SSH 协议有 SSH1 和 SSH2 两个版本，它们使用了不同的协议来实现，因而互不兼容。SSH2 不管在安全、功能上还是在性能上都比 SSH1 有优势，所以目前广泛使用的是 SSH2。

10.2.2 远程桌面

SSH 是字符界面的远程登录工具，目前常用的远程桌面协议有 VNC（Virtual Network Computing，虚拟网络计算）、SPICE（Simple Protocol for Independent Computing Environment，独立计算环境简单协议）、RDP（Remote Desktop Protocol，远程桌面协议）。这些都是以图形化界面的方式管理远程主机的操作协议，都是基于 C/S 模式实现的，服务器端部署在被控端计算机上，客户端部署在主控端计算机上，客户端通过网络远程访问服务器的图形用户界面。

VNC 支持的网络流量较小，主要用于 Linux 服务器的远程桌面管理。SPICE 支持的网络流量较大，而且在色彩、音频和 USB 支持方面表现突出，主要用于虚拟机的虚拟桌面。RDP 支持的网络流量不大，但在色彩、音频、USB 和本地磁盘映射支持方面表现突出，主要用于 Windows 远程桌面，也非常适用于虚拟桌面。

统信服务器操作系统集成了用于远程连接 Linux 和 Windows 的工具 FreeRDP 和 xrdp，可以很方便地连接 Linux 和 Windows 的桌面环境。FreeRDP 是一个免费开源实现的 RDP 工具，用于从 Linux 远程连接到 Windows 的远程桌面。xrdp 是微软 RDP 的开源实现，它允许用户通过图形用户界面远程控制统信服务器。

10.2.3 基于 Web 界面的远程管理

VNC、SPICE 和 RDP 等远程桌面协议要求服务器上安装有图形用户桌面环境。而实际生产环境中的服务器往往没有安装桌面环境，在这种情形下可以考虑使用另一种解决方案，即使用 Web 界面远程管理服务器。

Cockpit 是一个免费开源的、基于 Web 的管理工具，提供友好的 Web 前端界面，可以让管理

员轻松地管理 Linux 服务器，执行诸如存储管理、网络配置、检查日志、管理容器等任务。管理员还可以通过 Cockpit 实现对多台服务器的集中式管理。

Webmin 是一个基于 Web 图形界面的系统管理工具，结合 SSL（安全套接字层）协议可以作为一种安全、可靠的远程管理工具。与 Cockpit 一样，管理员使用浏览器访问 Webmin 服务可以完成 Linux 系统的主要管理任务。Webmin 采用插件式结构，具有很强的可扩展性和伸缩性，提供的标准管理模块几乎涵盖常见的系统管理，还有许多第三方的管理模块。

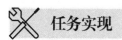任务实现

任务 10.2.1　通过 SSH 远程登录统信服务器

微课 10-2. 通过 SSH 远程登录统信服务器

253

OpenSSH 是免费的 SSH 协议版本，是一种可信赖的安全连接工具，在 Linux 平台中广泛使用 OpenSSH 程序实现 SSH 协议。

1. 配置 SSH 服务器

在统信服务器操作系统的安装过程中默认已安装 OpenSSH 软件，并将 SSH 服务设置为自动启动，即随系统启动而自动加载。通过 systemctl 命令查看 SSH 服务的当前状态可以进行验证。注意，这里的 SSH 服务单元名称为 sshd.service，而 deepin 中 SSH 服务单元名称为 ssh.service。

```
[root@uos-SRV ~]# systemctl status sshd.service
● sshd.service - OpenSSH server daemon
    Loaded: loaded (/usr/lib/systemd/system/sshd.service; enabled; vendor
preset: enabled)
    Active: active (running) since Fri 2023-08-18 11:00:59 CST; 2h 33min ago
...
```

如果 SSH 服务没有启动，则需要执行 systemctl start sshd 命令启动该服务。

注意开放防火墙 SSH 端口，以便服务器接受 SSH 连接。查看服务器上防火墙已开放的服务，可以发现 SSH 服务已开放。

```
[root@uos-SRV ~]# firewall-cmd  --list-services
dhcpv6-client mdns ssh
```

SSH 服务所使用的配置文件是 /etc/ssh/sshd_config，可以通过编辑该文件来修改 SSH 服务配置。一般使用默认配置的 OpenSSH 服务器就能正常运行。

2. 通过 SSH 客户端远程登录统信服务器

接下来在 deepin 主机上测试通过 SSH 客户端远程登录统信服务器。deepin 系统默认已经安装 SSH 客户端程序，可以直接使用 ssh 命令登录 SSH 服务器。该命令的参数比较多，最常见的用法为：

```
ssh -l [远程服务器用户] [远程服务器主机名或 IP 地址]
```

为便于后续操作，本例在 deepin 主机上修改 /etc/hosts 文件，增加以下配置，以便提供服务器的名称解析。

```
192.168.10.11 uos-SRV
```

本例在 deepin 主机上登录统信服务器的过程如下：

```
test@deepin-PC:~$ ssh -l root uos-SRV
The authenticity of host 'uos-srv (192.168.10.11)' can't be established.
ECDSA key fingerprint is SHA256:E99nPYZy/iB48dh288hoZ/qGZCnkOJ7ABJz5clI7B9w.
Are you sure you want to continue connecting (yes/no)? yes
Warning: Permanently added 'uos-srv,192.168.10.11' (ECDSA) to the list of
known hosts.
UOS Server 20 1060e
root@uos-srv's password:
Welcome to UOS Server 20
Upgradable packages: 0
Upgrade command line: yum upgrade

Activate the web console with: systemctl enable --now cockpit.socket

Last login: Fri Aug 18 15:31:05 2023 from 192.168.10.211
Welcome to 4.19.90-2305.1.0.0199.56.uel20.x86_64

System information as of time:          2023 年 08 月 18 日 星期五 17:00:04 CST
...
[root@uos-SRV ~]#
```

　　SSH 客户端程序在第一次连接到某台服务器时，由于没有将服务器公钥缓存起来，会出现警告信息并显示服务器的指纹信息。此时应输入"yes"确认，程序会将服务器公钥缓存在当前用户主目录的 .ssh 子目录中的 known_hosts 文件里（如 ~/.ssh/known_hosts），下次连接时就不会出现提示了。如果成功地连接到 SSH 服务器，就会显示登录信息并提示用户输入用户名和密码。如果用户名和密码输入正确，就能成功登录并在远程系统上正常操作。

　　通过 SSH 登录远程系统时，会给出用户更新提示，包括可更新软件包个数和更新命令。如果提示有软件包可更新，则可执行提示的命令进行更新。

　　出现命令提示符后，则登录成功，此时客户机就相当于服务器的一个终端，在该命令行上进行的操作，实际上是在操作远端的服务器。操作方法与操作本地计算机的一样。使用 exit 命令可以退出该会话（断开连接）。

提示
　　在 deepin 系统的终端窗口中使用 ssh 命令远程登录统信服务器上，进行服务器配置管理和维护操作十分方便，可以输入命令、复制并粘贴命令，还可以同时打开多个终端窗口远程登录服务器。生产环境中涉及服务器的命令行操作时，通常采用的就是这种远程操作方式。为更安全、更便捷地连接到远程服务器，管理员往往直接使用密钥认证，即让 SSH 客户端直接使用密钥进行身份认证，来代替用户名和密码认证。

　　除了使用 ssh 命令登录远程服务器并在远程服务器上执行命令外，SSH 客户端还提供了一些实用命令用于在客户端与服务器之间传送文件。如 scp 命令使用 SSH 协议进行数据传输，可用于远程文件复制，在本地主机与远程主机之间安全地复制文件。scp 命令有很多选项和参数，基本用法如下：

```
scp  源文件  目标文件
```

　　必须指定用户名、主机名、目录和文件，其中源文件或目标文件的表达格式为：用户名 @ 主机地址：文件全路径名。

下面给出一个简单的例子，示范从远程服务器复制文件到本地系统。

```
test@deepin-PC:~$ mkdir UnionTech-manual
test@deepin-PC:~$ scp root@uos-SRV:/usr/share/doc/UnionTech-manual/* ./
UnionTech-manual
UOS Server 20 1060e
root@uos-srv's password:
统信服务器操作系统 V20（1060）安装手册 .pdf          100% 7322KB 152.4MB/s      00:00
统信服务器操作系统 V20（1060）管理手册 .pdf          100%   17MB 173.9MB/s      00:00
...
```

3. 使用终端远程管理统信服务器

在 deepin 中可以通过终端远程管理服务器，通过下拉菜单或者快捷菜单启用远程管理功能，将远程服务器添加到管理列表后，只需单击一下便可自动登录。这实际上是通过 SSH 协议实现的远程登录。下面进行简单的示范。

（1）在 deepin 中打开终端界面，单击 ☰ 按钮弹出下拉菜单，从中选择"远程管理"命令。

（2）单击"添加服务器"按钮弹出"添加服务器"对话框，如图 10-17 所示，输入服务器名、地址、用户名和密码，单击"添加"按钮。

（3）新添加的服务器会出现在远程管理列表中，如图 10-18 所示，从该列表中单击要连接的远程服务器（本例为 uos-SRV）。

图 10-17　添加服务器

图 10-18　远程管理列表

（4）系统尝试连接远程服务器，根据提示输入远程服务器上要登录的用户的密码，一旦完成密码验证，即可登录远程服务器。本例连接过程如下：

```
test@deepin-PC:~$
Press ^@ (C-Space) to enter file transfer mode, then ? for help
UOS Server 20 1060e
root@192.168.10.11's password:
X11 forwarding request failed on channel 0
在您使用快捷菜单进行上传和下载文件之前，请先确保服务器已经安装了 rz 和 sz 命令。
Welcome to 4.19.90-2305.1.0.0199.56.uel20.x86_64
System information as of time:             2023 年 08 月 18 日 星期五 14:30:38 CST
System load:           0.12
Processes:             238
Memory used:           13.0%
Swap used:             0.0%
Usage On:              14%
IP address:            192.168.10.11
Users online:          2
```

```
[root@uos-SRV ~]#
[root@uos-SRV ~]# exit
注销
Connection to 192.168.10.11 closed.
```

成功登录之后即可在远程服务器上执行，执行 exit 命令即可注销，断开远程连接。

 在 Windows 平台上可以使用免费的 PuTTY 软件作为 SSH 客户端，方便地访问和管理统信服务器。

提示

微课10-3.统信
服务器远程桌面
的配置与使用

任务 10.2.2　统信服务器远程桌面的配置与使用

这里主要示范远程桌面的配置和使用，让其他计算机能够访问统信服务器的桌面。

1. 在统信服务器上启用远程桌面

（1）执行以下命令安装 xrdp：

```
[root@uos-SRV ~]# dnf install xrdp -y
...
Installed:
    libvncserver-0.9.13-10.uel20.x86_64                      x11vnc-0.9.16-2.
up1.uel20.x86_64                        xrdp-1:0.9.15-3.up2.uel20.x86_64
xrdp-selinux-1:0.9.15-3.up2.uel20.x86_64
Complete!
```

可以发现，安装 xrdp 会同时安装 x11vnc，xrdp 支持 RDP 服务，而 x11vnc 支持 VNC 服务。

（2）执行以下命令启动 xrdp 和 x11vnc 服务：

```
[root@uos-SRV ~]# systemctl start xrdp
[root@uos-SRV ~]# systemctl start x11vnc
```

（3）查看 VNC 服务端口：

```
[root@uos-SRV ~]# netstat -antulp | grep 590
tcp   0    0 0.0.0.0:5900        0.0.0.0:*        LISTEN      4209/x11vnc
tcp6  0    0 :::5900             :::*             LISTEN      4209/x11vnc
```

（4）查看 RDP 服务端口：

```
[root@uos-SRV ~]# netstat -antulp | grep 3389
tcp   0    0 0.0.0.0:3389            0.0.0.0:*     LISTEN      4205/xrdp
```

（5）执行以下命令开启防火墙的 VNC 和 RDP 服务端口：

```
[root@uos-SRV ~]# firewall-cmd --add-port=3389/tcp --add-port=5900-5910/tcp
success
```

2. Linux 主机远程连接统信服务器的桌面

这里以在 deepin 主机上使用远程桌面工具 Remmina 为例进行示范。

（1）通过 deepin 应用商店安装 Remmina（也可以执行 sudo apt install remmina -y 命令进行安装）。

（2）通过启动器打开 Remmina 远程桌面，单击左上角的"+"按钮。

（3）弹出图 10-19 所示的窗口，在"名称"文本框中输入连接名称，从"协议"下拉列表中选择"Remmina VNC 插件"，在"服务器"文本框中输入要连接的服务器的域名或 IP 地址，并在"用户名"和"用户密码"文本框中分别输入登录用户名及用户密码，单击"保存并连接"按钮。

（4）自动连接统信服务器，远程桌面如图 10-20 所示。

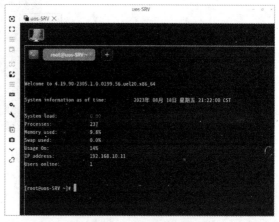

图 10-19 远程连接配置文件   图 10-20 成功连接远程桌面

3. Windows 主机远程连接统信服务器的桌面

本例环境中以在 VMware Workstation 虚拟机的宿主机 Windows 主机上使用远程桌面连接工具为例进行示范。统信服务器上一定要启动 xrdp 和 x11vnc 服务，并确认防火墙已开放相应的端口。

（1）在 Windows 主机上打开远程桌面连接，输入要连接的统信服务器的 IP 地址（或域名），如图 10-21 所示，单击"连接"按钮。

（2）弹出图 10-22 所示的对话框，单击"是"按钮，忽略证书错误。

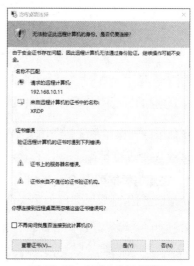

图 10-21 启动远程桌面连接   图 10-22 忽略安全证书错误

（3）出现图 10-23 所示的对话框，配置统信服务器的远程连接，在"ip"文本框中输入统信服务端的 IP 地址，其他保持默认设置，单击"OK"按钮。

（4）出现图 10-24 所示的窗口，表示已经连接到统信服务器，登录之后即可访问桌面。

图 10-23　配置统信服务器的连接信息　　　　图 10-24　连接到统信服务器

4. 在统信服务器上进一步调整远程桌面配置

（1）执行以下命令使 xrdp 和 x11vnc 服务开机自动启动：

```
[root@uos-SRV ~]# systemctl enable xrdp x11vnc
Created symlink /etc/systemd/system/multi-user.target.wants/xrdp.service
→ /usr/lib/systemd/system/xrdp.service.
Created symlink /etc/systemd/system/multi-user.target.wants/x11vnc.service
→ /usr/lib/systemd/system/x11vnc.service.
```

（2）执行以下命令永久性开启防火墙的 VNC 和 RDP 服务端口：

```
[root@uos-SRV ~]# firewall-cmd --add-port=3389/tcp --add-port=5900-5910/tcp
--permanent                              # 永久性开放相关端口
success
[root@uos-SRV ~]# firewall-cmd --reload      # 重新加载使之生效
success
```

（3）通过启动器打开 x11vnc Server 应用，根据需要增加更多的 VNC 服务端口，比如 5901、5902 等。

任务 10.2.3　使用 Cockpit 基于 Web 界面管理统信服务器

统信服务器操作系统已经预装 Cockpit。如果服务器上没有安装 Cockpit，可以执行 dnf install cockpit -y 命令进行安装。

1. 在服务器端配置 Cockpit

统信服务器上默认未开启 Cockpit 服务，执行以下命令启动该服务并设置开机自动启动：

```
[root@uos-SRV ~]# systemctl enable cockpit.socket --now
Created symlink /etc/systemd/system/sockets.target.wants/cockpit.socket →
/usr/lib/systemd/system/cockpit.socket.
```

Cockpit 服务默认监听 9090 端口。统信服务器上默认已开启防火墙，执行以下命令在防火墙上开放该端口：

```
[root@uos-SRV ~]# firewall-cmd --add-port=9090/tcp --permanent   # 永久性开放
相关端口
```

```
success
[root@uos-SRV ~]# firewall-cmd --reload        # 重新加载使之生效
success
```

2. 使用 Cockpit 管理服务器

可以通过浏览器来使用 Cockpit 管理服务器。本例在 deepin 主机上打开浏览器访问统信服务器上的 Cockpit，访问地址为 https://uos-SRV:9090。由于使用 HTTPS 时需要安全验证，首次使用会给出安全风险警示，单击"高级"链接，然后单击"继续前往"链接。接着可以看到登录界面，输入用户名和密码，如图 10-25 所示，登录成功后显示图 10-26 所示的主界面。

图 10-25　Cockpit 登录界面

图 10-26　Cockpit 主界面

Cockpit 主界面显示当前服务器（主机）的系统信息，可以看到 CPU、内存，以及配置的相关信息。

Cockpit 主界面左边以导航菜单的形式提供所有的管理功能，读者可以自行体验。

这里重点示范添加需要管理的其他主机，以进行多主机管理。

（1）本例环境中再安装另一台统信服务器，获取其 IP 地址（192.168.10.197）。

（2）在 Cockpit 主界面单击左上角的下拉按钮，弹出图 10-27 所示的主机管理下拉菜单，单击"添加新主机"按钮。

（3）弹出图 10-28 所示的对话框，输入被管理主机的 IP 地址或域名，以及登录用户名，单击"添加"按钮。

图 10-27　主机管理下拉菜单　　　　　　　　　　　　　图 10-28　添加新主机

（4）在图 10-29 所示的对话框中输入被管理主机的登录密码，单击"登录"按钮即可切换到新添加主机的管理界面。

（5）新添加的主机出现在主机管理下拉菜单，如图 10-30 所示，可以在此切换到不同的被管理主机，或修改被管理主机。

图 10-29　登录新主机　　　　　　　　　　　　　　　图 10-30　添加的新主机

任务 10.3　统信服务器的运维

任务要求

统信服务器运维涉及的内容非常多，下面通过几个示例来示范部分运维工作，让读者对服务器运维有初步认识。本任务的具体要求如下。

（1）了解 sysstat 工具并掌握使用其监测系统性能的方法。

（2）了解逻辑卷管理并掌握配置和使用逻辑卷的方法。

（3）掌握部署和管理服务器软件的基本方法。

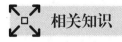

统信服务器操作系统预装了大量的运维工具，如进程管理工具、系统监视器、日志收集工具、设备管理器（使用图形用户界面工具需安装有 DDE），这些工具在前面讲解 deepin 时已经介绍过。本任务将介绍 sysstat 工具集。

我们还可以在统信服务器上使用 Linux 通用的自动化运维工具和平台。例如，使用 Ansible、SaltStack 等工具实现系统自动化配置和应用自动化部署；使用 Zabbix、Prometheus 等工具自动监控系统，及时响应故障并报警；使用 Kubernetes 部署和运维云原生应用。

统信服务器主要的用途仍然是部署和运行各类服务器软件，如 DHCP 服务器、域名服务器、文件服务器、Web 服务器等。

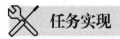

任务 10.3.1　使用 sysstat 工具集监测系统性能

sysstat 是一个用于监测系统性能的工具集，如 CPU 使用率、网络、内存使用情况和多种其他性能指标。收集和分析这些系统性能数据，有利于判断系统是否正常运行，是提高系统运行效率、保障服务器安全运行的得力助手。统信服务器操作系统预装了该工具。

1. 了解 sysstat 工具集

sysstat 软件包集成的工具如下。

• iostat 工具：输入和输出统计工具，专门用来收集和显示系统输入和输出存储设备和分区的统计信息。

• mpstat 工具：提供处理器相关数据。

• sar 工具：负责收集、报告并存储系统活动数据。

• sa1 工具：负责收集系统动态数据，并将每天的数据存储到一个二进制文件中。该工具通过 Cron 服务调度运行。

• sa2 工具：负责将每天的系统活动数据写入总结性的报告中。该工具是为 sar 工具所设计的前端，也要通过 Cron 服务来调度运行。

• sadc 工具：负责收集系统动态数据，将收集的数据写入一个二进制文件中，它被用作 sar 工具的后端。

• sadf 工具：显示由 sar 工具通过多种格式收集的数据。

2. 配置 sysstat

sysstat 的配置文件是 /etc/sysconfig/sysstat，可以通过修改该文件来调整配置。例如，通过 SA_DIR 配置项定义 sa 和 sar 收集的数据保存路径，默认设置如下：

```
SA_DIR=/var/log/sa
```

3. 试用 sysstat

下面通过简单的例子演示 sysstat 的基本用法。

（1）使用 sadc 工具（位于 /usr/lib64/sa 目录中）收集系统动态数据，让它在每秒收集一次，共收集 5 次动态数据，并写到一个指定的文件中。

```
[root@uos-SRV ~]# /usr/lib64/sa/sadc 1 3 rec_001
```

（2）使用 sar 工具查看该文件记录来获取系统的状态。

```
[root@uos-SRV ~]# sar -f rec_001
Linux 4.19.90-2305.1.0.0199.56.uel20.x86_64 (uos-SRV)    2023 年 08 月 19 日 _
x86_64_      (4 CPU)
    09 时 30 分 11 秒    CPU   %user    %nice   %system   %iowait    %steal    %idle
    09 时 30 分 12 秒    all    0.25    0.00     1.53      0.00      0.00     98.22
    09 时 30 分 13 秒    all    0.25    0.00     0.51      0.00      0.00     99.24
    09 时 30 分 14 秒    all    0.51    0.00     1.01      0.00      0.00     98.48
    09 时 30 分 15 秒    all    0.00    0.00     0.50      0.00      0.00     99.50
    平均时间：         all    0.25    0.00     0.89      0.00      0.00     98.86
```

（3）使用 sar 工具动态获取 CPU 使用率，每秒获取一次数据，共获取 3 次。

```
[root@uos-SRV ~]# sar -u 1 3
Linux 4.19.90-2305.1.0.0199.56.uel20.x86_64 (uos-SRV)    2023 年 08 月 19 日 _
x86_64_      (4 CPU)
    09 时 38 分 03 秒    CPU   %user    %nice   %system   %iowait    %steal    %idle
    09 时 38 分 04 秒    all    0.00    0.00     0.25      0.00      0.00     99.75
    09 时 38 分 05 秒    all    1.02    0.00     0.76      0.00      0.00     98.22
    09 时 38 分 06 秒    all    0.00    0.00     0.00      0.00      0.00    100.00
    平均时间：         all    0.34    0.00     0.34      0.00      0.00     99.32
```

（4）使用 sar 工具获取网络设备吞吐情况，每秒获取一次，共获取 2 次。

```
[root@uos-SRV ~]# sar -n DEV 1 2
Linux 4.19.90-2305.1.0.0199.56.uel20.x86_64 (uos-SRV)    2023 年 08 月 19 日 _
x86_64_      (4 CPU)

    09 时 41 分 27 秒 IFACE  rxpck/s  txpck/s  rxkB/s  txkB/s  rxcmp/s  txcmp/s  rxmcst/s  %ifutil
    09 时 41 分 28 秒 ens160   1.00     1.00    0.07    0.19    0.00     0.00     0.00      0.00
    09 时 41 分 28 秒   lo     0.00     0.00    0.00    0.00    0.00     0.00     0.00      0.00

    09 时 41 分 28 秒 IFACE  rxpck/s  txpck/s  rxkB/s  txkB/s  rxcmp/s  txcmp/s  rxmcst/s  %ifutil
    09 时 41 分 29 秒 ens160   1.00     1.00    0.07    0.42    0.00     0.00     0.00      0.00
    09 时 41 分 29 秒   lo     0.00     0.00    0.00    0.00    0.00     0.00     0.00      0.00

    平均时间：IFACE       rxpck/s  txpck/s  rxkB/s  txkB/s  rxcmp/s  txcmp/s  rxmcst/s  %ifutil
    平均时间：ens160       1.00     1.00    0.07    0.31    0.00     0.00     0.00      0.00
    平均时间：  lo         0.00     0.00    0.00    0.00    0.00     0.00     0.00      0.00
```

（5）使用 iostat 工具显示 CPU 平均使用率。

```
[root@uos-SRV ~]# iostat -c
Linux 4.19.90-2305.1.0.0199.56.uel20.x86_64 (uos-SRV)    2023 年 08 月 19 日 _
x86_64_      (4 CPU)
    avg-cpu:  %user   %nice %system %iowait  %steal   %idle
              0.14    0.00    0.45    0.01    0.00   99.39
```

（6）使用 mpstat 工具统计多处理器系统中 CPU 的使用率。

```
[root@uos-SRV ~]# mpstat -P 0 1 2
```

deepin 操作系统（项目式）（微课版）

```
        Linux 4.19.90-2305.1.0.0199.56.uel20.x86_64 (uos-SRV)      2023 年 08 月 19 日  _
x86_64_         (4 CPU)
    09时 57 分 05 秒  CPU  %usr  %nice  %sys %iowait %irq  %soft %steal %guest %gnice %idle
    09时 57 分 06 秒   0  0.00   0.00  1.04    0.00 0.00   0.00   0.00   0.00   0.00 98.96
    09时 57 分 06 秒  CPU  %usr  %nice  %sys %iowait %irq  %soft %steal %guest %gnice  idle
    09时 57 分 07 秒   0  0.00   0.00  1.01    0.00 1.01   0.00   0.00   0.00   0.00 97.98
    平均时间 :       CPU  %usr  %nice  %sys %iowait %irq  %soft %steal %guest %gnice %idle
    平均时间 :        0  0.00   0.00  1.03    0.00 0.51   0.00   0.00   0.00   0.00 98.46
```

（7）使用 sadf 工具从数据文件中提取 CPU1 的统计数据。

```
[root@uos-SRV ~]# sadf -p -P 1
uos-SRV 371    2023-08-19 00:10:21 UTC cpu1      %user    0.05
uos-SRV 371    2023-08-19 00:10:21 UTC cpu1      %nice    0.00
...
uos-SRV 590    2023-08-19 01:50:22 UTC cpu1      %iowait  0.01
uos-SRV 590    2023-08-19 01:50:22 UTC cpu1      %steal   0.00
uos-SRV 590    2023-08-19 01:50:22 UTC cpu1      %idle    99.05
```

任务 10.3.2 动态调整磁盘存储空间

传统的磁盘分区都是固定分区，磁盘分区一旦完成，则分区的大小不可改变，要改变分区的大小，只有重新分区。另外，也不能将多个硬盘合并到一个分区。而 LVM（Logical Volume Manager，逻辑卷管理）就能解决这些问题。逻辑卷可以在系统仍处于运行状态时扩充和缩减，为管理员提供灵活管理磁盘存储的功能。Linux 的 LVM 功能非常强大，可以在生产运行系统上直接在线扩展或收缩磁盘分区，还可以在系统运行过程中跨硬盘移动磁盘分区。LVM 对处于高度可用的动态环境中的服务器非常有用。

微课10-4.动态调整磁盘存储空间

1. 理解 LVM 机制

LVM 是一个建立在物理存储器上的逻辑存储器体系，如图 10-31 所示。下面通过逻辑卷的形成过程来说明其实现机制，并解释相应的概念。

（1）初始化 PV（Physical Volume，物理卷）。

首先选择一个或多个用于创建逻辑卷的物理存储器，并将它们初始化为可由 LVM 识别的物理卷。物理存储器通常是标准磁盘分区，也可以是整个磁盘，或者是已创建的 RAID 卷。

（2）在物理卷上创建 VG（Volume Group，卷组）。

可将卷组看作由一个或多个物理卷组成的存储器池。在 LVM 系统运行时，可以向卷组添加物理卷，或者从卷组中移除物理卷。卷组以大小相等的 PE（Physical Extend，物理分区）为单位分配存储容量，PE 是整个 LVM 系统的最小存储单位，与文件系统的块（Block）类似，如图 10-32 所示。它影响卷组的最大容量，每个卷组最多可包括 65534 个 PE。在创建卷组时指定该值，默认值为 4MB。

（3）在卷组上创建 LV（Logical Volume，逻辑卷）。

最后创建逻辑卷，在逻辑卷上建立文件系统，使用它来存储文件。

LVM 调整文件系统的容量实际上是通过交换 PE 来进行数据转换，将原逻辑卷内的 PE 转移到其他物理卷以降低逻辑卷容量，或将其他物理卷内的 PE 调整到逻辑卷中以加大容量。

图 10-31　LVM 体系结构

图 10-32　卷组以 PE 为单位

2. LVM 工具

统信服务器操作系统安装程序提供了建立逻辑卷的方式，用户可以在安装系统的过程中建立逻辑卷，这种方式比较简单。系统安装完成以后，可以使用 lvm2 软件包提供系列工具来管理逻辑卷。LVM 要求内核支持并且需要安装 lvm2 软件，统信服务器内置该软件。lvm2 提供了一组 LVM 工具，用于配置和管理逻辑卷，表 10-2 列出了这些工具。

表10-2　LVM工具

常用功能	物理卷	卷组	逻辑卷
扫描检测	pvscan	vgscan	lvscan
显示基本信息	pvs	vgs	lvs
显示详细信息	pvdisplay	vgdisplay	lvdisplay
创建	pvcreate	vgcreate	lvcreate
删除	pvremove	vgremove	lvremove
扩充	—	vgextend	lvextend（lvresize）
缩减	—	vgreduce	lvreduce（lvresize）
改变属性	pvchange	vgchange	lvchange

3. 创建逻辑卷

本例统信服务器操作系统安装过程中选择的是 LVM 磁盘存储，执行 lvdisplay 命令查看当前的逻辑卷信息，可以发现有 3 个逻辑卷：/dev/uos/swap、/dev/uos/home 和 /dev/uos/root。注意，/boot 分区不能位于逻辑卷，因为引导加载器无法读取它。下面示范创建逻辑卷的操作步骤。

（1）准备相应的物理存储器，创建磁盘分区。本例为安装统信服务器的 VMware Workstation 虚拟机增加一个磁盘：/dev/sda，划分 3 个分区并将分区类型设置为 Linux LVM，对于 MBR 分区，该类型使用十六进制代码 8e 表示；对于 GPT 分区，则使用十六进制代码 8e00 表示。对于已有的分区，执行子命令 t 更改磁盘分区的类型（除了十六进制代码，也可以使用别名 lvm）。实际上，也可以不修改分区类型，只是某些 LVM 检测命令可能会检测不到该分区。完成之后，有关的分区信息如下：

```
设备         启动       起点      末尾        扇区   大小  Id    类型
/dev/sda1              2048  20973567  20971520   10G   8e    Linux LVM
/dev/sda2          20973568  31459327  10485760    5G   8e    Linux LVM
/dev/sda3          31459328  41943039  10483712    5G   8e    Linux LVM
```

注意，磁盘、磁盘分区、RAID 都可以作为存储器转换为 LVM 物理卷。接下来基于 /dev/sda1 和 /dev/sda2 这两个分区创建逻辑卷。

（2）使用 pvcreate 命令将上述磁盘分区转换为 LVM 物理卷。本例执行过程如下。

```
[root@uos-SRV ~]# pvcreate /dev/sda1 /dev/sda2
  Physical volume "/dev/sda1" successfully created.
  Physical volume "/dev/sda2" successfully created.
```

如果原来分区上创建有文件系统，则会出现警告信息，提示在转换为 LVM 物理卷的过程中将擦除已有的文件系统。

（3）执行 pvscan 命令检测目前系统中现有的 LVM 物理卷信息，结果如下。

```
[root@uos-SRV ~]# pvscan
  PV /dev/nvme0n1p2   VG uos              lvm2 [<119.00 GB / 0     free]
  PV /dev/sda1                            lvm2 [10.00 GB]
  PV /dev/sda2                            lvm2 [5.00 GB]
  Total: 3 [<134.00 GB] / in use: 1 [<59.00 GB] / in no VG: 2 [15.00 GB]
```

此命令分别显示每个物理卷的信息与系统所有物理卷的汇总信息，统计所有物理卷的数量及容量、正在使用的物理卷的数量及容量、未使用的物理卷的数量及容量。

（4）使用 vgcreate 命令基于上述两个 LVM 物理卷创建一个 LVM 卷组，本例中将其命名为 testvg。

```
[root@uos-SRV ~]# vgcreate -s 32M testvg /dev/sda1 /dev/sda2
  Volume group "testvg" successfully created
```

vgcreate 命令的基本用法如下：

```
vgcreate [选项] 卷组名  物理卷名（列表）
```

其中物理卷名直接使用物理存储器设备名称，要使用多个物理卷，依次列表即可。该命令有很多选项，如 -s 用于指定 PE 大小，单位可以是 MB、GB、TB。

（5）执行 vgdisplay 命令显示 testvg 卷组的详细情况，结果如下：

```
[root@uos-SRV ~]# vgdisplay testvg
  --- Volume group ---
  VG Name               testvg                         # 卷组名称
  System ID
  Format                lvm2                           # 卷组格式
  ......
  VG Size               <14.94 GB                      # 该卷组总容量
  PE Size               32.00 MB                       # 该卷组每个 PE 的大小
  Total PE              478                            # 该卷组的 PE 总数量
  Alloc PE / Size       0 / 0                          # 已使用的 PE 数量和容量
  Free  PE / Size       478 / <14.94 GB                # 未使用的 PE 数量和容量
  VG UUID               hqy0m4-zVpK-0r70-BMh4-8ec5-XuTy-r79m9G
```

（6）使用 lvcreate 命令基于上述 LVM 卷组 testvg 创建一个 LVM 逻辑卷，本例中将其命名为 testlv。

```
[root@uos-SRV ~]# lvcreate -l 100%VG -n testlv testvg
  Logical volume "testlv" created.
```

lvcreate 命令的基本用法如下：

```
lvcreate  [-l PE 数量 |-L 容量]  [-n 逻辑卷名] 卷组名
```

其中最重要的是指定分配给逻辑卷的存储容量，可以使用 -l 选项指定分配的 PE 数量（即多少个 PE，由系统自动计算容量），也可以使用 -L 选项直接指定存储容量，单位可以是 M、G、T，大小写均可。未分配的卷组空间容量或 PE 数量可以通过 vgdisplay 命令来查看。

另外，-l 选项的参数 100%VG 表示使用卷组所有空间，本例就是将所有空间（所有 PE）分配给一个逻辑卷。

（7）执行 lvdisplay 命令显示逻辑卷 /dev/testvg/testlv 的详细情况，结果如下：

```
[root@uos-SRV ~]# lvdisplay  /dev/testvg/testlv
  --- Logical volume ---
  LV Path                /dev/testvg/testlv         # 逻辑卷的设备名称全称
  LV Name                testlv
  VG Name                testvg
  LV UUID                QbGZ6g-b3OM-e93w-g9og-OYqm-1LqZ-YQineO
  LV Write Access        read/write
  LV Creation host, time uos-SRV, 2023-08-15 21:52:21 +0800
  LV Status              available
  # open                 0
  LV Size                <14.94 GB                  # 逻辑卷的容量
  Current LE             478                        # 逻辑卷分配的 PE 数量
  ...
```

至此，就完成了逻辑卷的创建过程。需要注意的是，LVM 卷组可直接使用其名称来表示，而逻辑卷必须使用设备名称。逻辑卷相当于一个特殊分区，还需建立文件系统并挂载使用。

（8）执行以下命令在逻辑卷上建立文件系统，结果如下：

```
[root@uos-SRV ~]# mkfs.xfs  /dev/testvg/testlv
meta-data=/dev/testvg/testlv    isize=512    agcount=4, agsize=978944 blks
  ...realtime =none              extsz=4096   blocks=0, rtextents=0
```

统信服务器推荐使用 XFS 文件系统，执行 mkfs.xfs 命令可以建立 XFS 文件系统。

（9）执行以下命令建立挂载目录并挂载该逻辑卷，结果如下：

```
[root@uos-SRV ~]# mkdir /mnt/testlvm
[root@uos-SRV ~]# mount /dev/testvg/testlv /mnt/testlvm
```

（10）执行 df 命令检查 /dev/mapper/testvg-testlv 的磁盘空间占用情况，结果如下：

```
[root@uos-SRV ~]# df -lhT
文件系统                          类型      容量    已用    可用   已用%    挂载点
/dev/mapper/testvg-testlv       xfs     15GB   139MB   15GB   1%     /mnt/testlvm
```

刚建立的逻辑卷的文件系统名为 /dev/mapper/testvg-testlv，也就是说，实际上使用的逻辑卷设备位于 /dev/mapper 目录，系统自动建立链接文件 /dev/testvg/testlv 指向该设备文件。

如果希望系统启动时自动挂载，可更改 /etc/fstab 文件，添加如下定义：

```
/dev/testvg/testlv /mnt/testlvm  xfs   defaults      0      0
```

4. 动态调整逻辑卷容量

LVM 系统主要的用途就是弹性调整磁盘容量，基本方法是首先调整逻辑卷的容量，然后对文件系统进行处理。这里示范动态增加卷容量。在上述创建逻辑卷的例子中，已将所有卷组分配给逻辑卷，这里增加分区 /dev/sda3 来扩充逻辑卷 /dev/testvg/testlv 的容量。

（1）使用 pvcreate 命令将 /dev/sda3 转换为 LVM 物理卷。

（2）使用 vgextend 命令将 /dev/sda3 卷扩充到 testvg 卷组。

```
[root@uos-SRV ~]# vgextend testvg /dev/sda3
  Volume group "testvg" successfully extended
```

（3）使用 vgdisplay 命令查看 testvg 卷组的情况，下面列出部分信息，结果表明还有 159 个 PE（4.97 GB 空间）未被使用。

```
VG Size               <19.91 GB
PE Size               32.00 MB
Total PE              637
Alloc PE / Size       478 / <14.94 GB
Free  PE / Size       159 / <4.97 GB
```

（4）执行 lvresize 命令基于卷组 testvg 剩余空间进一步扩充逻辑卷 testlv。

```
[root@uos-SRV ~]# lvresize  -l +159 /dev/testvg/testlv
   Size of logical volume testvg/testlv changed from <14.94 GB (478
extents) to <19.91 GB (637 extents).
  Logical volume testvg/testlv successfully resized.
```

lvresize 命令的语法很简单，基本上同 lvcreate，也通过 -l 或 -L 选项指定要增加的容量。这里使用该卷组所有剩余空间对逻辑卷进行扩容。

（5）再次使用 vgdisplay 命令查看 testvg 卷组的情况，下面列出部分信息，发现 PE 都已用尽。

```
Total PE              637
Alloc PE / Size       637 / <19.91 GB
Free  PE / Size       0 / 0
```

（6）执行 lvdisplay 命令显示逻辑卷 testlv 的详细情况，下面列出部分信息。

```
LV Size               <19.91 GB                # 逻辑卷的容量
Current LE            637                       # 逻辑卷分配的 PE 数量
Segments              3                         # 物理卷个数
```

（7）执行以下命令检查该逻辑卷文件系统的磁盘空间占用情况，可以发现虽然逻辑卷容量增加了，但是文件系统容量并没有增加，还需要进一步操作。

```
[root@uos-SRV ~]# df -lhT  /mnt/testlvm
文件系统                      类型    容量   已用   可用   已用%   挂载点
/dev/mapper/testvg-testlv  xfs    15GB  139MB  15GB   1%    /mnt/testlvm
```

（8）调整文件系统容量。对于 ext 系列文件系统，需要使用 resize2f 命令来动态调整文件系统容量。本例使用 XFS 文件系统，可以执行 xfs_growfs 命令调整容量。

```
[root@uos-SRV ~]# xfs_growfs /dev/testvg/testlv
meta-data=/dev/mapper/testvg-testlv isize=512   agcount=4, agsize=978944 blks
......data blocks changed from 3915776 to 5218304
```

再次检查逻辑卷文件系统的容量，发现容量已增加到位：

```
[root@uos-SRV ~]# df -lhT  /mnt/testlvm
文件系统                      类型    容量   已用   可用   已用%   挂载点
/dev/mapper/testvg-testlv  xfs    20GB  175MB  20GB   1%    /mnt/testlvm
```

上述操作表明，将新添加的物理存储器用于扩充 LVM 容量，要首先将它转换为 LVM 物理卷，然后使用 vgextend 命令扩充卷组，接着使用 lvresize 命令基于卷组剩余空间扩充逻辑卷，最后调整文件系统容量。

> 由于磁盘分区融入逻辑卷，要删除逻辑卷并恢复磁盘分区，不能简单地执行逻辑卷删除命令，而应该建立逻辑卷的逆过程，这需要先卸载 LVM 文件系统，再删除相应的逻辑卷，停用并删除相应的卷组。

任务 10.3.3　部署和管理服务器软件

电子活页10-1.
删除逻辑卷

由于具有完善的网络功能和较高的安全性，统信服务器可部署各种网络服务器软件，如文件服务器、邮件服务器、Web 服务器、DNS 服务器、数据库服务器等。

在统信服务器操作系统中默认使用 systemd 作为系统守护进程管理工具。管理员主要使用 systemctl 命令控制 systemd 系统和服务管理器，查看系统状态和管理系统及服务。项目 7 中已对 systemctl 命令的服务管理功能做了详细讲解。而各类服务器软件本身的配置管理还是要结合其配置文件或特定工具实施。下面以 Web 服务器 Nginx 为例进行简单的示范。Nginx 是轻量级的 Web 服务器、反向代理服务器以及电子邮件（IMAP/POP3/SMTP）代理服务器。其主要优势在于稳定性强、具有丰富的功能集和示例配置文件，以及系统资源消耗低。

（1）在统信服务器上以 root 用户身份执行以下命令安装 Nginx 软件。

```
[root@uos-SRV ~]# dnf install nginx -y
```

（2）安装完毕，执行以下命令查看 Nginx 服务的当前状态。

```
[root@uos-SRV ~]# systemctl status nginx
● nginx.service - The nginx HTTP and reverse proxy server
    Loaded: loaded (/usr/lib/systemd/system/nginx.service; disabled; vendor
preset: disabled)
    Active: inactive (dead)
```

可以发现该服务未启动，也未设置为开机自动启动。

（3）执行以下命令启动该服务并设置开机自动启动。

```
[root@uos-SRV ~]# systemctl enable nginx --now
Created symlink /etc/systemd/system/multi-user.target.wants/nginx.service
→ /usr/lib/systemd/system/nginx.service.
```

（4）在防火墙上开启 http 服务。

```
[root@uos-SRV ~]# firewall-cmd --add-service=http --permanent
[root@uos-SRV ~]# firewall-cmd  --reload
```

（5）在 deepin 主机上使用浏览器访问 Nginx 服务进行测试，结果如图 10-33 所示。

（6）根据需要修改 Nginx 服务主配置文件 /etc/nginx/nginx.conf 进行测试。下面列出该配置文件部分默认的配置项。

```
        include /etc/nginx/conf.d/*.conf;
        server {
            listen       80;
            listen       [::]:80;
            server_name  _;
            root         /usr/share/nginx/html;
```

```
# Load configuration files for the default server block.
include /etc/nginx/default.d/*.conf;

error_page 404 /404.html;
    location = /40x.html {
}
```

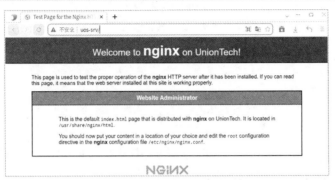

图 10-33　测试 Nginx 服务访问

可以在 /etc/nginx/conf.d 目录增加特定的配置文件。

 　统信服务器操作系统在充分继承 Linux 安全特性的基础上，构建了系统内核、系统应用、主动防御以及安全合作等全方位的企业级系统安全防护体系，为新技术形态下的国家信息安全战略保驾护航。统信服务器操作系统 V20（1060）出厂就已具备强安全性，我们可以根据实际需求进一步执行安全管理。

项目小结

　　服务器在信息系统中处于核心地位。deepin 仅是桌面操作系统，而 deepin 为基础开发的商业发行版统信 UOS 提供服务器版。统信服务器操作系统不仅提供了应对 CentOS 停服的解决方案，而且能够满足不同行业数字化与信创化深度融合转型需求，助力企业实现核心技术自主可控。该操作系统同源异构支持全系列 CPU 架构，广泛适用于数据库、中间件、高可用集群、人工智能、大数据、虚拟化、容器、云计算等应用场景，支撑党政、金融、教育、能源等政企规模化应用需求。通过对本项目的学习，读者应对统信服务器有一定认识，掌握统信服务器操作系统的安装和配置方法，能够实施服务器的基本管理和运维。限于篇幅，许多服务器管理与运维方面的内容没有展开讲解。deepin 和统信 UOS 桌面版兼容 Debian 系列 Linux，而统信 UOS 服务器版兼容 Red Hat 系列 Linux，软件包格式和软件包管理的命令是不同的。

电子活页10-2.
统信服务器的
安全管理

课后练习

1. 统信服务器操作系统的主要应用场景有哪些？

补充练习
项目10

2. 为什么说统信服务器操作系统能助力企业实现核心技术自主可控？

3. 目前统信服务器操作系统采用什么软件包格式？使用的软件包管理工具是什么？

4. 为什么要对服务器进行远程管理？远程管理服务器有哪几种方式？

5. 简述逻辑卷管理的实现机制。

项目实训

实训 1　安装统信服务器操作系统

实训目的

掌握统信服务器操作系统的安装方法。

实训内容

（1）准备服务器（建议用虚拟机）和统信服务器操作系统的 ISO 镜像文件。

（2）运行统信服务器操作系统安装向导。

（3）安装过程中软件选择"带 DDE 的服务器"以安装桌面环境。

（4）根据提示完成安装过程。

（5）调整服务器基本配置，修改主机名和 IP 地址。

实训 2　访问统信服务器的远程桌面

实训目的

掌握基于远程桌面的服务器远程管理方式。

实训内容

（1）在统信服务器上安装 xrdp 软件包。

（2）在统信服务器上启动 xrdp 和 x11vnc 服务。

（3）在统信服务器上开启防火墙的 VNC 和 RDP 服务端口。

（4）在 Windows 主机上通过远程桌面连接登录统信服务器。

实训 3　基于 Webmin 服务访问统信服务器

实训目的

掌握基于 Web 界面管理统信服务器的方法。

实训内容

（1）在统信服务器上安装 Webmin 软件包，可以参照 CentOS 安装 Webmin 软件包的方法。

（2）在统信服务器上开启防火墙的 Webmin 服务端口（默认端口为 10000）。

（3）通过浏览器访问统信服务器上的 Webmin 控制台，测试 Webmin 的管理功能。

实训 4　配置和管理逻辑卷

实训目的

（1）了解 LVM 实现机制。

（2）掌握 LVM。

实训内容

（1）在统信服务器上添加一块实验用硬盘（建议在虚拟机上操作）。

（2）将该磁盘划分两个分区，同时保留部分剩余空间。

（3）基于两个磁盘分区创建逻辑卷。

（4）基于剩余磁盘空间创建分区，将该分区加入逻辑卷，动态增加逻辑卷容量。

（5）删除逻辑卷。